Access
資料庫系統
概論與實務 | 適用Microsoft 365 ACCESS 2021/2019

作者序

　　在大數據時代，經常需要接觸與處理大量的資料和內容，尤其是在資料科學蓬勃發展與體現的今天，IOT 的設備與環境時時刻刻正蒐集著生活中的點點滴滴、工作中所涉獵的各種訊息，這些資料都匯集在後台的資料伺服器、雲端的資料庫系統裡，於是，各行各業的從業人員，幾乎都是標準的資訊工作者。對於資料存取、連結以及查詢的能力，也成為了職場上的必備實戰技能。因此，資訊工作常常需要面臨來自人事、行銷、財務等各種不同來源與系統的資料，或是來自後端資料庫伺服器，抑或是網路線上的即時大量內容，需要面對資料、處理處理，運用資料進行數據分析與視覺化資料的工作，這時候才發現自身資料庫觀念的薄弱與資料處理能力的欠缺，燃起了想要好好學習資料庫的實務運用，並培養資料庫存取與管理的基本能力。

　　其實，資料庫系統的學習並沒有想像中的困難，因為，資料庫的學習首重的是觀念與實作，只要有內容豐富又簡單易懂的好教材，將會事半功倍！在眾多資料庫系統中最容易上手與入門的工具，應該就非 Microsoft Access 莫屬了，它是 Microsoft Office 家族系列軟體中的資料庫解決方案，所提供的資料庫建立與管理工具，不僅可以讓大部分的資料庫系統開發者應用自如，即使是首次接觸資料庫的初學者，也能夠在其簡單且極具親和力的操作介面下輕鬆上手。筆者選用最新版本的 Access 2021 與 Microsoft 365 為學習環境與操作介面，為各位讀者打造資料庫的基礎技能，即便您使用的是舊版本的 Access 也都相容而不違和，並在本書的附錄 B 提供了「Microsoft 365 Access 與 Access 2021/2019 的操作介面說明」。

　　撰寫此書的目的就是期望以淺顯易懂的說明，讓您瞭解資料庫建立與管理的正確觀念，再透過各章節的實例解說，引導您逐步操作與學習，從資料庫的基本概念，到資料表的建立與管理、查詢的技巧、表單的製作、報表的建置、自動化的巨集、VBA 簡介、…所有資料庫知識一應俱全，以祈在最短的時間內立即向 Access 資料庫系統全面出擊！

　　為方便讀者學習，同時愛護地球做環保，本書範例以線上下載的方式放在 http://books.gotop.com.tw/download/AED004500，**請讀者自行下載。採用本書的教師可向碁峰業務索取本書教學投影片與課後習題。**

　　本書的付梓，非常感謝碁峰資訊長官與出版部的鼎力支持，以及莉婷的協助校對，始能順利出版與讀者分享，特此致意並衷心感謝！然而即使筆者勤於寫作專注編撰，或許仍有疏漏之處，尚祈各位讀者不吝指正。

王仲麒

微軟全球最有價值專家

目錄

Chapter 1　資料庫導論

Chapter 2　Access 環境介紹與基本操作

Chapter 3　建立與管理資料庫

Chapter 4　建立資料表

Chapter 5　資料表的操作

Chapter 6　資料的關聯

Chapter 9 　建立與管理表單

Chapter 10 　報表的應用

Chapter 11 與其他軟體的整合應用

Chapter 12 資料庫開發實務範例設計

CHAPTER 01

資料庫導論

在電腦科學領域中，資料庫系統是一門技術極為成熟也非常重要的科學，甚至，隨著資訊時代的日新月異，一直有新的議題、概念及實務應用衍生，諸如：知識管理、海量資料、商務智能、大數據分析...這一切的基礎科學都建構在〔資料庫〕上。在資料庫系統的學習上，含括了普科等級的資料庫系統實務，也有專業技術領域的資料庫開發設計、資料庫系統管理。即使在非資訊科技領域的背景下，也應該對資料庫的概念、架構、建立、管理、關聯、查詢、輸出等應用，有著基本的認識。那就從認識資料庫開始吧！

1-1 | 認識資料庫

資料庫的觀念與認識幾乎已經不只是資訊專業人員必備的技能，也是各行各業各領域的資訊工作者如同普科般應有的通識。

什麼是資料(Data)

所謂的資料，是用來表示某些事物的文字或語言等符號記錄，可以定義有意義的實體，也涉及到事物的存在和存取形式，是構成資訊(Information)和知識(Knowledge)的原始材料。例如：電腦處理的文字、符號、數值、圖片、影音等等素材。所以，資料是一群沒有經過整理的廣泛內容，可以各種不同的方式及型態來加以描述。

什麼是資訊(Information)

是將一群資料進行處理、運算(包括：平均值、標準差、由小到大進行排序等等)，再經過適當的詮釋來呈現資訊，產生有組織及內涵的資訊。

資料處理(Data Processing)

在維基百科上對資料處理有著一針見血的定義：「the collection and manipulation of items of data to produce meaningful information's.」。所謂的資料處理指的是對於零散、混亂、看不出用途的資料內容進行：驗證(Validation)、排序(Sorting)、摘要(Summarization)、聚合(Aggregation)、分析(Analysis)、報表(Reporting)、分類(Classification)等作業，這也是在「資料到智慧」(DIKW 金字塔模型)中最底層的重要基礎。

- 驗證(Validation) – 確認所供給的資料是「完整、正確且有用的」

- 排序(Sorting) – 在不同的集合中以指定的順序排列資料項目

- 摘要(Summarization) – 彙總運算主要的分類統計以簡化冗長的明細資料

- 聚合(Aggregation) – 將眾多且細碎的資料結合、拼湊起來

- 分析(Analysis) – 資料的蒐集、組織、分析、解譯與發表

- 報表(Reporting) – 列出明細或摘要資料，或者經過運算的資訊

- 分類(Classification) – 將資料分割成不同的分類

綜觀，資料、資料處理、資訊，三者的過程如下：

Data　　　　　Data Processing　　　　Information

DIKW 金字塔模型就是關於資料(Data)、資訊(Information)、知識(Knowledge)及智慧(Wisdom)的資訊概念體系。這是在資訊科學與知識管理(Knowledge Management)領域裡被廣泛使用的知識分類法。其中心主軸為四個資訊概念，分別為：金字塔最底層的資料、其上層的資訊、再上層的知識，以及最頂層的智慧，而由下到上(由遠到近)，則分別表示為過去與未來，以及經驗法則(Experience)與創新推演(Novelty)。在 DIKW 架構的相對概念中，資料強調了過去事實呈現，而智慧則著重在未來性，並且是為了因應未來所提出的想法，而訂定出決策(Decision Making)。

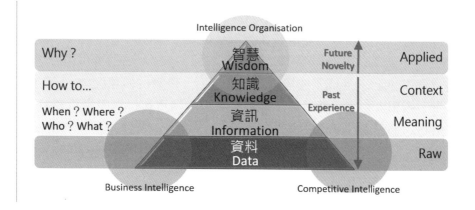

什麼是資料表(Data Table)

在電腦科技與資訊領域裡的「資料表」(Data Table)指的是以表列形式(2 維的行列式)來排列、儲存、描述資料的內容及關係。以一個儲存員工基本資料的資料表而言，在行列式的表格中，垂直的每一欄(Column)應包含員工的相關特定訊息(資料欄位)，例如：員工工號、員工姓名、性別、雇用日期、地址...等等。水平的每一列便包含了某一位員工的所有相關特定訊息的內容。也就是逐列記載每一位員工的員工工號、員工姓名、性別、雇用日期、地址...等資料內容。

員工編號	姓名	名	職稱	稱呼	出生日期	雇用日期	地址	城市	行政區	區域號碼	分機	附註
1	張理雯	Mary	業務	小姐	1981/4/4	2004/5/1	北市仁愛路二段56號	台北市	中山	98122	5467	財力雄厚, 負責認真
2	陳季暄	Bradley	業務經理	先生	1964/6/15	2004/12/9	北市敦化南路一段1號	台北市	大同	98401	3457	工作態度認真
3	趙飛燕	Kim	業務	小姐	1975/12/25	2004/7/27	北市忠孝東路四段4 號	台北市	松山	98033	3355	工作有效率
4	林美麗	Chris	業務	小姐	1971/1/14	2005/8/28	北市南京東路三段3號	台北市	景美	98052	5176	積極向上
5	劉天王	Mike	業務經理	先生	1967/6/29	2006/2/11	北市北平東路24號	台北市	松山	98552	3453	個性隨和
6	黎國明	Bill	業務	先生	1975/10/27	2006/2/11	北市中山北路六段88號	台北市	中山	15524	4281	有理想抱負
7	郭國斌	Steven	業務	先生	1972/9/23	2006/4/29	北市師大路67號	台北市	大同	55555	4651	菁在 Believe 當總裁
8	蘇涵蘊	Maggie	業務主管	小姐	1970/5/6	2006/6/30	北市紹興南路99號	台北市	信義	88888	2344	菁經當選好人好事代表
9	孟庭亭	Linda	業務	小姐	1981/10/27	2007/3/12	北市信義路二段120號	台北市	大同	33333	4521	菁在事務所待過五年
12	賴俊良	Eddie	資深工程師	先生	1985/4/2	2008/4/1	北市民權西路3段4 樓3樓	台北市	信義	11112	2781	英俊帥哥, 智商 301.
13	何大樓	David	助手	先生	1974/4/2	2006/4/2	北市林森南路87巷12弄6 號	台北市	景美	53432	6598	工作態度認真
14	王大德	John	工程師	先生	1981/4/10	2007/4/10	北市開封街208號5樓之一	台北市	內湖	53432	5190	英俊帥哥, 智商 300.

什麼是資料庫(Database)

一個組織、單位或企業，其原始紙本資料的電腦化規劃，若僅藉著一張資料表格來記錄所有想要儲存的資料，是絕對不實際、沒有效率、也不務實的。通常，會根據實際需求、邏輯規範或特定目的而分門別類的運用多張資料表來儲存資料。甚至，對各個資料表完成各種屬性設定、限制、格式化，而架構出「資料庫」(Database)。因此，所謂的資料庫是一群組織過的資料並以一定方式儲存在一起，也能夠讓多位使用者共享、協作，且具備最小化的冗餘度，以及與應用程式可以彼此獨立的資料集合體。

即便是日常生活中信手拈來的資料，諸如：名片、成績單、帳單、發票、…等資料，若將其分類蒐集並彙整在一起，也是一種資料庫的表現。例如：一張張的名片(正是一筆筆的資料記錄)構成了通訊錄資料表；一張張的期中、期末考成績單(亦為一筆筆的記錄)形成了成績單資料表；而一筆筆的帳單(也是一筆筆的資料記錄)便產生了帳單資料表，而這通訊錄資料表、成績單資料表與帳單資料表，便架構出這個家庭的重要資料庫。

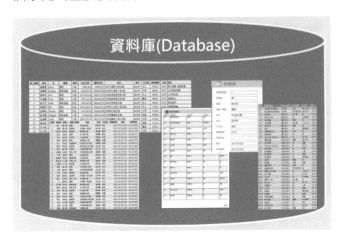

資料庫裡包含了一定格式、組織、系統的資料記錄檔案，是記錄(Records)的集合。

1-2 │ 資料庫系統與資料庫管理系統

1-2-1　資料庫系統

資料庫的建置、管理並不能只是紙上談兵，在實務運作上也並非僅僅是靠「人力」完成，綜觀，針對資料庫的規劃、具體的存取甚至營運，而架構出完整的資料庫系統(Database System)，應該除了最基本的內容－資料(Data)外，還須包含實質的存取設備和環境(硬體)，以及操控的介面與各種功能作業(軟體)。因此，組成完整的資料庫系統可分為以下四大部分：

- 資料(Data)

  將彼此相關的資料以及存取這些資料的應用程式，組合成各種不同目的與需求的集合體，並讓多人可以在同一時間共同使用、創建與編輯，即為「資料庫」。而在資料庫中所存放、可運算的使用者資料與系統相關的資料，統稱為運算資料(Operational Data)；針對資料庫裡的資料進行管理與操控時所產生的記錄資料，即稱之為異動資料或異動記錄(Transaction Log)。

異動記錄對一般的使用者或許沒有什麼作用，但是，對於資料庫管理師而言，這在管理資料庫、備份資料庫、復原資料庫、維護資料庫時，是相當重要的參考依據。

- 使用者(Users)

  使用者算是整個資料庫系統主要的服務對象，而根據使用資料庫的方式、目的、管理層面等因素來區分，可將使用者分成幾種角色：

  - 一般使用者(End User)
  - 資料庫管理師(Database Administrator，DBA)
  - 資料庫設計師(Database Designers)
  - 系統分析師(System Analyst，SA)
  - 程式設計師(Programmers)

- 硬體(Hardware)

  架構資料庫系統的硬體需求，應該包含了主機以及儲存設備，諸如：硬碟、磁碟櫃、磁帶機、可讀寫光碟機、…等等。目前最流行的企業與中小型企業最常使用的網路共同存取設備 NAS(Network Attached Storage)、SAN(Storage Area Networks)、網路通訊連接設備、不斷電系統(Uninterruptible Power System)也都是重要的硬體設施。

- 軟體(Software)是資料庫系統的重要核心之一，透過軟體來進行「人」與「資料」的溝通與運作。三個重要的軟體為：

  - 「資料庫管理系統」(Database Management System，簡稱 DBMS)，這是使用者存取資料的介面軟體，也正是我們討論與實作資料庫的利器。
  - 「應用程式」(Application Programs)，這是為了使用、存取資料庫的內容所開發各種不同目的與需求的應用程式。諸如：人事系統、教學輔助系統、財務管理系統、會計系統、行銷管理系統、稽核系統、請假系統、公文系統、…等等。
  - 中介軟體(Middleware)，這是可以彌補資料庫管理系統與應用程式之不足的軟體。例如：負載平衡、異質性資料轉移與整合、…等等可以輔助資料庫系統使其更安全、更有效率也更完備的軟體。因此，在許多高度仰賴資訊系統運作的電信、金融、國防等領域的資料庫系統實務運作上，中介軟體都是資訊系統的必要配件。

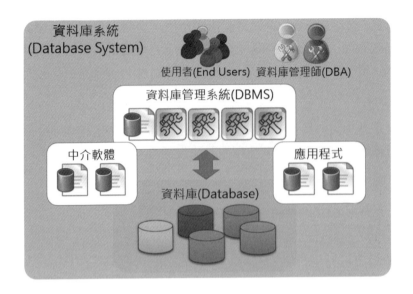

1-2-2　資料庫管理系統

在電腦中負責管理資料庫的系統就稱之為「資料庫管理系統」(Database Management System，簡稱 DBMS)。「資料庫管理系統」是一套用來控制資料庫的資料存取、分類以及與資料處理相關的電腦程式，讓使用者可以透過這些程式來建立、管理與維護資料庫，透過科學的方式來組織與儲存資料，以更有效率且便捷的作業環境來存取資料、管理資料。基本上，一個資料庫管理系統主要功能應包含：

- 資料定義功能(Data Definition)

  指定儲存在資料庫裡的資料其資料類型、結構以及限制。例如：資料庫、資料表、檢視、索引、程序、函數等資料庫物件的定義。

- 資料操作功能(Data Manipulation)

  針對資料庫的內容進行新增(Add)、查詢(Query)、更新(Update)、刪除(Delete)並產生所需的報表。

- 資料控制功能(Data Control and Construct)

  建構資料存取的權限，以及異動交易的處理、連線會談的控制和系統方面的控制。

- 資料共享和安全性功能(Data Sharing and Data Security)

  可以讓多位使用者或程式同時存取資料庫，並確保資料的完整性，以維持資料庫的安全性。

- 資料建立與維護功能(Database Utilities)

  透過資料庫公用程式提供初始資料的載入、轉換,以及資料庫的轉檔、備份(Backup)、回復(Recovery),甚至資料庫檔案的壓縮、重整和效能監督(Performance Monitoring)等功能。

  常見的資料庫系統如下:

開放原始碼資料庫系統	商業資料庫系統	
· Apache Derby	· Adabas	· Informix
· Berkeley DB	· askSam	· InterBase
· eXist	· c-tree Plus	· MaxDB
· HSQL	· IBM DB1	· Microsoft Access
· Ingres	· IBM DB2	· Microsoft Visual FoxPro
· LevelDB	· dBase	· MS SQL-Server
· mSQL	· Visual dBase	· Sybase。
· MySQL	· FileMaker	· Oracle
· PostgreSQL	· FoxBase	· Paradox Borland
· SQLite C	· FoxPro	· PrimeBase
· Xindice	· Gupta SQLBase	· SAP DB
	· HyperFileSQL	· Tdbengine
	· IDMS	· Teradata
	· IMS	

1-2-3 資料庫系統的優缺點

資料庫系統的優點:

- 透過資料集中化以及存取介面的標準化,減少資料的重複儲存

- 對於重複性資料進行不一致性現象的控制,以確保資料更新時也可以自動更新其它重複性資料,即可避免資料的不一致

- 具有自我描述的能力(Self-describing nature)與資料抽象化(Data Abstraction)

- 應用程式與資料庫的獨立性,即便是資料庫組織或存取方式發生變化時,亦不影響原有的應用程式運作

- 可以共享、共用資料

- 可以強化資料的安全(Security)並提供完整性(Integrity)限制

- 可以設定授權存取

- 能夠維護資料的正確性並縮短系統開發時程

- 可以提供多人同時使用系統

- 具備並行控制(Concurrency Control)能力,讓資料交易不會相互干擾,確保交易期間的孤立性與高效率

資料庫系統的缺點:

- 軟體、硬體以及教育訓練的投入需要一定的成本支出以及高作業成本

- 雖有安全性(Security)、完整性(Integrity)與並行控制(Concurrency)、備份復原(Recovery)等優勢,但也需要額外資源來因應

- 整合控制能力完善的資料庫管理系統架構設計較複雜困難

- 優秀的資料庫管理師培訓不易

1-3 | 資料庫系統架構

1-3-1　資料庫系統架構的種類

單機式架構

早期網路尚未普及時,資料庫的建立與程式的設計,幾乎都儲存在每一位使用者的單一電腦設備裡,雖然每位使用者都可以操控資料庫,但可想而知,重複性的資料過多,也缺少了正確性與安全性,程式的維護也困難重重。

主從式架構

建立資料庫伺服器(Database Server),讓使用者透過應用程式連線到資料庫伺服器進行資料庫的存取與使用,由於資料集中管理,也避免了重複性資料的產生,更

達到資料共享、共用的目的和效率。此外，也提供了安全性與限制性的規範與管理。不過，使用者端的應用程式更新繁複時，維護應用程式諸如不便，此外，使用者端的本機電腦效能等級亦須符合應用程式標準，成本自然不低。

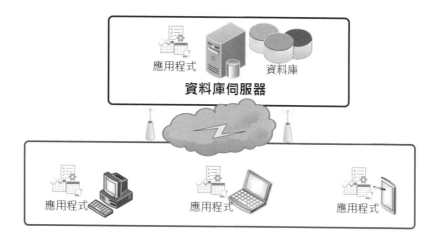

三層式架構

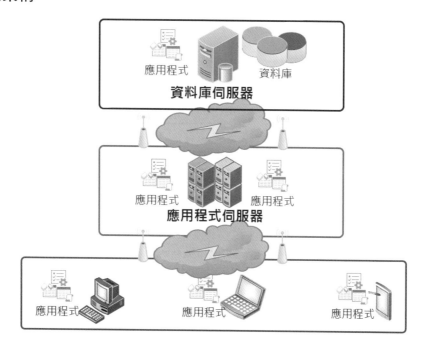

這是網際網路盛行下的普遍架構，將使用者端本機電腦裡的應用程式獨立建置應用程式伺服器(Application Server)，提供更多元的應用程式與資訊服務，其中含括了所有的應用程式、商業邏輯、資訊服務。如此，使用者端的本機電腦幾乎僅需瀏覽器應用程式即可連線，享受應用程式伺服器所提供的功能與資源，需要資料庫的存取時再藉由安全性驗證，連線到資料庫伺服器存取所需的資料。如此，即使應

用程式有所更新、商業邏輯有所異動,僅需應應用程式伺服器調整、維護。此外,使用者的電腦設備、環境便不需要太高的規格與需求。

分散式架構

地理位置上若位於分散的不同部門、單位、事業群、…都有自己的資料庫系統,則可以建構分散式架構的資料庫系統,再透過「交易」(Transaction)來存取不同地區的資料庫系統。

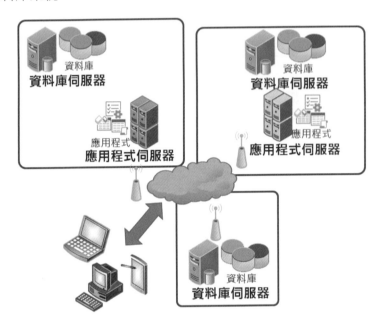

行動式架構的雲計算(Cloud Computing)資料庫

所謂的雲端資料庫,指的是在雲計算(cloud computing)平台上所建構、執行的資料庫。兩種最常見的佈署模式是:使用者可以透過 Virtual machine image,在雲端獨立地執行及存取資料庫,或者,也可以藉由付費方式使用受到雲端資料庫服務提供者維護與服務的資料庫。目前雲端上的資料庫有 SQL-based 以及 NoSQL-based 的資料模組。透過雲端運作的資料庫,可以讓不同平台、不同裝置、身處不同位置的使用者,在資料庫裡進行存取與協作。

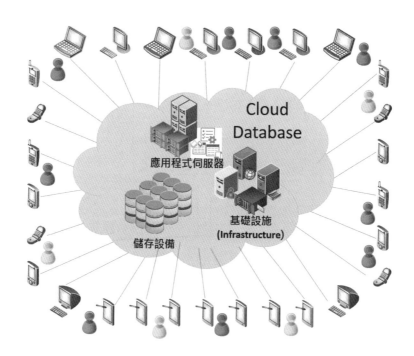

1-3-2 資料庫的階層式綱要架構

根據美國國家標準協會綜合規畫委員會(ANSI/SPARC)在 1970 年所訂定的資料庫系統組織架構如下,將資料庫功能區分成三個階層的架構,吾人稱為「三階層綱要架構」(Three Schema Architecture):

- 外部層(External Level)

    這是最接近使用者的階層,是資料的外部綱要(External schema),給不同的系統或程式所看到的資料綱要。在關聯式資料庫中,常以視界(View)方式呈現。

- 內部層(Internal Level)

    這是最接近實際儲存體的階層,亦即有關資料的實際儲存方式,代表的是在資料庫中實際儲存資料的結構,也就是內部儲存方式觀點。

- 概念層(Conceptual Level)

    這是內部層與外部層的橋樑,代表全部使用者觀點,也正是資料庫管理師所看的整體部份。

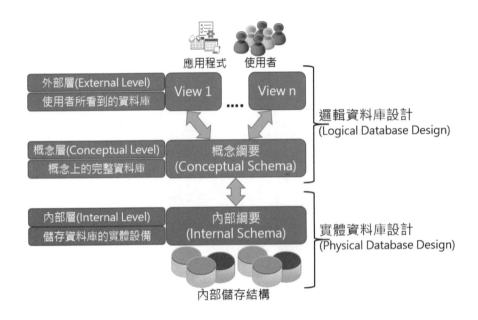

外部層(External Level)　使用者所看到的資料庫

應用程式　使用者

View 1　....　View n

邏輯資料庫設計
(Logical Database Design)

概念層(Conceptual Level)　概念上的完整資料庫

概念綱要
(Conceptual Schema)

內部層(Internal Level)　儲存資料庫的實體設備

內部綱要
(Internal Schema)

實體資料庫設計
(Physical Database Design)

內部儲存結構

外部層(External Level)

　　通常使用者直接面對的是外部層(External Level)，在關聯式資料庫中會透過「視界」(View)來呈現資料庫的查詢、存取作業。例如：使用者可以透過 SQL 或系統所提供的操作介面對資料庫進行查詢。也可以將 SQL 語言嵌入高階程式語言的程式碼中來執行資料庫的存取，如此，在此階段就必須透過前置處理器(Preprocessor)或諸如 ODBC 等中介軟體的協助來完成所要進行的作業。

客戶編號	公司名稱	連絡人	職稱	地址	城市	行政區	郵遞區號
ALFKI	三川實業有限公司	陳小姐	業務	忠孝東路四段32號	台北市	忠孝區	12209
ANATR	東南實業	黃小姐	董事長	仁愛路二段120號	台中市	仁愛區	5021
ANTON	忠森行貿易	胡先生	董事長	中正路一段12號	高雄市	中正區	5023
AROUT	國頂有限公司	王先生	業務	中新路11號	新北市	中新區	10006
BERGS	喻台生機械	李先生	訂貨員	花蓮路98號	花蓮縣	花蓮區	15985
BLAUS	琴花卉	劉先生	業務	經國路55號	宜蘭市	經國區	68306
BLONP	皓國廣兒	方先生	行銷專員	永平路一段1號	新竹市	永平區	67000
BOLID	邁多貿易	劉先生	董事長	北平東路24號	台北市	北平區	28023
BONAP	琴攝影	謝小姐	董事長	北平東路24號3樓之一	台北市	北平區	13008
BOTTM	中央開發	王先生	會計人員	竹北路8號	新竹市	竹北區	10058
BSBEV	字泰雜誌	徐先生	業務	中港路一段78號	台中市	中港區	14754
CACTU	威航貨運承攬有限公司	李先生	業務助理	石牌鄉南投路5號	南投縣	南投區	10105
CENTC	三捷實業	林小姐	研發人員	富文鄉永大路4號	屏東縣	永大區	5022
CHOPS	購天旅行社	林小姐	董事長	中山路7號	屏東市	中山區	30126
COMMI	美國運海	緯小姐	船務	園國路42號	桃園市	園國區	7554
CONSH	萬海	劉先生	業務	樹醫鄉中正路二段二樓	苗栗縣	中正區	12209
DRACD	世邦	方先生	董事長	忠孝東路三段2號	台中市	忠孝區	5021
DUMON	敦郭斯船舶	劉先生	董事長	仁愛路四段180號	高雄市	仁愛區	5023
EASTC	中國通	謝小姐	業務	中正路四段65號	高雄市	中正區	10006
ERNSH	正人資源	王先生	訂貨員	北新路11號	新竹市	北新區	15985
FAMIA	紅陽事業	徐先生	業務	花中路15號	花蓮市	花中區	68306
FISSA	嘉元實業	周先生	行銷專員	經國路38號	宜蘭市	經國區	67000
FOLIG	路福村	方先生	董事長	永平路7號	新竹市	永平區	28023
FOLKO	雅洲信託	陳先生	董事長	北平東路64號	台北市	北平區	13008
FRANK	棉國信託	余小姐	會計人員	北平東路42號3樓之一	台北市	北平區	10058
FRANR	偉僑銀行	蘇先生	業務	竹北路8號	新竹市	竹北區	14754
FRANS	茶打銀行	威先生	業務助理	中港路一段78號	台中市	中港區	10105
FURIB	第二銀行	林小姐	研發人員	石牌鄉南投路5號	南投縣	南投區	5022

公司名稱	連絡人	電話	傳真電話
二郢五金行	陳通意	(02)5087883	(02)5087884
三川實業有限公司	陳小姐	(02) 968-9652	(02) 968-9651
上河工業	方先生	(02) 968-9652	(02) 968-9652
千圓	陳先生	(02) 221-2555	(02) 221-2555
小中企銀	方先生	(02) 968-9652	(02) 968-9653
山泰企業	余小姐	(03) 247-9682	(03) 247-9682
世邦	方先生	(03) 862-7782	(03) 862-7784
加美留學中心	方先生	(02) 968-9652	(02) 968-9652
台利材料	謝富秋	(02) 221-2555	(02) 221-2555
正人資源	王先生	(06) 245-9556	(06) 245-9556
協昌妮絨有限公司	王先生	(05) 555-7788	(05) 555-7788
東遠銀行	王先生	(05) 555-7788	(05) 555-7788
保僑人壽	黃雅玲	(02) 968-9652	(02) 968-9652
悅海	李柏麟	(05) 555-7788	(05) 555-7788
國頂有限公司	王先生	(05) 555-7788	(05) 555-7789
棉國信託	余小姐	(04) 391-6932	(04) 391-6932
琴攝影	謝小姐	(03) 247-9682	(03) 247-9684
雅洲信託	陳先生	(03) 277-9682	(03) 277-9682
業永房屋	陳先生	(02) 221-2555	(02) 221-2555
瑞穗藥品	王俊元	(03) 247-9682	(03) 247-9682
漢光企管	陳先生	(03) 247-9682	(03) 247-9683
德化食品	陳先生	(02) 221-2555	(02) 221-2555
學仁貿易	王先生	(05) 555-7788	(05) 555-7788
運多貿易	劉先生	(02) 221-2555	(02) 221-2556
個力建設	余小姐	(03) 247-9682	(03) 247-9686

來自概念綱要可能可以衍生出數個外部綱要，每個外部綱要即提供給不同的應用系統或程式或使用者使用。

概念層(Conceptual Level)

概念層是整個資料庫儲存內容的所有結構，描述資料庫的實體(Entity)、資料型態 (Data Type)、關聯 (Relation)、運算 (Computing) 與使用者的操作限制 (Constraint)，相對於外部層是以視界呈現外部綱要，概念層最常使用實體關聯模型 (ER Model)來呈現概念綱要，利用圖形方法表示(稱為實體關聯圖，ER Diagram)描述實體、型態、關聯、運算和限制的細節。

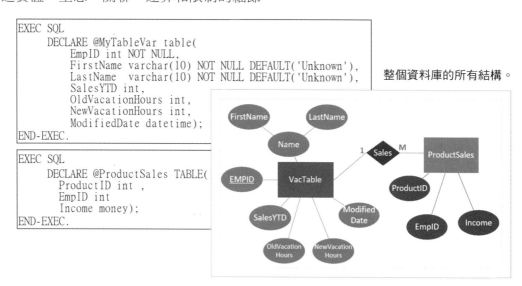

整個資料庫的所有結構。

內部層(Internal Level)

在內部層中所要描述的是資料庫實際儲存的資料結構、儲存的方式，以及檔案系統的儲存格式和實際儲存位置。例如：資料表中每一個資料欄位的資料型別要如何定義才最適切？要考量哪些資料欄位必須設定索引才能提升存取的效能？期望採用哪一種內部儲存技術，以及如何在磁碟上進行叢集，以求增加存取的速度。所以，一般的資料庫使用者並不需要了解內部層的敘述，只要理解外部層與概念層的特性與使用即可。

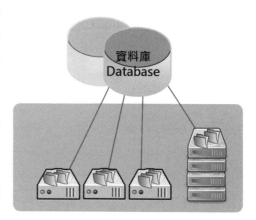

1-4 │ 資料庫的設計

1-4-1 資料庫設計程序

開發資料庫系統時，首要工作便是進行資料庫的規劃與系統的分析，接著，便是實際需求性分析，此時最重要的就是與資料庫的使用者深入溝通，進行資料庫功能面與操作介面的需求訪問，並且了解既有的軟/硬體設備、環境以及擴充性，讓資料庫系統設計者得以順利設計企業所需的資料庫。整個資料庫系統與資料庫的設計程序如下圖所示。

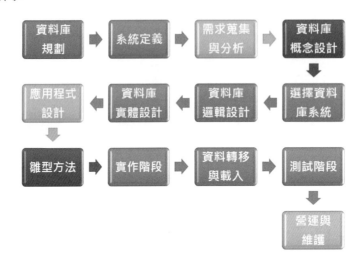

- **資料庫規劃**(Database Planning Phase)

    訂定資料庫系統的主要目標、了解資料庫系統的目的、了解資料庫系統的支援工作以及可用的資源。規劃有效率的資料庫系統開發生命週期，並符合或整合企業組織的資訊系統策略。

- **系統定義**(systems definition Phase)

    規範資料庫應用程式的期待範圍及界線，確認是否需要連結到組織裡的其他資訊系統，並了解現在或未來計畫使用的系統，以及現在或未來資料庫系統的使用者。從工作職位角色的角度以及企業應用程式領域了解資料庫系統的需求。

- **需求蒐集與分析**(Requirements Collection and Analysis Phase)

    透過問卷、訪談、與使用者溝通，了解資料庫的實際需求與範圍後，建立資料蒐集的標準。詳細描述對資料的使用與產出。例如：操作介面的需求與期望、功能性的需要。

- **資料庫概念設計**(Conceptual Database Design Phase)

  根據需求藉由工具建立概念資料模型，毋須考量使用何種 DBMS。例如：使用實體關聯圖來描述真實世界的資料需求與呈現模型，設計資料結構與內容。

- **選擇資料庫系統**(Database Management System Selection Phase)

  了解資訊的應用並預估成本及效益，評估現有的軟硬環境與條件、資金與人力、運作與技術的能力，進行可行性分析，選擇最符合企業組織所需要的資料庫管理系統(DBMS)。例如知名的 Access、SQL Server、MySQL、Oracle 等等。

- **資料庫邏輯設計**(Logical Database Design Phase)

  在選定的 DMBS 之下，基於概念綱要建立邏輯資料模型，進行資料庫正規化與資料完整性的設計，定義所設計的資料庫。

- **資料庫實體設計**(Physical Database Design Phase)

  根據設計好的邏輯資料模型，轉換為實體資料模型，在此資料庫實作中，描述存取資料庫的實體規格、基底關聯、檔案組織、索引設計、安全性與限制條件，產出實際的實體(內部)綱要。

- **應用程式設計**(Application Design Phase)

  在此階段要進行的是資料庫使用者的操作介面設計，以及使用與處理資料庫的應用程式之定義與設計。

- **雛型方法**(Protyping Phase)

  此階段的目的是要讓使用者實際使用設計出來的資料庫系統原型，在限定期限內使用電腦環境下資料庫系統的功能特性，以便即早確認或驗證任何不明確的系統需求，作為改進的依據。

- **實作階段**(Implementation Phase)

  在此階段，資料庫的實體實現與應用程式的設計都已經完備，這也是系統開發的程式設計階段。

- **資料轉移與載入**(Data Conversion and Loading Phase)

  在新的資料庫開始替換舊系統時，便進入此階段。既有的資料將被移轉到新的資料庫系統上。

- **測試階段**(Testing Phase)

  完成設計後，總是要經過一定期間的測試，目的並非要證明軟體設計與資料庫系統的完備與美好，而是雞蛋裡挑骨頭，就是要找出資料庫系統的錯誤。

- **營運與維護**(Operational Maintenance Phase)

  資料庫系統的監控與維護。

1-4-2　實體關聯模式

在規劃資料庫的過程中，使用實體關係模型(Entity-Relation Model，簡稱 E-R Model)可以真實世界中的事物和關係，反映在資料庫中抽象的資料架構，在不牽涉到資料庫的操作、儲存、...等複雜的電腦運作下，仍能即時充分理解資料庫設計的基本方法。實體關係模型(E-R Model)是一種可以描述實體資料與實體資料之間的關係工具，透過圖形化的表示法，讓非資訊技術人員也能夠理解資料庫的設計。因此，經常被資料庫開發人員用來作為與使用者、客戶溝通與解說的利器。透過模型圖的繪製，可以更方便確認所設計的資料庫綱要的正確性。

實體關係模型的基本圖形元件

實體關係模型(Entity-Relationship Model)或稱實體關係模型圖(Entity-Relationship Diagram)主要是由實體 (Entity)、關係 (Relationship) 及屬性 (Attribute) 所組成，透過實體圖形與關係圖形將事物加以模式化，藉由圖形表達語意。其中，矩形代表「實體」集合；橢圓形代表實體的「屬性」；菱形則代表「關係」集合；直線連結代表實體集合之間所擁有的「關係」，而關係可由線條上的數字表達：

ER 圖形的元素	圖形符號	說明
實體(Entity)	▭	描述真實世界的物件。例如：員工、產品、客戶、成績。
關係(Relationship)	◇	表示實體與其他實體之間的關聯。例如：一對一的關係、一對多的關係、多對多的關係。
屬性(Attribute)	⬭	描述實體物件的性質。例如：姓名、血型、生日、公司名稱、科系、科目名稱。

這幾個基本圖形也會因為特性與其功能、意義而衍生其他圖形，整理如后：

實體(Entity)

實體(Entity)是用來表示真實世界裡的物件，可再細分為強實體(Strong Entity)與弱實體(Weak Entity)。強實體是獨立存在的實體，是不需要依附其他實體而存在的實體。例如：員工、經銷商、學生都是強實體。強實體的圖形表示如右：

弱實體是需要仰賴其他實體而存在的實體，其特性是如果弱實體所仰賴的實體已經不存在，則此弱實體也將消失。例如：若員工是強實體，員工的家屬便是弱實體。弱實體的圖形表示如右：

關係(Relationship)

實體和實體之間若要建立關係，則必須要有共同屬性(欄位)的關聯對應，而在實體關係模型(E-R Model)圖中，是以菱形來表示兩實體之間的關係，並利用直線串接兩個實體。

例如：

關係的類型

在關聯式資料庫中，資料表與資料表之間的關係有三種類型，在實體關係模型(E-R Model)圖中，亦可將實體與實體之間的關係，透過圖形呈現出這三種關係類型。

* 一對一

    例如：每一個教授僅能分配一間研究室的關係，即為一對一。

* 一對多

    例如：每一種禮盒在包裝上可以包含多種口味的多顆糖果，即為一對多的範例。

* 多對多

    例如：一個工程師可以協同處理多個專案，一個專案也可以指派給多位工程師，便是典型的多對多關係。

關係的參與(Participate)

在 ER 模型圖的表達上，關係圖形(菱形)的連線是以直線表示，而根據關係的參與程度，可分成部分參與及全部參與。部分參與以單直線表示；全部參與以雙直線

表示。例如：客戶資料表裡記錄著客戶的基本資料，每一個客戶都可以採購多筆訂單交易，當然也有可能有些客戶並沒有任何下單記錄，因此，〔客戶〕資料表對〔訂單交易〕資料表是一對多的部分參與關係；反之，〔訂單交易〕資料表裡的任何一筆交易一定是由〔客戶〕資料表裡某位客戶所訂購的，因此，〔訂單交易〕資料表對〔客戶〕資料表是全部參與的關係。

屬性(Attribute)

屬性是用來描述實體的性質，例如：員工實體裡可以含括「姓名」屬性、「性別」屬性、「職稱」屬性、「血型」屬性、「地址」屬性、「電話」屬性等等。在 ER 模型中是以橢圓形來表示一般屬性，而屬性名稱則描述在橢圓形裡：

- ### 複合屬性(Composite Attribute)

  複合屬性是以兩個以上的其他屬性組合表示。例如：「姓名」屬性可以劃分為「姓氏」屬性與「名字」屬性的結合。「生日」屬性可以細分為「年」屬性與「月」屬性與「日」屬性。

- ### 鍵屬性(Key Attribute)

  鍵屬性是表示該屬性的值在實體中具有不可重複的唯一性，識別實體集合裡每一個實體的一致性。表達的方式是在橢圓形裡的屬性名稱裡加上底線。例如：員工實體裡的「工號」屬性；學生實體裡的「學號」屬性；訂單實體裡的「訂單編號」屬性；商品資料實體裡的「產品編號」屬性。

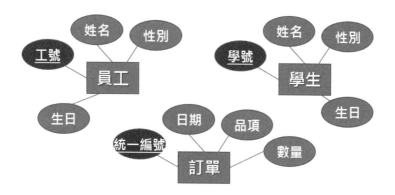

- **多值屬性(Multi-Valued Attribute)**

  多值屬性表示該屬性中可以儲存多個值。例如：一個人可以用擁有多支電話號碼、個人興趣、專長等等，此時，可以儲存多值的屬性將以雙橢圓形表示。

- **衍生屬性(Derived Attribute)**

  衍生屬性表示該屬性值是由其他屬性內容或欄位計算所演算而取得的值，圖形以虛線的橢圓形表示。例如：「年齡」是生日屬性所衍生出來的值；生日屬性也可以衍生出「星座」屬性以及「生肖」屬性。

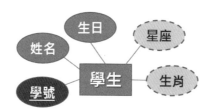

弱實體中的識別屬性

在一般實體中，我們會選擇一個唯一識別該實體的屬性做為鍵屬性；同理，在弱實體中也會選擇一個屬性做為該弱實體的識別屬性，例如：

1-5 | 關聯式資料庫

關聯式資料庫(Relational Database)強調的是應用程式不與資料的內部結構有任何的依存關係,應用程式所面對的只是資料表格般的結構,並不需了解其內部組織,使得資料具有「資料獨立」(Data Independence) 的概念。此外,資料也是以記錄(Record)為處理單位,並且將記錄以表格方式組織起來,依照一定的結構,借助集合、代數等數學概念和方法來處理資料庫中的資料,並且建構資料表與資料表之間的關係模型,如此加以實現真實世界中各種實體與實體之間的聯繫。

關聯式資料庫有以下幾項特質:

- 由相互關係正規化的關聯資料表格所構成

- 關聯資料表之間是藉由相同的欄位值:「Foreign Key, FK」而連繫

- 關聯資料表裡的所有屬性內含值都是基元值(Atomic Value)

1-5-1 認識關聯式資料庫

若是僅以一張資料表來儲存所有的資料,勢必浪費不少空間,因為,有太多的資料是重複的。例如:一筆訂單的儲存,會有太多的「訂單編號」、「訂單日期」、「客戶編號」、「客戶名稱」、「客戶電話」與「付款方式」是重複儲存的。在進行資料登錄的時候,也將發生更多輸入錯誤的可能性,在修改與維護上也不方便,因此,適時的將資料分類,根據不同的目的與需求而儲存在各資料表中,再透過資料表彼此之間的關鍵欄位,建立連結關係,這也正是關聯式資料庫的原意。

訂單編號	訂單日期	客戶編號	客戶名稱	客戶電話	商品編號	商品名稱	數量	價格	付款方式
T001	2015/7/8	C001	張小峰	04-6625241	A001	三頻手機	4	30240	VISA
T001	2015/7/8	C001	張小峰	04-6625241	A002	雙頻手機	10	54000	VISA
T001	2015/7/8	C001	張小峰	04-6625241	B005	充電器	5	450	VISA
T002	2015/7/10	C003	林小美	02-8847165	A002	雙頻手機	6	32400	MASTER
T002	2015/7/10	C003	林小美	02-8847165	X002	厚型電池	4	880	MASTER
T003	2015/8/15	C001	張小峰	04-6625241	A001	三頻手機	8	60480	現金
T003	2015/8/15	C001	張小峰	04-6625241	X001	薄型電池	3	450	現金
T003	2015/8/15	C001	張小峰	04-6625241	X002	厚型電池	3	660	現金
T003	2015/8/15	C001	張小峰	04-6625241	Y002	彩繪外殼	10	2730	現金
T004	2015/8/27	C004	王文明	03-9928276	A001	三頻手機	2	15120	VISA
T004	2015/8/27	C004	王文明	03-9928276	A002	雙頻手機	4	21600	VISA
T005	2015/9/6	C002	劉小玫	0918282726	B005	充電器	7	630	MASTER
T005	2015/9/6	C002	劉小玫	0918282726	Y002	彩繪外殼	10	2730	MASTER
T006	2015/9/10	C007	王文明	02-7633351	B005	充電器	10	900	VISA
T006	2015/9/10	C007	王文明	02-7633351	X002	厚型電池	5	1100	VISA
T006	2015/9/10	C007	王文明	02-7633351	Y002	彩繪外殼	5	1365	VISA

所有的資料都儲存在同一張資料表裡,將會有太多重複性資料。

而在關聯式資料庫中,對使用者而言,資料庫是一些資料表(Data Table)的集合,再藉由表格的處理或表格之間的數學運算(集合運算),取得所要的結果(運算結

果也是一種表格的形式)。因此，了解關聯式資料庫的專有名詞，以及資料表與資料表之間的關係建立與維護，當然是學習關聯式資料庫的第一課題。

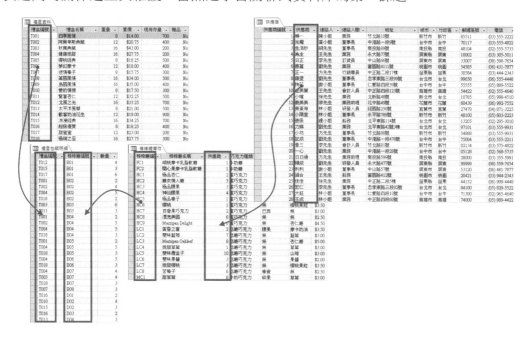

　　簡單的說，資料庫裡的資料表(Table)是由欄(Column)、列(Row)所組成的二維架構，縱向欄是一個個的資料欄位(Data Field)，又稱為資料行(Data Column)；橫向列是一筆筆的資料記錄(Data Record)，又稱為資料列(Data Row)，行列交錯的儲存方格常被稱為儲存格(Cell)。

表格(Table)或稱「關聯」(Relation)

　　我們所俗稱的資料表格(Data Table) 在資料庫的研究領域裡，則是稱為關聯(Relation)。

欄(Column)、欄位(Field)或稱「屬性」(Attribute)

　　資料表格裡的縱向欄(Column)為資料欄位(Data Field)，在資料庫的研究領域裡，稱為屬性(Attribute)。

列(Row)、記錄(Data Record)或稱「值組」(Tuple)

　　資料表格裡的橫向列(Row)為資料記錄(Data Record)，在資料庫的研究領域裡，稱為值組(Tuple)。

「基元值」(Atomic Value)

在行列交錯的儲存方格裡可以儲存不可再分割的值，吾人稱之為基元值(Atomic Value)或稱為 Scalars 標量。

「定義域」(Domain)

在資料庫的研究領域裡，對於任何給定的值組(tuple)，其屬性值必須從屬性的定義域(Domain)中提取。而定義域實際上是一種資料類型，定義了所有允許的值的集合。

階度(Degree)

是關聯的屬性個數，也就是資料表的欄位數目。例如包含「禮盒編號」、「禮盒名稱」、「重量」、「單價」、「現有存量」與「贈品」等六個資料欄位的〔禮盒〕資料表其階度(Degree)為 6。

屬性(Attribute)

描述實體的性質(Property)，例如：工號、姓名、性別都是用來描述員工這個實體的性質。一個屬性一定要定義在一個定義域(Domain)上，例如：「性別」屬性的值必須是「男」或「女」，不能超出定義域(Domain)的合法值群。另一個角度來說，屬性(Attributes)也就是資料表的資料欄位(Fields)。而根據屬性的用途與性質，可以細分為：

- 簡單屬性(Simple Attribute)：即無法再切割成其他單位的屬性值，意即此屬性值為單元值(Atomic Value)。

- 複合屬性(Composite Attribute)：即由兩個其它屬性值所組合而成的屬性。例如：「地址」為複合屬性，因為此值可由「縣市」、「鄉鎮區」、「路」、「街」、「巷」、「弄」、「號」等各個屬性值所組成。

- 衍生屬性(Derived Attribute)：經由推算而取得的屬性。例如：「年齡」屬性以及「星座」屬性都算是衍生屬性，因為其屬性值都可以由「生日」屬性值推算而來。

- 虛值屬性(Null Value)

  - 可適用的虛值：確實存在但尚不知其值為何的屬性值。

  - 不可適用的虛值：根本不存在的屬性值。

  - 完全不知道的虛值：不知道是否存在的屬性值。

鍵值(Key Value)

　　資料表(關聯)是透過鍵值來識別資料,而資料表與資料表之間也是透過鍵值來建立彼此的關聯。所以,在學習與使用關聯式資料庫時,對於鍵值的認識是很重要的基礎!鍵值(Key Value)根據其不同的特性與用途,可區分為「超鍵」(Super Key)、「主鍵」(Primary Key)、「候選鍵」(Candidate Key)、「替代鍵」(Alternate Key)、「索引鍵」(Index Key)、「外來鍵」(Foreign Key)。

超鍵(Super Key)

　　「超鍵」是屬性的集合(也就是資料欄位的集合),具有唯一性,在一個關聯資料表中至少會有一個 Super Key,那就是所有屬性的集合。下列的範例資料表中「員工編號」資料欄位具有唯一性,所是「員工編號」是超鍵;「身分證字號」資料欄位也具有唯一性,所以「身分證字號」也是超鍵;「員工編號」與「姓名」兩欄位的組合也有唯一性,所以也是超鍵。而所有欄位的組合也具有唯一性,因此也是超鍵。「英文名」資料欄位沒有唯一性,因為,關聯資料表中極有可能有同英文名的記錄,所以,「英文名」不是超鍵;「部門」有重複的內容,也不會是超鍵;「部門」+「稱呼」的組合亦不具唯一性,也不會是超鍵。

員工編號	英文名	姓名	身份證字號	部門	職稱	稱呼	出生日期	雇用日期	城市	地址
EMP001	Mary	王小美	A210203040	行銷處	業務	小姐	1968/12/8	1992/1/5	台北市	仁愛路二段56號
EMP002	Bradley	李小峰	F102034401	行銷處	經理	先生	1952/2/19	1992/8/14	台北市	敦化南路一段1號
EMP003	Kim	張文文	B277127712	行銷處	業務	小姐	1963/8/30	1992/4/1	台北市	忠孝東路四段4 號
EMP004	Chris	劉玉婷	A230010203	業務部	副理	小姐	1978/9/19	1993/5/3	台北市	南京東路三段3號
EMP005	Mike	李慶國	Y199293991	業務部	經理	先生	1955/3/4	1993/10/17	台北市	北平東路24號
EMP006	Maggie	林月眉	B226261623	客服處	業務	小姐	1963/7/2	1993/10/17	台北市	中山北路六段88號
EMP007	Steven	周清池	A118828283	營運處	業務	先生	1970/5/29	1994/1/2	台北市	師大路67號
EMP008	Bill	江忠孝	C113233321	營運處	主任	先生	1958/1/9	1994/3/5	台北市	紹興南路99號
EMP009	Linda	王燕雁	B166625344	行銷處	業務	小姐	1969/7/2	1994/11/15	台北市	信義路二段120號
EMP010	Bill	趙大德	A177723172	客服部	專員	先生	1962/12/19	1995/2/4	新竹市	北風路12號
EMP011	David	吳添財	H109394956	營運處	專員	先生	1970/8/21	1995/10/23	桃園市	三義南街123號3樓
EMP012	Eddie	王力霆	K129876364	客服部	資深工程師	先生	1972/12/6	1995/12/6	台北市	北平東路24 號3 樓之一
EMP013	Florence	劉怡如	F211127734	業務部	助理	小姐	1961/12/6	1993/12/6	台北市	中山東路4段44 號4 樓之四
EMP014	John	孫學文	A109203945	業務部	工程師	先生	1968/12/14	1994/12/14	台北縣	平南路282 號13 樓
EMP015	Moon	林小月	B225141523	業務部	副理	小姐	1962/10/22	1993/12/14	台北市	知行路3段17巷8弄7號

知識家

* 最大的超鍵(Super Key)是一筆記錄中所有資料欄位(屬性)的集合。
* 最小的超鍵(Super Key)是主鍵(Primary Key)。
* 在關聯(資料表)中的一個或多個屬性(欄位)所構成,且具有唯一識別性的屬性集合即為超鍵(Super Key)。

主鍵(Primary Key)

　　一個關聯(也就是一張資料表),是由許多資料欄位(屬性集)所組成的,而能夠識別一筆資料記錄是否是在資料表中是唯一的,即為主鍵,主鍵可以是一個資料欄位,也可以是一些資料欄位的組合(屬性集的子集)。每一個主鍵值在關聯表中都是

唯一的。例如：下列的資料表中，「學號」可以是主鍵；「身份證字號」也可以是主鍵；「學號」與「英文名」組合亦可以是主鍵。

學號	姓名	英文名	血型	身份證字號	性別	生日	地址
683221	李家慈	David	A	A128872634	男	1990/2/4	仁愛路二段56號
683272	趙曉君	Judy	B	F220201928	女	1992/3/1	敦化南路一段1號
683625	黃君佩	Florence	A	A227162534	女	1991/12/3	忠孝東路四段4號
684625	林怡婷	Ting	AB	B225154424	女	1990/6/10	南京東路三段3號
688948	陳凱翔	Eric	O	B100293845	男	1991/11/4	北平東路24號
688993	邱達鴻	David	A	A155524344	男	1992/8/21	中山北路六段88號
689288	王莉婷	May	B	A209394765	女	1991/4/3	師大路67號
689293	周泰山	Eric	O	F125355512	男	1992/3/1	紹興南路99號
689445	林怡婷	Helen	A	A288792873	女	1990/10/27	信義路二段120號
689559	陳凱翔	Eric	A	A176635456	男	1991/11/4	北風路12號

相較於超鍵，一個關聯資料表裡面會有多的超鍵，也至少會有一個超鍵（即所有屬性集合，意即所有欄位的集合），但有可能沒有任何主鍵，並且，就算有主鍵，一個關聯資料表裡也只能有一個主鍵！

主鍵的特性如下：

- 關聯表中用來區別資料記錄的識別值。

- 每一個資料記錄的主鍵值在關聯表中都是唯一的。

- 主鍵值不可為虛值(Null Value)。

- 主鍵是由屬性的子集所構成，所以可能是一個屬性，也可能是整個屬性集。

- 一個關聯表的主鍵只能有一個。

- 主鍵名稱會以實底線表示。

- 建立資料表時一般都是以「P.K.」來代表主鍵。

如何挑選主鍵？
- 選擇永不會變更其值的屬性。
- 確保不會是虛值的屬性。
- 不要用會造成困惑的編號鍵值。
- 盡量以單一的屬性來代表整筆值組(資料記錄)。
- 由數個候選鍵中明確地選擇其中一個來當主鍵。

候選鍵(Candidate Key)

在一個關聯資料表中符合可以做為主鍵的欄位(屬性)或欄位集合(屬性子集)可能會有好幾個，而一個關聯資料表中僅能有一個主鍵，因此，可以被選定為主鍵的鍵

值，即為「候選鍵」(Candidate Key)。換句話說，主鍵便是候選鍵中所選擇出來的。而根據前面針對超鍵的定義可得知，候選鍵也是屬於超鍵，可以定義為"最小超鍵"，也就是不含有多餘屬性的超鍵。例如：若員工資料表中，「員工編號」是超鍵，也是候選鍵；「身份證字號」是超鍵，也是候選鍵；而「員工編號」+「身份證字號」這個屬性組合也會是超鍵，而且，若移除任何一個屬性，也是具有唯一性，因此，這個屬性組合也是候選鍵。此外，「員工編號」+「姓名」這個屬性組合也是超鍵，但是，若移除「員工編號」這個屬性，不具有唯一性了，所以，這個屬性組合並不是候選鍵。

基本上，要成為候選鍵也就是主鍵的候選人，必須符合以下兩個條件：

- 具有唯一性(Unique)：必須可以做為唯一識別資料表中各種不同值組(記錄)的最少屬性集合。也就是說，在關聯資料表中不會有兩個資料記錄的欄位子集具有相同的值。

- 不可縮減性(Irreducibility)：若候選鍵是某些屬性的集合，則該屬性集合若除去任何一個屬性，即不符合唯一性。也就是說，若是某些屬性的集合是超鍵，具有唯一性，但屬性集合若除去任何一個屬性，即不符合唯一性，則這個屬性集合就不是候選鍵。

替代鍵 (Alternate Keys)

一個關聯資料表裡僅能有一個主鍵，可能會有一個以上的候選鍵，通常會在候選鍵中選擇一個做為唯一識別資料記錄的鍵值，即稱之為主鍵(Primary Key)，在一個關聯資料表的敘述中，只能有一個主鍵，其餘未被選定為主鍵的候選鍵即稱之為「替代鍵」。如果一個資料表擁有多個候選鍵，我們可以選擇最方便、長度較短、作業較常用到的候選鍵來當作主鍵。

複合鍵(Composite Key)

指的是關聯資料表中的主鍵，而且是由兩個或兩個屬性（欄位）以上所組成的子集合，這種主鍵即稱之為複合鍵。

外來鍵 (Foreign Keys)

在關聯式資料庫中，任兩個資料表要進行關聯時，必須要透過「外來鍵」參照「主鍵」才能建立，其中「主鍵」值的所在資料表稱為「父關聯」，而「外來鍵」值的所在資料表稱為「子關聯」。以下列圖示為例，員工資料表中的主鍵為「員工編號」(Primary Key, PK)。而訂單資料表中每一張訂單都有獨一無二的訂單編號，因此，針對訂單資料表而言，其主鍵為「訂單編號」，然而每一筆訂單交易記錄會

記載是哪一位員工經手的，儲存在訂單資料表的「經手人」欄位裡，一位員工或許負責了多筆交易記錄，因此，此「經手人」資料欄位即為這兩張資料表建立關聯時的外來鍵(Foreign Keys, FK)。

員工編號 (PK)	英文名	姓名	身份證字號	部門	職稱
EMP001	Mary	王小美	A210203040	行銷處	業務
EMP003	Kim	張文文	B277127712	行銷處	業務
EMP006	Maggie	林月眉	B226261623	客服部	業務
EMP007	Steven	周濟池	A118828283	醫運處	業務
EMP009	Linda	王燕雁	B166625344	行銷處	業務
EMP010	Bill	趙大德	A177723172	客服部	專員
EMP011	David	吳添財	H109394956	醫運處	育員
EMP015	Moon	林小月	B225141523	業務部	副理

訂單編號 (PK)	客戶編號	經手人(FK)	訂單日期	運費	贈品
10248	VINET	EMP001	04-Jul-15	$32.4	TRUE
10249	TOMSP	EMP011	05-Jul-15	$11.6	TRUE
10250	HANAR	EMP015	08-Jul-15	$65.8	TRUE
10251	VICTE	EMP015	08-Jul-15	$41.3	TRUE
10252	SUPRD	EMP001	09-Jul-15	$51.3	TRUE
10253	HANAR	EMP003	10-Jul-15	$58.2	TRUE
10254	CHOPS	EMP009	11-Jul-15	$23.0	FALSE
10255	RICSU	EMP006	12-Jul-15	$148.3	FALSE
10256	WELLI	EMP007	15-Jul-15	$14.0	FALSE
10257	HILAA	EMP003	16-Jul-15	$81.9	FALSE
10258	ERNSH	EMP003	17-Jul-15	$140.5	TRUE
10259	CENTC	EMP003	18-Jul-15	$3.3	TRUE
10260	OTTIK	EMP015	19-Jul-15	$55.1	TRUE
10261	QUEDE	EMP006	19-Jul-15	$3.1	TRUE
10262	RATTC	EMP011	22-Jul-15	$48.3	TRUE
10263	ERNSH	EMP015	23-Jul-15	$146.1	TRUE
10264	FOLKO	EMP006	24-Jul-15	$3.7	FALSE
10265	BLONP	EMP015	25-Jul-15	$55.3	FALSE
10266	WARTH	EMP006	26-Jul-15	$25.7	FALSE
10267	FRANK	EMP003	29-Jul-15	$208.6	FALSE
10268	GROSR	EMP011	30-Jul-15	$66.3	TRUE
10269	WHITC	EMP006	31-Jul-15	$4.6	TRUE
10270	WARTH	EMP015	01-Aug-15	$136.5	TRUE
10271	SPLIR	EMP003	01-Aug-15	$4.5	TRUE
10272	RATTC	EMP009	02-Aug-15	$98.0	TRUE
10273	QUICK	EMP006	05-Aug-15	$76.1	TRUE
10274	VINET	EMP011	06-Aug-15	$6.0	FALSE
10275	MAGAA	EMP009	07-Aug-15	$26.9	FALSE
10276	TORTU	EMP015	08-Aug-15	$13.8	FALSE
10277	MORGK	EMP003	09-Aug-15	$125.8	FALSE
10278	BERGS	EMP010	12-Aug-15	$92.7	TRUE

對於關聯中的外來鍵而言，應具備以下特性：

- 「子關聯(資料表)」的外來鍵必須對應「父關聯(資料表)」的主鍵。

- 外來鍵是用來建立「子關聯(資料表)」與「父關聯(資料表)」的連結關係。

- 外來鍵和「父關聯(資料表)」的主鍵欄位必須要具有相同定義域(屬性之值域也都要一樣)，亦即相同的資料型態和欄位長度，但屬性(欄位)名稱則可以不同。

- 外來鍵的欄位值可以是重覆值或空值(NULL)。

專由名詞的對照

關聯式資料庫模型	SQL Server	Microsoft Access 的名詞
關聯(Relation)	資料表(Table)	資料表(Table)
值組(Tuple)	列(Row)	記錄(Record)
屬性(Attribute)	欄(Column)	欄位(Field)
主鍵(Primary Key)	唯一識別碼(unique identifier)	唯一識別碼(unique identifier)

1-5-2　關聯的種類

　　資料表的主鍵並非只是維持資料表唯一性資料的關鍵，更重要的是，可以作為兩資料表之間需要架構出關聯時的要件。在 Access 中建立資料表關聯的種類，將取決於相關欄位是如何被定義：

- 如果父關聯(資料表)的主鍵對應子關聯(資料表)裡的多個值組(Tuple)，即多筆資料記錄，則可以建立一對多關聯。

- 如果父關聯(資料表)的一個值組僅能對應到子關聯(資料表)裡的一個值組，子關聯(資料表)裡的一個值組也僅能對應到父關聯(資料表)的一個值組，則可以建立一對一關聯。通常是由父關聯(資料表)的主鍵對應子關聯(資料表)的主鍵。

- 多對多的關聯是使用第三個關聯(資料表)建立兩個一對多的關聯，第三個關聯(資料表)的主鍵包含二個屬性(欄位)－來自兩個不同關聯(資料表)的外來鍵。

一對多的關聯

　　大多數的資料表關聯都是屬於這一類的關聯。在此種關聯中，A 資料表中的任一筆資料記錄，可以關聯至 B 資料表的多筆資料記錄。例如：A 資料表為〔訂單〕資料表，記載著每一筆訂單的基本資料；B 資料表為〔訂單明細〕資料表，儲存著每一張訂單所交易的商品項目與數量。在〔訂單〕資料表中，記載了每一張訂單的〔訂單編號〕、〔訂單日期〕、〔客戶編號〕、〔送貨地址〕、〔運費]、…等等基本資料，其中，〔訂單編號〕是不可重複的唯一性欄位，也就是主索引關鍵。至於每一張訂單到底包含若干品項的交易明細，基於資料庫正規化的設計，並未記載於〔訂單〕資料表內，而是儲存在〔訂單明細〕資料表中。因此，在〔訂單明細〕資料表裡也會儲存著〔訂單編號〕欄位，以及交易的〔商品編號〕與〔數量〕欄位，其中，在〔訂單明細〕資料表裡的〔訂單編號〕欄位是會重複的內容，所以，〔訂單〕資料表與〔訂單明細〕資料表彼此之間，可以藉由〔訂單編號〕欄位建立起關聯，此為一對多的關聯。

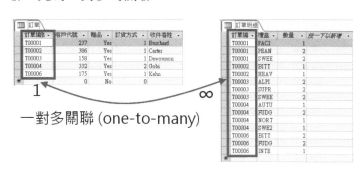

在〔訂單〕資料表中的一個〔訂單編號〕，可以對應著〔訂單明細〕資料表中的多筆交易明細，因此，這是一對多的資料表關聯。

一對多關聯 (one-to-many)

一對一的關聯

在一對一的關聯中，A 資料表中的一筆資料記錄，可以關聯至 B 資料表的一筆資料記錄，而 B 資料表中的一筆資料記錄，也只能對應到 A 資料表裡的一筆資料記錄。這種資料表關聯的使用時機並不多見，通常是基於安全性考量，會將原本資料表中的部分敏感性的欄位資料，分割至另一個資料表中，然後，為這兩個資料表架構出一對一的關聯。例如：A 資料表為〔員工基本資料〕，記載著每一位員工的〔工號〕、〔姓名〕、〔性別〕、〔部門〕、〔職稱〕、〔分機〕、…等基本資料，其中，〔工號〕是此資料表中不可重複的主索引鍵；而 B 資料表則儲存著每一位員工的〔保險帳號〕、〔基本薪資〕、〔考績〕、〔轉帳銀行〕、〔考績〕、…等較具機密與敏感的資料，當然也包括了〔工號〕欄位，因此，透過共有的〔工號〕欄位，為這兩張資料表架構出一對一的關聯。

基於安全性或其他因素，可將原本資料豐富的資料表，分割成兩個資料表並串起一對一的關聯。

一對一關聯 (one-to-one)

多對多的關聯

在實務上，兩個資料表之間的多對多關聯並不容易建置，通常會藉由三個資料表來建構出多對多的關聯，意即，在原來的兩個資料表之間再加入一個聯合資料表。例如：〔訂單〕資料表與〔商品〕資料表即擁有多對多的關聯，其中，在〔訂單〕資料表中的每一筆訂單資料可以配對至多項商品資料記錄，表示一張訂單包含多項商品的交易。

而〔商品〕資料表中的每一項商品資料亦可配對至多筆交易記錄，表示一項商品在多筆訂單中皆有交易記錄。通常我們無法對這類型的關聯直接進行定義，而是藉由兩組一對多的資料表關聯建構彼此的關係。例如：藉由〔訂單明細〕資料表為媒介，架構出〔訂單〕資料表與〔商品〕資料表之多對多的關聯。

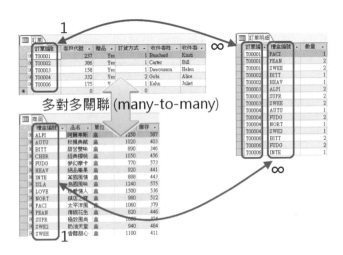

多對多關聯 (many-to-many)

1-5-3　關聯式資料庫的完整性

　　在關聯資料庫中，為了確保相關資料表之間其資料內容的一致性，避免因為一張資料表的記錄有所異動時，造成另一個關聯資料表的內容變成無效，因此，必須維持關聯資料表的參考完整性。例如：〔禮盒〕資料表裡儲存了 5 筆禮盒基本資料，包含禮盒編號、名稱、重量、單價與庫存等資料欄位；而〔禮盒包裝明細〕資料表裡，則記錄著每一種禮盒的包裝內容，儲存每一種禮盒含有多少種糖果。因此，這兩張資料表是一種一對多的關聯。

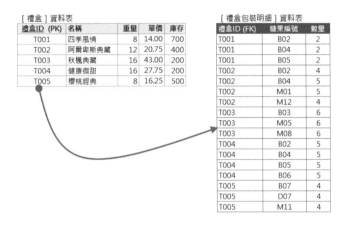

　　如果沒有維持參考完整性的設定，則關聯參照將會發生問題。例如：若禮盒 T004 其實並不存在或者已經不再生產，勢必要從〔禮盒〕資料表裡移除 T004 資料記錄，可是，若移除 T004 記錄後，在〔禮盒包裝明細〕資料表裡的 4 筆與 T004 相關的包裝明細記錄，就沒有參照對象而變成無效的內容了！

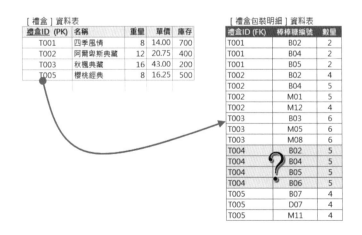

　　所以，若維持關聯資料的參考完整性設定，資料庫系統將禁止使用者移除上述範例〔禮盒〕資料表裡的資料記錄，除非先行刪除或一併刪除在〔禮盒包裝明細〕資料表裡的 4 筆與 T004 相關的包裝明細記錄，以確保兩資料表的正確參照。

1-6 資料庫正規化

在進行人工資料庫的移轉與電腦化時,是不是只要根據原本的書面報表、表格、單據、…等等的內容,設計一下各種資料表的資料結構,再進行資料的登打就可以了呢?其實,並非想像中那麼簡單。資料的規劃與整合是多變且複雜的,將所有的資料都彙集在一起雖然豐富又完整,可是資料將過於龐大且難以處理,甚至還會發生許多無法預期與評量的邏輯錯誤。即使以電腦與程式加以處理和運算也是漏洞百出、欠缺效率。所以,資料電腦化並不是將紙本上的資料翻拷成儲存在電腦裡的資料表格而已,在規劃運作上絕對是一門專業的學問呢!

基本上,資料電腦化的過程中必須按照特定的規則對原始資料進行整理、分析、重整、切割、…吾人稱之為資料表的正規化(Normalization)作業。由於資料表的正規化也算是一門專業的學問與理論,本書因篇幅與主題的限制,在書中並不特別著墨,僅以淺顯易懂的舉例說明,介紹資料表正規化的觀念與重要性,若對資料表正規化的理論與應用特別有興趣的讀者們,請參考坊間的資料庫系統相關書籍,或直接上網搜尋相關資訊。

1-6-1 未進行正規化的資料表

在設計資料庫之初,我們可以將所有的資料欄位都合併成一個大型資料表格,如下圖所示,這是一個關於訂單交易的資料表格範例,將一筆筆的訂單交易資料以表格的方式呈現,每一筆訂單交易記錄記載著訂單編號、日期、該筆訂單的客戶編號、客戶名稱、電話、以及該筆訂單裡所包含的訂購商品項目、數量、價格與該筆訂單的付款方式等訊息。這便是一張未經過正規化的資料表,因為內容包羅萬象,盡是與訂購交易有關的內容和資訊。

訂單編號	訂單日期	客戶編號	客戶名稱	客戶電話	商品編號	商品名稱	數量	價格	付款方式
T001	2015/7/8	C001	張小峰	04-6625241	A001	三頻手機	4	30240	VISA
					A002	雙頻手機	10	54000	
					B005	充電器	5	450	
T002	2015/7/10	C003	林小美	02-8847165	A002	雙頻手機	6	32400	MASTER
					X002	厚型電池	4	880	
T003	2015/8/15	C001	張小峰	04-6625241	A001	三頻手機	8	60480	現金
					X001	薄型電池	3	450	
					X002	厚型電池	3	660	
					Y002	彩繪外殼	10	2730	
T004	2015/8/27	C004	王文明	03-9928276	A001	三頻手機	2	15120	VISA
					A002	雙頻手機	4	21600	
T005	2015/9/6	C002	劉小玟	0918282726	B005	充電器	7	630	MASTER
					Y002	彩繪外殼	10	2730	
T006	2015/9/10	C007	王文明	02-7633351	B005	充電器	10	900	VISA
					X002	厚型電池	5	1100	
					Y002	彩繪外殼	5	1365	

從上述未正規化的資料表中可以清楚的看出,一共有六筆訂單資料記錄,其中,各筆訂單交易的訂單編號都不會重複,以區隔每一張訂單的唯一性,而商品編

號、商品名稱、數量與價格等資料欄位，基於每一張訂單含有多少項商品的交易並不一定相同(有的訂單包含三項商品的交易、有些訂單包含兩項商品的交易)，因此，這些資料都描述在一個儲存格裡，資料的輸入上也無法決定需要預留多少空間來存放每一筆訂單資料，如此便無法很明確的快速找出某項商品的總銷售數量、金額。此外，資料表中，同樣叫做王文明的客戶並不見得是同一個人，譬如：有一位客戶編號為 C004 的王文明、還有一位客戶編號為 C007 的王文明，很可能是兩位同名同姓的不同客戶，當然，也有可能是資料繕寫、輸入或登打時的筆誤。這在資料查詢、程式設計與處理上的確是一大困擾。

所以，我們必須對這張龐大的資料表進行正規化的操作，將資料表分解得更細緻，規劃出更好的資料設計。而正規化的階段將分成好幾個過程，每一階段的正規化都必須符合規定的條件後才能進行下一階段的正規化，因此，愈到後面的階段所加入的規範與條件就更多也更嚴謹。

1-6-2　第一階段的資料表正規化

第一階段的正規化簡稱為 1NF(First Normal Form)，此階段最主要的目的是要為資料表設計出主要關鍵欄位，讓其他所有資料欄位都因為此主要關鍵而具有特定的意義。而且，每個資料欄位(儲存格)也都只儲存一個資料項目。譬如：每一張交易資料記錄裡的商品編號、商品名稱與數量等資料欄位內僅存放一個項目資料而已，不再存放兩、三個以上的資料項目。此外，我們可以將重複的資料項目（譬如：訂單編號、訂單日期、客戶編號、客戶名稱、客戶電話、付款方式）分別儲存在不同的資料記錄中，如下圖所示，原本六張訂單記錄，變成了 16 筆資料記錄：

訂單編號	訂單日期	客戶編號	客戶名稱	客戶電話	商品編號	商品名稱	數量	價格	付款方式
T001	2015/7/8	C001	張小峰	04-6625241	A001	三頻手機	4	30240	VISA
T001	2015/7/8	C001	張小峰	04-6625241	A002	雙頻手機	10	54000	VISA
T001	2015/7/8	C001	張小峰	04-6625241	B005	充電器	5	450	VISA
T002	2015/7/10	C003	林小美	02-8847165	A002	雙頻手機	6	32400	MASTER
T002	2015/7/10	C003	林小美	02-8847165	X002	厚型電池	4	880	MASTER
T003	2015/8/15	C001	張小峰	04-6625241	A001	三頻手機	8	60480	現金
T003	2015/8/15	C001	張小峰	04-6625241	X001	薄型電池	3	450	現金
T003	2015/8/15	C001	張小峰	04-6625241	X002	厚型電池	3	660	現金
T003	2015/8/15	C001	張小峰	04-6625241	Y002	彩繪外殼	10	2730	現金
T004	2015/8/27	C004	王文明	03-9928276	A001	三頻手機	2	15120	VISA
T004	2015/8/27	C004	王文明	03-9928276	A002	雙頻手機	4	21600	VISA
T005	2015/9/6	C002	劉小玫	0918282726	B005	充電器	7	630	MASTER
T005	2015/9/6	C002	劉小玫	0918282726	Y002	彩繪外殼	10	2730	MASTER
T006	2015/9/10	C007	王文明	02-7633351	B005	充電器	10	900	VISA
T006	2015/9/10	C007	王文明	02-7633351	X002	厚型電池	5	1100	VISA
T006	2015/9/10	C007	王文明	02-7633351	Y002	彩繪外殼	5	1365	VISA

如此，每一筆資料記錄裡的每一個資料欄位僅存放著一個資料項目，也就是除去資料表中單一欄位裡(單一儲存格裡)重覆性的資料，以確定每一筆資料記錄裡的資料欄位僅描述單一資料項目，不會有任何兩筆資料記錄是一模一樣的。在資料處理中，最重要的就是要找出資料表裡的主要關鍵值，也就是能夠單獨用來分辨資料

表中單一特定資料記錄的關鍵。這個主要關鍵可以是單一資料欄位，也可能是多個資料欄位的組合。

透過完成第一階段的正規化，以上圖為例，理應透過「訂單編號」資料欄位做為此訂單資料表的主要關鍵欄位，因為，為了要識別出每一張訂單交易，原本就應該賦予每一張訂單交易有不同的訂單編號。可是，每一張訂單交易中，可能的交易商品項目種類與數量並不見得都相同，或許第一張訂單交易裡包含了三項商品種類的交易、第二張訂單交易裡僅包含了兩項商品種類，因此，要能夠識別出上述龐大訂單交易資料表的主要關鍵欄位，就不能只是使用「訂單編號」資料欄位作為主要關鍵欄位而已，而必須以「**訂單編號**」+「**客戶編號**」+「**商品編號**」來做為訂單交易資料表的主要關鍵欄位才行。所以，要識別這張資料表每一筆資料的唯一性，就得同時描述清楚「**訂單編號**」+「**客戶編號**」+「**商品編號**」的資訊，才可以找出正確的資料。譬如：訂單編號 T002 且客戶編號為 C003、商品編號為 X002 的那一筆資料記錄，即為客戶林小美採購了 4 個厚型電池的基本交易資料記錄。

不過，透過 1NF 後的資料表好像有點怪怪的，也就是好多筆資料記錄的資料欄位內容幾乎都相同，都重複輸入了(譬如：訂單編號、日期、客戶編號、客戶名稱、客戶電話、與付款方式等資料欄位)。此外，如果我們想要刪除某張訂單編號的交易，則必須將所有的相關資料記錄都一併刪除；如果要刪除某些商品資料，則資料表上的交易記錄乃至客戶資料也可能都會一併刪除；即使我們想要添加新的交易或某些商品資料，在新增資料記錄後，交易記錄與客戶資料是否仍是空值呢？這都是起因於我們將所有的資訊，包括交易資料、客戶資料、以及交易明細和商品資料、…都放在同一個資料表裡了！那我們可不可以簡化這些資料輸入，改善這些缺失呢？當然可以，那就是進入第二階段的正規化囉！

1-6-3　第二階段的資料表正規化

在進入第二正規化的說明與舉例之前，在這裡我們要先瞭解兩個專有名詞，也就是「部分相依」與「完全相依」。我們可以從第一階段正規化後的資料表中，找出各資料欄位之間的相依性。譬如：「訂單編號」與「訂單日期」這兩個資料欄位彼此是有相關的，代表的是同一資訊與意義(譬如：同一張訂單編號不可能有兩個不同的日期)，因此，這兩個資料欄位即具有相依性；同理，「客戶編號」與「客戶名稱」這兩個資料欄位亦具有相依性(譬如：同一個客戶編號不可能代表兩家不同的客戶)；「商品編號」與「商品名稱」這兩個資料欄位同樣具有相依性(譬如：同一個商品編號不可能表示兩個不同的商品)、…。如果同一張資料表裡面部分相依性的資料欄位太多，管理不易，因為，資料在異動時就會牽扯出一堆相關的資訊也要一併

處理。因此，我們要將部份相依於主要關鍵欄位的資訊找出來，適度的切割成不同的資料表，達成完全相依的資料表設計。

譬如：部份相依的缺失是當我們修改商品名稱裡的充電器時，相關的充電器資料都要一一修改，非常沒有效率。若要刪除某一筆訂單資料時，該訂單裡的客戶資料也將一併被刪除了，那又太危險！而要解決部份相依性，便是將部分相依性的資料欄位分割成另外的資料表即可。

在上述龐大的交易資料表中，主要關鍵是「**訂單編號**」+「**客戶編號**」+「**商品編號**」，而其餘的資料欄位中，以「商品名稱」為例，此資料欄位僅相依於「商品編號」，但與「客戶編號」並沒有關聯，因此，我們只能說「商品名稱」資料欄位部份相依於資料表的主要關鍵，並非完全相依於資料表的主要關鍵。所謂的完全相依是指資料表中非主要關鍵的各資料欄位應該要完全相依於主要關鍵。

第二正規化的重點就是要將部份相依的資料欄位分割成另外的資料表，形成完全相依性，也就是說，要找出資料表裡的主要關鍵欄位，來分辨資料表中的單一特定資料記錄。在此範例中，我們可以將原本的龐大資料表拆成兩個資料表，一個包含「訂單編號」、「訂單日期」、「客戶編號」、「客戶名稱」、「客戶電話」與「付款方式」等六個資料欄位的資料表，命名為：〔訂單資料表〕；另一個資料表則包含「產品編號」、「商品名稱」、「數量」與「價格」等四項資料欄位的資料表，並命名為：〔訂單交易明細資料表〕。如下圖所示：

訂單資料表

訂單編號	訂單日期	客戶編號	客戶名稱	客戶電話	付款方式
T001	2015/7/8	C001	張小峰	04-6625241	VISA
T001	2015/7/8	C001	張小峰	04-6625241	VISA
T001	2015/7/8	C001	張小峰	04-6625241	VISA
T002	2015/7/10	C003	林小美	02-8847165	MASTER
T002	2015/7/10	C003	林小美	02-8847165	MASTER
T003	2015/8/15	C001	張小峰	04-6625241	現金
T003	2015/8/15	C001	張小峰	04-6625241	現金
T003	2015/8/15	C001	張小峰	04-6625241	現金
T003	2015/8/15	C001	張小峰	04-6625241	現金
T004	2015/8/27	C004	王文明	03-9928276	VISA
T004	2015/8/27	C004	王文明	03-9928276	VISA
T005	2015/9/6	C002	劉小玫	0918282726	MASTER
T005	2015/9/6	C002	劉小玫	0918282726	MASTER
T006	2015/9/10	C007	王文明	02-7633351	VISA
T006	2015/9/10	C007	王文明	02-7633351	VISA
T006	2015/9/10	C007	王文明	02-7633351	VISA

訂單交易明細資料表

商品編號	商品名稱	數量	價格
A001	三頻手機	4	30240
A002	雙頻手機	10	54000
B005	充電器	5	450
A002	雙頻手機	6	32400
X002	厚型電池	4	880
A001	三頻手機	8	60480
X001	薄型電池	3	450
X002	厚型電池	3	660
Y002	彩繪外殼	10	2730
A001	三頻手機	2	15120
A002	雙頻手機	4	21600
B005	充電器	7	630
Y002	彩繪外殼	10	2730
B005	充電器	10	900
X002	厚型電池	5	1100
Y002	彩繪外殼	5	1365

這時候，便可以看到上圖左側〔訂單資料表〕裡的資料有許多都是重複的，因此，當我們將這些重複的記錄除去後，便可以形成下圖所示的資料表格：

訂單資料表					
訂單編號	訂單日期	客戶編號	客戶名稱	客戶電話	付款方式
T001	2015/7/8	C001	張小峰	04-6625241	VISA
T002	2015/7/10	C003	林小美	02-8847165	MASTER
T003	2015/8/15	C001	張小峰	04-6625241	現金
T004	2015/8/27	C004	王文明	03-9928276	VISA
T005	2015/9/6	C002	劉小玫	0918282726	MASTER
T006	2015/9/10	C007	王文明	02-7633351	VISA

訂單交易明細資料表			
商品編號	商品名稱	數量	價格
A001	三頻手機	4	30240
A002	雙頻手機	10	54000
B005	充電器	5	450
A002	雙頻手機	6	32400
X002	厚型電池	4	880
A001	三頻手機	8	60480
X001	薄型電池	3	450
X002	厚型電池	3	660
Y002	彩繪外殼	10	2730
A001	三頻手機	2	15120
A002	雙頻手機	4	21600
B005	充電器	7	630
Y002	彩繪外殼	10	2730
B005	充電器	10	900
X002	厚型電池	5	1100
Y002	彩繪外殼	5	1365

　　可是，這又變成看似兩張完全不相干的資料表格，因為，在右邊的〔訂單交易明細資料表〕中，根本看不出來哪些商品交易是屬於哪一張單訂單編號的交易！因此，我們必須為右邊的〔訂單交易明細資料表〕再添加一個對應於〔訂單資料表〕裡的「訂單編號」資料欄位，如下圖所示：

訂單資料表					
訂單編號	訂單日期	客戶編號	客戶名稱	客戶電話	付款方式
T001	2015/7/8	C001	張小峰	04-6625241	VISA
T002	2015/7/10	C003	林小美	02-8847165	MASTER
T003	2015/8/15	C001	張小峰	04-6625241	現金
T004	2015/8/27	C004	王文明	03-9928276	VISA
T005	2015/9/6	C002	劉小玫	0918282726	MASTER
T006	2015/9/10	C007	王文明	02-7633351	VISA

訂單交易明細資料表				
訂單編號	商品編號	商品名稱	數量	價格
T001	A001	三頻手機	4	30240
T001	A002	雙頻手機	10	54000
T001	B005	充電器	5	450
T002	A002	雙頻手機	6	32400
T002	X002	厚型電池	4	880
T003	A001	三頻手機	8	60480
T003	X001	薄型電池	3	450
T003	X002	厚型電池	3	660
T003	Y002	彩繪外殼	10	2730
T004	A001	三頻手機	2	15120
T004	A002	雙頻手機	4	21600
T005	B005	充電器	7	630
T005	Y002	彩繪外殼	10	2730
T006	B005	充電器	10	900
T006	X002	厚型電池	5	1100
T006	Y002	彩繪外殼	5	1365

　　從左邊的〔訂單資料表〕中可以看出，「訂單編號」欄位具有唯一性，並沒有重複的資料，因此便成為此資料表的主要關鍵欄位(Primary Key)，可以識別出資料表中的單一特定資料記錄。也就是說，只要確認「訂單編號」當然就可以確定該筆訂單交易的日期、採購客戶與該筆交易的付款方式。所以，此〔訂單資料表〕的主要關鍵是「訂單編號」資料欄位。其餘的資料欄位都完全相依於主要關鍵。不過，可能此時讀者會問道：「為什麼知道要拆成兩個資料表？不能拆成三個資料表嗎？又為什麼能夠一眼看出哪些資料欄位應該屬於哪一張資料表？」其實，這就是經驗，也是正規化的程序要按部就班、逐一履行的原因。從上圖右側的〔交易明細資料表〕中，仍存在著部份相依的問題，我們可以再將其拆成〔訂單交易明細資料表〕與〔商品資料表〕等兩張資料表。其中，〔訂單交易明細資料表〕包含「訂單編號」、「商品編號」與「數量」等三個資料欄位；而〔商品資料表〕則包含「商品編號」、「商品名稱」與「價格」等三項資料欄位。如下圖所示：

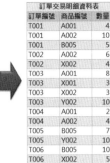

然後，再將〔商品資料表〕裡重複的商品資料記錄移去，如下圖所示。

訂單交易明細資料表		
訂單編號	商品編號	數量
T001	A001	4
T001	A002	10
T001	B005	5
T002	A002	6
T002	X002	4
T003	A001	8
T003	X001	3
T003	X002	3
T003	Y002	10
T004	A001	2
T004	A002	4
T005	B005	7
T005	Y002	10
T006	B005	10
T006	X002	5
T006	Y002	5

商品資料表		
商品編號	商品名稱	價格
A001	三頻手機	30240
A002	雙頻手機	54000
B005	充電器	450
X001	薄型電池	450
X002	厚型電池	880
Y002	彩繪外殼	2730

從右圖的商品資料表中也可以看出，只要確認「商品編號」就可以確定該項商品的基本資料，諸如「商品名稱」與「單價」，甚至，也可以開始擴充此〔商品資料表〕其他更有意義與用途的資料欄位，譬如：每一項商品的庫存量、上游廠商、規格、型號、…等等相關資訊。在此商品資料表中，其主要關鍵便是「商品編號」資料欄位。其餘的資料欄位便都完全相依於此主要關鍵。

通常在經過 1NF 正規化的資料表中，會有許多部份相依的資料欄位。

1-6-4 第三階段的資料表正規化

經過第二階段正規化的資料分割後，資料的關連性與高效率已見雛形，不過，在進行資料處理時還是有些問題。譬如：〔訂單資料表〕中，雖然「訂單編號」資料欄位為具有唯一性的主要關鍵，會影響其餘的資料欄位，讓其他資料欄位都完全相依於此主要關鍵，但是，這些欄位中的「客戶編號」欄位也會影響「客戶名稱」欄位。造成了某些資料欄位除了依循著主要關鍵外，又依循了其他資料欄位的影

響，造成了所謂的轉移性的相依(Transitive Dependency)現象。所以，第三階段的正規化便是要解決這方面的問題，要讓所有的資料欄位之內容除了依循主要關鍵欄位值外，不能再依循著其他欄位的值來決定資料的正確性。解決方式便是將所有與資料表的主要關鍵值沒有直接關係的資料欄位，都分離出來形成另一張資料表格，讓同一張資料表格裡的資料欄位都與主要關鍵有著直接的關聯。

譬如：在下圖左側所示的〔訂單資料表〕中，主要關鍵是「訂單編號」欄位，每一筆訂單交易記錄的此欄位都會影響「訂單日期」、「客戶編號」與「客戶名稱」和「客戶電話」與「付款方式」等欄位，因此，這些欄位都相依於「訂單編號」；但是，當中的「客戶名稱」與「客戶電話」卻又相依於「客戶編號」，因而產生了「客戶名稱」與「客戶電話」既相依於主要關鍵 – 「訂單編號」欄位，卻又相依於「客戶編號」欄位的轉移性相依(Transitive Dependency)現象，要除去這種間接相依性，可以再將〔訂單資料表〕分割成兩個表格：〔訂單資料表〕與〔客戶資料表〕，分割與主要關鍵無關的資料欄位，如下圖所示：

訂單資料表					
訂單編號	訂單日期	客戶編號	客戶名稱	客戶電話	付款方式
T001	2015/7/8	C001	張小峰	04-6625241	VISA
T002	2015/7/10	C003	林小美	02-8847165	MASTER
T003	2015/8/15	C001	張小峰	04-6625241	現金
T004	2015/8/27	C004	王文明	03-9928276	VISA
T005	2015/9/6	C002	劉小玫	0918282726	MASTER
T006	2015/9/10	C007	王文明	02-7633351	VISA

訂單資料表			
訂單編號	訂單日期	付款方式	客戶編號
T001	2015/7/8	VISA	C001
T002	2015/7/10	MASTER	C003
T003	2015/8/15	現金	C001
T004	2015/8/27	VISA	C004
T005	2015/9/6	MASTER	C002
T006	2015/9/10	VISA	C007

客戶資料表		
客戶編號	客戶名稱	客戶電話
C001	張小峰	04-6625241
C002	劉小玫	0918282726
C003	林小美	02-8847165
C004	王文明	03-9928276
C007	王文明	02-7633351

在資料庫正規化的技術上，分成多個階段的正規化模式，不過，通常經過前三個階段的正規化後，資料庫裡的資料表就已經能夠將邏輯上的錯誤盡可能降到最低，也不會有資料重複的問題，如此的資料庫也將更易於擴充與維護，讓使用者可以正確的執行資料庫運算，並且非常有效率地來操作資料庫。綜觀資料表正規化的前三大階段為：

- 第一階段：必須設定主要關鍵欄位，欄位中只有單一資料值，沒有重複的資料值。

- 第二階段：必須除去資料的部分相依性，也就是分割欄位資料值一再重複的資料欄位。

- 第三階段：必須除去資料的間接相依性，也就是分割與主要關鍵無關的資料欄位。

Access 環境介紹與基本操作

應用程式的開發讓資料庫系統的運用與操作介面更加簡化與便捷，透過「物件」般的操作概念，讓資料庫建立與管理變成人人都能得心應手。此章節的主要目的便是瞭解 Access 資料庫系統的基本架構以及熟悉 Access 的操作環境，並導覽 Access 的新功能。

2-1 Access 資料庫的架構

一筆筆的資料記錄(Date Record)組織成一張資料表(Data Table)，這資料表就是一個典型的資料庫物件；透過各個關聯性的資料表，建立一個個有特定目的與意義的查詢(Query)，而這些查詢也是一個個的資料庫物件，透過表單(Form)與報表(Report)的設計，便可以對資料表或查詢，進行資料的輸入與輸出，而一個個的表單與一份份的報表，也都是 Access 的標準資料庫物件。此外，在 Access 中還可以透過巨集(Macro)與模組(Model)進行常態工作的設計與程序規劃，以及撰寫程式來管理上述各個資料庫物件。綜觀 Access 的各大物件與其特性摘要說明如后。

1. Access 料庫的物件為：資料表(Table)、查詢(Query)、表單(Form)、報表(Report)、巨集(Marco)及模組(Module)。

2. 在 Access 的物件中，所有的資料都是儲存在資料表裡，而查詢、表單或報表都只是提供一個介面，用來取出資料表中的資料，提供我們檢視或編輯資料。

3. 將需要儲存的資料依據其性質分類，即可設定出各個欄位(filed)。若將同一列中所有的欄位組合起來的資料，形成一筆記錄(record)；再集合所有的記錄，就成為一個資料表了。

4. Access 的表單物件可提供使用者標準化的輸入或檢視介面,還可將資料數值轉
   換成各類統計圖的表單。

5. 我們可以利用資料庫視窗中的群組來進行資料庫物件的管理與組織,便於操作
   物件。

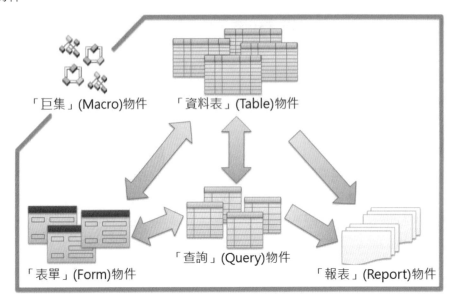

- **資料表(Table)**:用來儲存與管理資料。

   資料表是關於特定主題的資料集合。譬如:產品資料表、供應商資料表、電話清
   單資料表。為每個特定主題都使用個別結構的資料表來存放同一類型的資料,意
   味著使用者在資料的儲存、管理與分類上,讓整個資料庫更有效率、更不容易發
   生錯誤。

- **查詢(Query)**：取得特定需求的結果。

  使用查詢可以利用不同的方式來檢視、變更和分析資料。而查詢的對象也不一定是一張資料表，也可以從數張相關的資料表中，找尋互有關聯的資料，而且，查詢的結果也可以當作表單和報表的內容來源。

- **表單(Form)**：為資料加上親切的外觀，成為最具親和力的輸入與輸出介面。

  表單是一種資料庫的物件類型，主要用來輸入或顯示資料庫中的資料。此外，也可將表單作為切換表單，應用於開啟資料庫中其他表單和報表，或是作為自訂對話方塊，而接受使用者輸入和執行以該表單輸入為基礎的巨集指令。

- **報表(Report)**：製作列印輸出的報表呈現所要表現的摘要資料或完整資料。

  報表是以列印格式呈現資料的有效方式。因為使用者可以控制報表中所有項目的大小及外觀，甚至群組資料進行分類統計、顯示統計圖表、進行運算、建立各種類型的格式化報表。

- **巨集(Macro)**：讓資料運作與例行工作自動化並建立解決方案。

  巨集是一組使用者所自行建立的巨集指令，可幫助操作者使用群組或巨集而一次執行多個指令與操作，自動處理日常必須進行的工作。

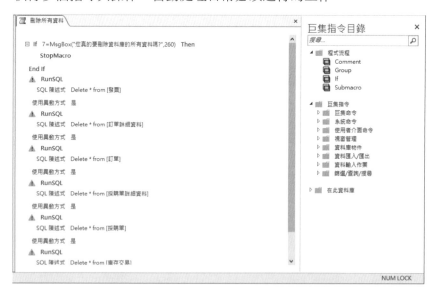

綜觀，Access 這個關聯式資料庫管理系統，是以資料表(Table)來儲存資料，並可在各個資料表之間建構出其關聯性(Relationship)；使用查詢(Query)來尋找並擷取所要的資料；藉由表單(Form)來檢視、新增和更新資料表中的資料；透過報表

(Report)來分析或以特定版面配置列印資料。而一個資料庫裡的資料表、查詢、表單與報表等物件，盡是存放在一個附屬檔案名稱為「.accdb」的資料庫檔案裡。

2-2 | Access 操作環境介紹

在此，我們就開啟一個知名的範例資料庫「北風企業.accdb」，導覽 Access 的物件與熟悉 Access 的操作環境。

啟動 Access

以 Windows 11 為例，點按左下角的視窗按鈕，再從展開功能選單中點選〔所有應用程式〕，再從中選擇〔Access〕：

建立或開啟資料庫

首次啟動 Access 後，進入眼簾的是啟始畫面，下方會顯示最近曾經開啟過的資料庫，讓使用者可以迅速再度開啟，或者，點按左側〔開啟〕選項，可開啟指定的資料庫檔案。上方則是 Access 所提供的資料庫範本，或者點按〔更多範本〕選項，可顯示各種議題、目的與需求的資料庫範本，讓使用者以此依據，迅速建立、使用資料庫。

這是 Access 的啟始畫面(Start)

① 啟動 Access 後，點按〔開啟〕。

② 進入 Access 後台管理頁面，點按〔開啟舊檔〕功能選項，點按〔瀏覽〕按鈕。

③ 開啟〔開啟資料庫〕對話方塊，點選資料庫檔案的存放路徑。例如：「C:\ACC_DATA\chap2」。

④ 點選資料庫檔案。例如：「北風企業.accdb」，然後按下〔開啟〕按鈕。

5 若顯示安全性警告訊息列，請點按〔啟用內容〕按鈕。

6 順利在 Access 系統下開啟資料庫檔案，開啟的資料庫檔案裡所包含的 Access 資料庫物件，呈現在功能窗格裡。

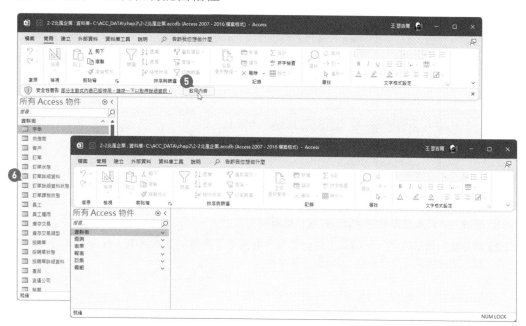

Access 的檔案後台管理介面

在 Access 的操作環境下，可以透過〔檔案〕索引標籤的點按，進入後台管理頁面，這是 Office 系列應用程式所提供的新介面。透過這個頁面操作，使用者可以輕鬆進行 Access 資料庫的建立與管理。

例如：在開啟了資料庫後，回到〔檔案〕索引標籤所引導的後台管理頁面，畫面左側將有許多可以使用的命令與功能選項。諸如：〔資訊〕功能頁面、〔列印〕、〔另存新檔〕等功能選項。

❶ 開啟的資料庫檔案名稱會顯示在視窗標題列上。

❷ 開啟資料庫檔案時，〔檔案〕後台管理介面提供了完整的功能選項，包含：資訊、新增、開啟、儲存檔案、另存新檔、列印....等等。

Access 的〔檔案〕後台管理頁面功能如下：

功能選項	摘要
資訊	開啟的資料庫檔案若是本機端的資料庫，可以進行資料庫〔壓縮並修復〕以及〔以密碼加密〕；若開啟的資料庫是屬於 Web 資料庫，則會有資料連線、建立報表與管理等操作選項。
新增	新增空白資料庫或者透過資料庫範本的選擇來建立新資料庫。
開啟	開啟本機或雲端上的既有資料庫檔案，亦可顯示並開啟最近使用過的資料庫檔案。
儲存檔案	以原檔案名稱儲存開啟中的資料庫檔案。
另存新檔	進入〔另存新檔〕頁面，可以將資料庫儲存為其他版本的資料庫檔案類型，亦可透過〔另存物件為〕功能選項，可以將資料庫物件儲存為新的物件，或者將物件發佈為 PDF 或 XPS 檔案格式。
列印	提供有〔快速列印〕、〔列印〕與〔預覽列印〕等三個功能選項。
關閉	關閉目前開啟中的資料庫檔案。
帳戶	開啟〔帳戶〕頁面，在此可以登入或登出使用者帳戶，並檢視或變更使用者的相片、個人資訊。亦可以調整 Office 背景、Office 佈景主題，以及連線服務的設定。
選項	關於 Access 的操作與管理設定，例如：如何操控並與 Access 互動的功能設定，以及設定 Access 要如何管理資料及資料庫等領域的設定及選項。

2-3 瀏覽 Access 資料庫各種操作模式與檢視畫面

Access 是一套用戶端桌上型的資料庫管理系統，在視窗環境的操作介面下，讓使用者可以迅速的瀏覽、使用並管理整個資料庫系統，而導覽功能窗格與功能窗格的使用，更是熟練 Access 資料庫系統的基本功。

2-3-1 功能窗格的狀態設定

開啟資料庫或建立新的資料庫後，資料庫物件的名稱便會出現在畫面左側的功能窗格中。這些資料庫物件包括資料表、表單、報表、查詢、巨集及模組等物件類別。使用者可以透過〔快門列開啟/關閉按鈕〕隨時開啟或隱藏此功能窗格。

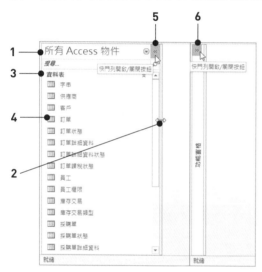

1️⃣ 這是功能窗格的標題列。

2️⃣ 將滑鼠游標移動放置在功能窗格邊緣上，滑鼠游標呈現水平雙箭頭狀時，向右方或向左方拖曳邊緣即可增加或縮減功能窗格的寬度。

3️⃣ 這是功能窗格，目前是以資料庫的物件類型為群組分類。

4️⃣ 每一個物件類型裡顯示出隸屬該物件類型的所有資料庫物件。

5️⃣ 點按一下標題右側的箭頭按鈕(此按鈕名為〔快門列開啟/關閉按鈕〕)即可隱藏功能窗格(或按功能鍵 F11)。

6️⃣ 再點按一下〔快門列開啟/關閉按鈕〕即可再度顯示隱藏的功能窗格(或按功能鍵 F11)。

2-3-2　Access 物件的開啟

使用者可以透過功能窗格的操作，輕鬆建立並開啟想要使用或變更設計的物件。例如：

1. 點按兩下物件，可以開啟物件以供使用。

2. 或者，以滑鼠右鍵點按一下物件，即可從展開的快顯功能表中點選要〔開啟〕該物件或進入〔設計檢視〕，對該物件進行設計變更，甚至可選擇執行其他更多的動作，諸如：匯出、重新命名或開啟所選物件的屬性表(Property Sheet)、…等等。

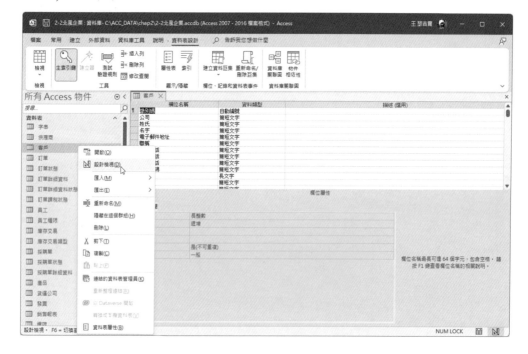

2-3-3　物件的類別與群組

　　當使用者在資料庫裡建立了愈來愈多的物件時,便可以在功能窗格裡將資料庫中的物件適度的組織成【類別】和【群組】。透過【類別】能夠讓使用者在功能窗格中排列各種物件,而利用【群組】則可以讓使用者篩選已經分類的物件。藉由【類別】與【群組】來管理眾多的資料庫物件。

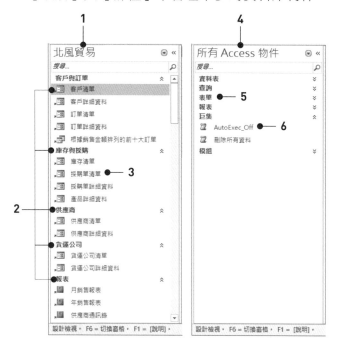

1 這是名為〔北風貿易〕的【類別】。

2 這是〔北風貿易〕【類別】裡的各個【群組】,分別為:客戶與訂單、庫存與採購、供應商...等群組。

3 這是〔庫存與採購〕群組裡的各個資料庫物件。

4 這是名為〔所有 Access 物件〕的【類別】

5 這是〔所有 Access 物件〕【類別】裡的各個【群組】,分別為:資料表、查詢、表單、報表...等群組。

6 這是〔巨集〕群組裡的各個資料庫物件。

　　Access 的物件繁多,基本上分成〔資料表〕、〔查詢〕、〔表單〕、〔報表〕、〔巨集〕與〔模組〕等物件類型。但是,在一個正常運作中的資料庫,使用者不太可能只建立一個資料表物件,也不太可能僅建立一個查詢物件。譬如:建立了〔客戶〕、〔員工〕、〔訂單〕、〔產品〕等四個資料表,也就等於建立了四個隸屬於資料表物件類型的物件;使用者也可能對〔訂單〕資料表建立了與其相關的 2 個表單物件、3 個查詢物件、4 個報表物件、...。因此,日後妥善的為這些資料庫物件進行【分類】與【群組】規劃,將有助於使用者更有效率的瀏覽、檢視與管理龐大的資料庫及其內含的眾多物件。

以下的操作說明，將解釋如何操控功能窗格裡【類別】的瀏覽與【群組】的篩選。首先，瀏覽〔物件類型〕類別後再篩選該類別裡的〔資料表〕群組，其操作過程如下：

① 按一下功能窗格的頂端標題列右側倒三角形按鈕，從展開的功能選單中點選〔瀏覽至類別〕底下的〔物件類型〕，可根據物件類型進行分類。

② 根據物件類型進行分類後的檢視畫面，每一個物件類型即為一個群組，因此會顯示出資料庫中每一物件類型的群組。

③ 點按群組名稱旁的按鈕可以展開或折疊該群組，顯示該群組裡的所有物件。

④ 再次點按一下功能窗格的頂端標題列右側倒三角形按鈕，從展開的功能選單中點選〔依群組篩選〕底下的〔資料表〕群組，則可以篩選此群組檢視畫面，僅顯示隸屬於〔資料表〕群組的物件。

⑤ 完成依群組篩選的操作，僅顯示資料表(Tables)物件。

再舉一例，以下的操作則是先瀏覽〔資料表與相關檢視〕類別，然後再篩選該類別裡的〔客戶〕群組，步驟如下：

① 按一下功能窗格的頂端標題列右側倒三角形按鈕，從展開的功能選單中點選〔瀏覽至類別〕底下的〔資料表與相關檢視〕，可以顯示資料庫中的資料表，以及與每個資料表相關的物件。

② 在〔資料表與相關檢視〕的類別下，以每一個資料表的名稱為一個群組的名稱，因此，顯示出資料庫中的每一資料表群組。

❸ 點按群組名稱旁的按鈕可以展開或折疊該群組，顯示該群組裡的所有物件。例如：屬於〔貨運公司〕群組裡顯示了與〔貨運公司〕資料表相關的所有物件。

❹ 再次點按一下功能窗格的頂端標題列右側倒三角形按鈕，再從中點選〔依群組篩選〕底下的〔客戶〕群組，則可以篩選此群組檢視畫面，僅顯示隸屬於〔客戶〕群組(即〔客戶〕資料表)的物件。

❺ 完成依群組篩選的操作，僅顯示與〔客戶〕群組(即〔客戶〕資料表)相關的所有物件。

　　基本上，當使用者選取【類別】時，資料庫裡的物件項目會以【類別】中包含的【群組】進行排列。如果某一物件使用了超過一個以上的資料表，則該物件就會出現在所有相關的群組中。

注意：網頁瀏覽器中並無法使用功能窗格的功能，除非使用者所開啟的資料庫是屬於 Web 資料庫。

2-3-4　設定功能窗格選項

　　從前一小節的說明中得知，藉由功能窗格裡的類別與群組，可以妥善管理眾多的資料庫物件。而在 Access 中，除了提供預設的類別與群組外，也允許使用者在功能窗格中建立自訂的類別與群組，以使用者所想要的方式來組織資料庫物件。例如：有些資料庫物件是每週或每月都要執行的。譬如每週都要進行訂單資料表的輸

入、客戶表單的操作，以及商品週報表的列印，如此，便可以將訂單資料表、客戶表單、商品週報表等三項物件，設定成為一個群組。

預設的類別與群組

即使是一個空白的資料庫、尚未建立任何資料庫物件的資料庫，Access 也很貼心地內建了〔物件類型〕、〔資料表與相關檢視〕、〔建立日期〕與〔修改日期〕等四個【類別】；而在〔物件類型〕類別裡則內建了〔資料表〕、〔查詢〕、〔表單〕與〔報表〕等四個【群組】。

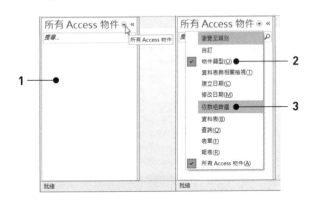

1 空白資料庫裡沒有任何資料庫物件。

2 展開功能窗格頂端標題列的功能選單時，上方區段是預設的【類別】。

3 功能選單的下方區段則是選定類別(如〔物件類型〕)底下的【群組】。

建立自訂類別與群組

在 Access 中，使用者可以使用〔導覽選項〕對話方塊，建立及管理自訂類別與群組。以自訂類別為例，使用者可以為自訂的類別重新命名，並且根據需求在該類別底下新增或移除群組。主要的程序與操作步驟如下：

* 先建立自訂類別。Access 會為使用者提供一個名為〔自訂〕的自訂類別。使用者可以重新命名該類別，並且依照需求新增或移除群組，也可以隨時建立新類別。

* 建立類別之後，為新類別建立一個或多個群組。

* 在關閉〔導覽選項〕對話方塊後，可以在〔功能窗格〕中，將要指定的資料庫物件，拖曳或複製並貼至自訂群組中。例如：可以從名為〔未指定的物件〕的特殊群組中拖曳或複製物件，每當使用者建立自訂類別時，Access 就會建立這個群組。

  注意：當使用者將〔未指定的物件〕中的資料庫物件新增至自訂群組時，Access 會建立該物件的捷徑。若使用者重新命名或刪除自訂群組中的捷徑，這些變更只會影響其捷徑，並不會影響實際物件。

* 填入自訂的群組之後，就可以隱藏〔未指定的物件〕群組以及任何不想顯示的群組。

建立自訂類別

以下的範例演練中，我們將建立一個名為〔一般作業〕的自訂類別，然後，在該類別底下，新增兩個自訂群組，並分別命名為〔登入作業〕與〔報表作業〕。

1 以滑鼠右鍵點按一下功能窗格的頂端標題列，從展開的快顯功能表中點選〔導覽選項〕。

2 開啟〔導覽選項〕對話方塊，點按〔類別〕清單底下的〔新增項目〕按鈕。

3 隨即在清單中新增預設名稱為〔自訂類別 1〕的新類別。

4 輸入自訂的類別名稱。例如：〔一般作業〕，然後按下 Enter 按鍵。

5 每當使用者建立一個自訂類別時，Access 就會在該類別底下自動建立一個名為〔未指定的物件〕的特殊群組。

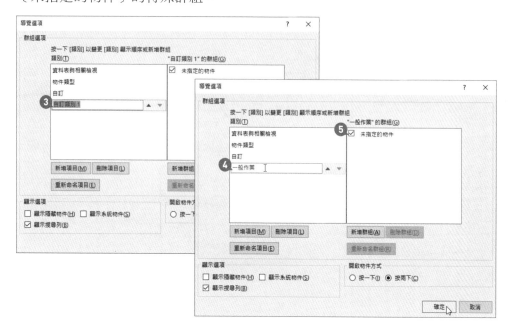

建立自訂群組

建立自訂類別之後，可以為此類別建立一個或多個群組。使用者可以根據需要建立任意多個自訂群組。當然，這也是在〔導覽選項〕對話方塊中來完成的操作。

1 點選類別清單裡的類別名稱，以準備在該類別底下建立自訂群組。例如：點選剛剛建立好的〔一般作業〕類別。

2 點按一下〔"一般作業" 的群組〕清單底下的〔新增群組〕按鈕，新增預設名稱為〔自訂群組 1〕的新群組。

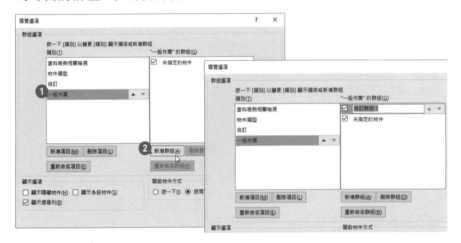

3 輸入自訂的群組名稱，例如：登入作業。然後按下 Enter 按鍵，完成新群組的建立。

4 繼續點按〔新增群組〕按鈕，建立第二個自訂群組。

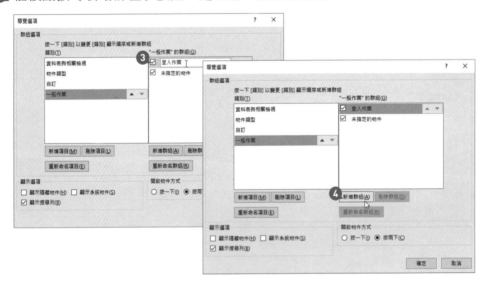

⑤ 新增預設名稱為〔自訂群組 1〕的新群組。

⑥ 輸入自訂的群組名稱，例如：報表作業。然後按下 Enter 按鍵，先後完成兩個新群組的建立。

⑦ 按〔確定〕鈕，結束〔導覽選項〕對話方塊的操作。

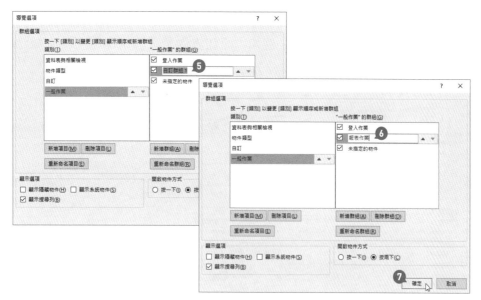

使用者可以視需要不斷地重複上述的程序來建立各個群組。在此實作演練中，結束了〔導覽選項〕對話方塊的操作，回到功能窗格畫面後，可以點按標題列上的倒三角形按鈕，從展開的功能選單上半段〔瀏覽至類別〕底下便可以看到並點選剛剛建立完成的〔一般作業〕類別，亦可看到該類別底下所建立的新群組。

① 點按一下功能窗格的頂端標題列右側倒三角形按鈕，從展開的功能選單中點選〔瀏覽至類別〕底下的〔一般作業〕。

② 根據〔一般作業〕進行分類後的檢視畫面，顯示兩個自訂的群組〔登入作業〕與〔報表作業〕。

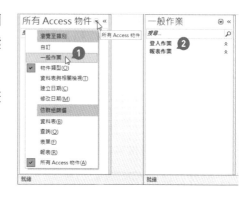

將物件新增至自訂群組

我們要來學習如何將 Access 資料庫裡的物件，分門別類地新增至所建立的自訂群組內。以下的範例演練中，〔北風企業〕資料庫裡已經建立了數十個資料庫物件，其中包括：20 個資料表物件、26 個查詢物件、34 個表單物件、15 個報表物

件。在未進行任何物件的分類狀態下，它們應該都是隸屬於〔未指定的物件〕群組裡的物件。只要透過滑鼠點選並拖曳操作，即可將選定的物件移至指定的群組內。

1 點按〔未指定的物件〕群組標題列，並展開此群組，顯示此群組裡的物件清單。

2 點選該群組裡的 3 個物件，例如：〔已銷售庫存〕查詢、〔月銷售報表〕與〔年銷售報表〕報表(按住 Ctrl 按鍵後，點選所要的物件以達到複選物件的目的)。

3 拖曳選定的物件至指定的群組。例如：〔報表作業〕群組標題列。

4 選定並拖曳的 3 的物件已經成為〔報表作業〕群組裡的成員了。

在自訂群組裡所建立的這些物件都只是資料庫中的物件捷徑，其方便之處在於使用者不需要捲動一長串的物件清單，就能找到所需的物件。而 Access 提供了幾種移動所選物件至指定群組的方法：

- 分別拖曳各個資料庫物件。

- 按住 Ctrl 按鍵，再分別點按一下多個資料庫物件，然後將選定的資料庫物件拖曳到自訂群組。

- 以滑鼠右鍵按一下選定的資料庫物件，從展開的快顯功能表中點選〔加入群組〕，然後，再點按一下自訂群組的名稱。在此，也可以透過快顯功能表中的〔新群組〕功能選項，使用現有自訂群組中的物件，來建立新的自訂群組。

顯示或隱藏類別中的群組及物件

使用者可以隱藏自訂類別中部分或所有的群組，以及群組中的部分或所有的物件。下列的實作演練中將隱藏〔一般作業〕類別裡名為〔報表作業〕的自訂群組。

1 滑鼠右鍵點按想要隱藏的群組之標題列，例如：報表作業。

2 從展開的快顯功能表中點選〔隱藏〕。

3 〔報表作業〕群組已經隱藏起來了。

除了透過上述的快顯功能表操作，可以迅速隱藏類別裡的自訂群組外，藉由〔導覽選項〕對話方塊的操作，也可以輕鬆地隱藏自訂群組，甚至取消自訂群組的隱藏。

1 以滑鼠右鍵點按一下功能窗格頂端的標題列，從展開的功能表中點選〔導覽選項〕。

2 開啟〔導覽選項〕對話方塊，在〔類別〕清單中點選含有隱藏群組的類別。例如：一般作業。

3 在〔"一般作業" 的群組〕清單中，勾選隱藏群組左側的核取方塊。例如：報表作業。

4 群組名稱左側核取方塊的勾選與否，即決定了該群組是否隱藏或取消隱藏的機制。

5 完成設定後，按〔確定〕按鈕。

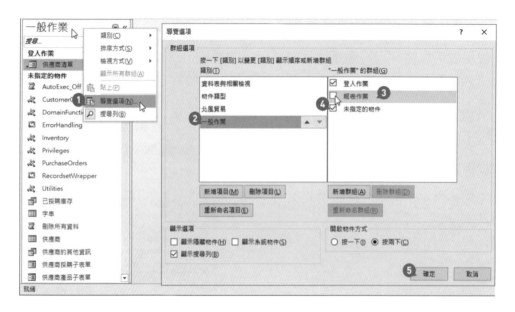

如果是要隱藏群組裡的資料庫物件，則可以透過該物件的屬性對話方塊來完成。以下的實作練習中，我們將隱藏〔報表作業〕群組裡的〔年銷售報表〕報表物件。

① 滑鼠右鍵點按一下想要隱藏的物件。例如：年銷售報表。

② 從展開的快顯功能表中點選〔檢視屬性〕功能選項。

③ 開啟物件的屬性對話方塊後，勾選〔隱藏〕核取方塊，再按〔確定〕鈕。

④〔年銷售報表〕報表物件已經順利的隱藏起來了。

至於已經隱藏的物件，都已在功能窗格中消失了，又要如何讓其還原重現在功能窗格中呢？若有此需求，請遵循以下的操作步驟：

1 以滑鼠右鍵點按一下功能窗格頂端的標題列，從展開的快顯功能表中點選〔導覽選項〕。

2 開啟〔導覽選項〕對話方塊，在〔顯示選項〕底下勾選〔顯示隱藏物件〕核取方塊，再按〔確定〕。

3 返回功能窗格後，可以看到所有隱藏的物件皆以灰暗圖示表示。

4 以滑鼠右鍵點按一下灰暗圖示的物件，例如：〔年銷售報表〕表單物件。

5 然後從展開的快顯功能表中點選〔在這個群組中取消隱藏〕功能選項。

6 功能窗格裡的〔年銷售報表〕表單物件不再以灰暗圖示來表示了。

對於以灰暗圖示表示的物件,使用者也可以透過滑鼠右鍵點按,從展開的快顯功能表中點選〔檢視屬性〕功能選項,開啟〔檢視屬性〕對話方塊後,取消〔隱藏〕核取方塊的勾選,亦可復原該物件的隱藏效果。

搜尋物件

當您的資料庫很龐大時,可以搜尋資料庫裡的物件,例如:只要以滑鼠右鍵點按一下功能窗格的頂端標題列,然後,從展開的功能選單中點選〔搜尋列〕(Search Bar),即可輸入物件名稱的關鍵字,然後,〔搜尋〕(Search)功能就會進行篩選。

1️⃣ 滑鼠右鍵點按功能窗格頂端標題列,從展開的快顯功能表中點選〔搜尋列〕。

2️⃣ 在開啟的搜尋文字方塊裡輸入自訂的搜尋關鍵字。

3️⃣ 隨即在功能窗格呈現搜尋成果。

點按此處可以取消查詢,
顯示所有資料庫物件。

2-3-5　Access 物件名稱的變更與物件的刪除

若有修改資料庫物件名稱的需求,甚至想要將不再需要的資料庫物件永久刪除,利用該物件快顯功能表的操作將是最佳也是最迅速的選擇。不過,要重新命名物件或刪除物件時,必須先確認該物件並非使用中(開啟中)的物件喔!若目前該物件是處於開啟狀態下,請先關閉該物件後,才能進行重新命名物件或刪除物件的操作。

❶ 以滑鼠右鍵點按功能窗格裡的物件,從展開的快顯功能表中點選〔重新命名〕功能選項,可以針對該物件進行重新命名的操作。

❷ 進入物件重新命名的狀態,即可立即輸入新的物件名稱。

❸ 完成新名稱的輸入後,按下 Enter 按鍵即可。

若要刪除資料庫物件,可以再展開的快顯功能表中點選〔刪除〕功能選項,即可快速刪除該物件。

CHAPTER 03

建立與管理資料庫

Access 提供了檔案後台管理頁面，可以讓使用者輕鬆進行資料庫的管理作業與相關工作，例如：資料庫的基本設定與維護、資料庫的列印及預覽、新增空白資料庫或使用範本資料庫來建立新資料庫、發佈特定格式與規模的網站資料庫，以及資料庫的備份、加密等操作。此章節將介紹如何建立一個新的資料庫並管理資料庫。

3-1 | 使用資料庫範本建立新資料庫

啟動 Access 後，所進入的畫面是嶄新的快速入門畫面，在此將顯示出最近使用過的資料庫之連結，以及資料庫範本的搜尋與開啟，透過範本縮圖的點按，協助使用者快速建立 Access 桌面資料庫或應用程式。

3-1-1 建立空白資料庫

藉由〔檔案〕後台管理介面的操作，可輕鬆建立一個新的空白桌面資料庫。例如：以下的實作練習中，將建立一個儲存在 C:\ACC_DATA 路徑裡並命名為「我的資料庫.accdb」的空白資料庫。

建立空白資料庫

① 在 Access 開啟檔案後台管理的〔新增〕頁面。

② 點按〔空白資料庫〕選項。

③ 預設的新資料庫名稱為「Database#.accdb」,預設儲存位置則是使用者的〔我的文件〕所在路徑。

④ 點按資料夾按鈕,可重新選擇新建資料庫檔案的存放位置。

⑤ 開啟〔開新資料庫〕對話方塊,選取新建資料庫檔案所要存放的位置為 C:\ACC_DATA 路徑。

⑥ 輸入自訂的新資料庫名稱,例如:「我的資料庫.accdb」。再按〔確定〕按鈕。

⑦ 回到新增頁面,已經完成存檔路徑的變更。再按〔建立〕按鈕。

8 隨即建立並開啟了一個空白的資料庫，並且自動進入新增第一張空白資料表
（資料表1）畫面，讓使用者可以開始進行新資料表的建立。

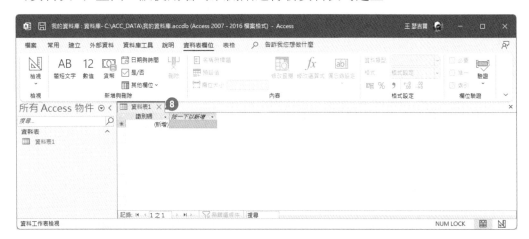

延伸學習

　　所謂的資料庫範本含括了數個已經建置好的物件，例如：多張資料表(Table)
物件、可進行資料輸入的表單(Form)物件，以及基本的常用報表(Report)物件。
Access 的資料庫範本可區分為來自電腦系統或來自 Office.com 裡的現成資料庫範
本。透過這些現成的資料庫範本，讓使用者可以無中生有地建置一個可以立即使用
的資料庫。

3-1-2　建立範例資料庫

　　一個完備的資料庫其運作其實是相當複雜的，不過，若能藉由現成且有主題的
資料庫範本加以臨摹、操作，這對於資料庫的學習與建置，將有莫大的助益與啟
發。Access 中即提供了數十個現成議題的資料庫範本，只要符合使用者需求的，便
可以根據範本建立專屬且立馬可以使用的資料庫系統。或者，依據範本所建立的資
料庫為主軸，修改成符合自己需要的資料庫。以下的實作練習中，將選擇與資產話
題相關的資料庫範本，建立一個儲存在 C:\ACC_DATA 路徑裡並命名為「2020 資產
追蹤.accdb」的資產管理範例資料庫。

❶ 開啟檔案後台管理的〔新增〕頁面，點按〔資產追蹤〕範本。

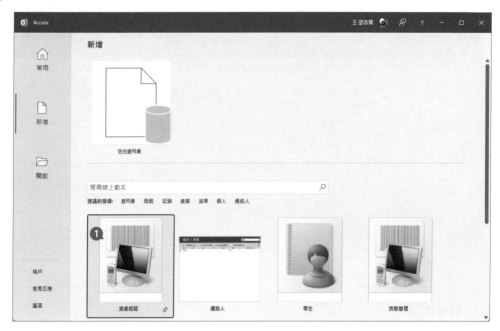

❷ 預設的新資料庫名稱為「Database#.accdb」，預設儲存位置則是使用者的〔我的文件〕所在路徑。

❸ 點按資料夾按鈕，可重新選擇新建資料庫檔案的存放位置。

4 開啟〔開新資料庫〕對
話方塊，選取新建資料
庫檔案所要存放的位置
為 C:\ACC_Data 路徑。

5 輸入自訂的新資料庫名
稱，例如：「2016 資產追
蹤.accdb」。按〔確定〕
按鈕。

6 回到新增頁面，已經完
成存檔路徑的變更。再
按〔建立〕按鈕。

7 隨即準備範本並建立且開啟了一個包含資產管理方案的範例資料庫，畫面顯示
的是此資料庫的預設顯示表單：〔資產清單〕。

8 由於現成資料庫裡包含了許多諸如控制項等主動式物件，因此，可以點按〔啟
用內容〕按鈕以啟用這些主動式物件。

9 點按視窗左側的快門列開啟/關閉按鈕，開啟〔功能窗格〕。

10 在〔功能窗格〕裡包含了與資產相關的資料表、表單、報表、查詢等物件，構成一個完整的資產資料庫系統。

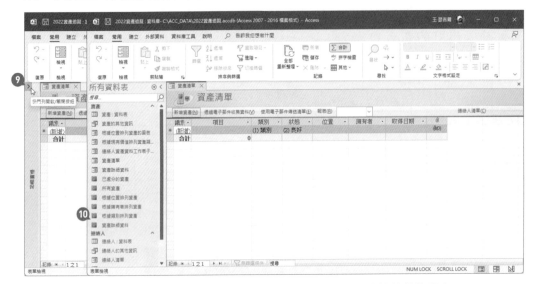

關於 Access 功能窗格的操作與狀態設定，請參酌本書 2-3-1 功能窗格的狀態設定。

3-2 │ 資料庫物件的儲存與選項設定

Access 資料庫包含了儲存資料的「資料表」、篩選資料的「查詢」、負責輸入輸出與操作介面的「表單」以及專職輸出的「報表」等物件，這些資料庫物件可以彼此轉換與儲存。

3-2-1　另存物件為

在 Access 資料庫中建立了一個提供資料登錄的表單(Form)後，表單裡的欄位資料也極有可能會是適合運用於分析輸出的報表(Report)欄位，因此，我們可以不費吹灰之力地將表單物件直接另存成報表物件。意即，藉由 Access 所提供的〔另存物件為〕功能，可以將開啟的 Access 物件儲存成另一種類型的 Access 物件。例如：可以將查詢(Query)的結果(查詢物件)，儲存為表單(Form)物件；也可以將表單(Form)物件儲存為報表(Report)物件。

除此之外，當使用者想要複製一個 Access 物件時，〔另存物件為〕功能正是最簡單的操作。不過，基於各種物件的特性與功能不一，並非每一種類型的物件都可以相互儲存為另一種類型的物件。右側的表格即列出各種 Access 物件可以另存物件為其他類型的 Access 物件。

選取的物件	可以另存物件為
資料表	資料表 查詢 表單 報表
查詢	查詢 表單 報表
表單	表單 報表
報表	報表

操作的方式非常簡單，只要點選或開啟某一 Access 物件後，透過〔檔案〕後台管理介面的〔另存新檔〕頁面，選擇〔檔案類型〕裡的〔另存物件為〕功能選項，即可命名新物件並選擇新物件的類型。

❶ 開啟 Access 物件。例如：點按兩下資料表物件「資產」。

❷ 開啟「資產」資料表後，點按〔檔案〕索引標籤。

❸ 點按〔另存新檔〕功能選項，開啟另存新檔頁面後，按〔另存物件為〕。

❹ 在〔儲存目前的資料庫物件〕選項中，點按〔另存物件為〕。

❺ 開啟〔另存新檔〕對話方塊，鍵入新的自訂物件名稱。

❻ 從下拉式選單中點選另存成哪一種類型的物件，再按〔確定〕按鈕。

當然，〔另存物件為〕功能的另一重大功用就是可以將指定的資料庫物件進行備份！

3-2-2　開啟資料庫檔案的幾種選擇

　　正如同開啟其他應用程式的文件檔案一般，使用者可以透過傳統的〔開啟舊檔〕對話方塊開啟既有的(已存在的)資料庫檔案，進行資料的新增、編輯、查詢等等相關的資料庫作業。但 Access 的開啟資料庫對話方塊，將提供更多開啟資料庫檔案的選項操作。

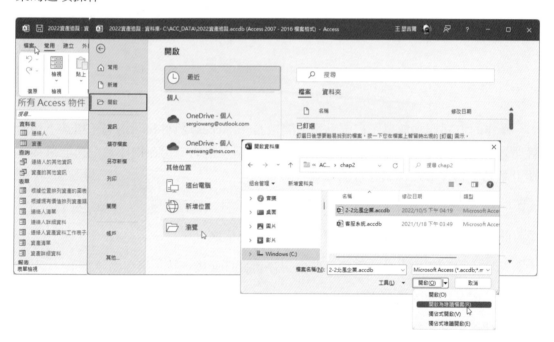

開啟資料庫檔案的選項	意義
開啟	開啟分享模式來存取資料庫，允許多個使用者同時存取及修改相同資料集的資料庫環境，讓資料庫管理者與其他使用者都能夠讀取和寫入資料至資料庫。
開啟為唯讀檔案	將資料庫以唯讀存取方式開啟，使用者只能檢視無法編輯資料庫。
獨佔式開啟	以獨佔式存取的方式來開啟資料庫，意即當使用者以獨佔模式開啟資料庫時，其他人就無法開啟該資料庫。
獨佔式唯讀開啟	開啟唯讀存取的資料庫，並避免其他使用者開啟該資料庫。

　　只要是透過〔開啟舊檔〕對話方塊開啟資料庫檔案，在點選了資料庫檔案後，千萬別急著按下〔開啟〕按鈕，而是點按〔開啟〕按鈕旁的三角形按鈕，從展開的下拉式選單中，根據使用者的需求與情境，選擇要以唯讀的方式開啟資料庫，還是以獨佔式的方式開啟資料庫。

3-2-3 Access 選項設定

為了要設定與 Access 應用程式之間的互動與操控，以及管理資料與資料庫時的各種互動作業，使用者可以在〔Access 選項〕設定的操作環境裡，進行諸如：開啟資料庫時的使用者介面設定及建立資料庫之操作的相關設定，還有對於已開啟並使用中的資料庫、資料表，進行其使用狀態之預設設定；以及包含校訂、語言、用戶端設定、自訂功能區、快速存取工具列等功能及工具使用和操作環境上的設定。

使用者可以在點按〔檔案〕索引標籤後，點選後台管理介面裡的〔選項〕，即可開啟〔Access 選項〕視窗，進行上述的各種 Access 選項設定。

- 〔一般〕選項設定

    使用者介面選項的設定。例如：是否要在工具列上顯示功能描述；建立空白資料庫時的預設檔案格式及存放位置。

- 〔目前資料庫〕的使用設定

    顯示表單；是否顯示狀態列；開啟多份文件時的文件視窗要重疊還是以索引標籤方式來呈現文件視窗；**關閉資料庫時是否進行壓縮**；儲存資料庫時是否自檔案摘要資訊中移除個人資訊；表單是否使用 Windows 佈景主題的控制項；圖片內容的儲存格式是否保留來源圖像格式，還是將所有圖片資料都轉換為點陣圖。

- 〔資料工作表〕選項設定

  可自訂資料工作表在 Access 的顯示方式。例如：格線與儲存格效果的設定；預設欄寬的設定，以及預設字型的格式設定。

- 〔物件設計師〕選項設定

  可以變更資料庫物件設計時的預設設定。例如：資料表設計檢視、查詢設計、表單設計檢視與報表設計檢視等預設設定，以及在表單和報表設計檢視中若有發生錯誤時，是否要啟動相關的錯誤檢查機制。

- 〔校訂〕的選項設定

  在此進行自動校正的選項設定；在 Microsoft Office 程式中修正拼字錯誤時的各種預設設定；以及自訂字典的操作。

- 〔語言〕的選項設定

  設定 Office 語言的喜好設定。例如：選擇所要使用的編輯語言；選擇顯示語言與說明語言。

- 〔用戶端設定〕的選項設定

  在此可以變更用戶端行為的設定。例如：在編輯資料時按了 Enter 按鍵後的行為；鍵入欄位時的處理方式；使用方向鍵時的行為；預設尋找與取代的方式；是否使用資料工作表輸入法控制項。此外，在顯示、列印上也可以進行相關的預設設定。在進階設定上，可以控制當 Access 啟動時是否要開啟前次使用的資料庫；預設開啟資料庫的模式是分享模式還是獨佔模式；預設的資料記錄鎖定是不鎖定或鎖定所有記錄或編輯記錄；以及選擇預設的加密方式。最後，亦可在此選項設定中，選擇所要套用的預設佈景主題。

- 〔自訂功能區〕的選項設定

  在此可以自訂化功能區裡的命令按鈕。

- 〔快速存取工具列〕的選項設定

  在此可以自訂化快速存取工具列裡的工具按鈕。

- 〔增益集〕的選項設定

  在此可以檢視與管理 Microsoft Office 增益集。

- 〔信任中心〕的選項設定

  在此可以協助維護資料庫檔案的安全性，讓使用者的電腦維持在安全和良好的狀態下。例如：藉由〔信任中心〕的設定，進行受信任發行者、信任位置、信任文

件、增益集等安全性設定，以及當資料庫與應用程式中包含 ActiveX 控制項或巨集等主動式內容時的安全性設定；顯示訊息列的設定；各種隱私選項的設定。

以下即是設定資料庫在關閉時自動壓縮資料庫檔案的設定：

1 開啟資料庫後，點按〔檔案〕索引標籤。

2 展開後台管理檢視畫面，點按左側功能選單裡的〔選項〕。

3 開啟〔Access 選項〕對話方塊，點選〔目前資料庫〕選項。

4 在〔目前資料庫的選項〕區域中，勾選〔關閉資料庫時壓縮〕核取方塊，再按〔確定〕按鈕。

在 Access 的操作環境下，可以設定資料庫選項，讓〔壓縮及修復資料庫〕命令在使用者每一次關閉特定資料庫時就自動執行。若要成為資料庫的唯一使用者，就應該設定此選項；不過，在多人使用的資料庫中，最好不要設定此選項，因為這將造成暫時中斷資料庫的可用性。

3-3 備份資料庫

為了避免潛在的危機與毀損，在保護資料與資料庫檔案的工作除了壓縮、修復資料庫外，適時的備份資料庫也是一項重要的工作。這對於天天都會開啟及使用的資料庫而言是極為重要的！而備份資料庫的操作正位於〔另存新檔〕的操作頁面上。只要

將開啟的 Access 資料庫，儲存為預設的.accdb 資料庫格式（亦可儲存為舊版本的.mdb 資料庫格式或資料庫範本檔案.accdt），即可達成備份資料庫的目的。

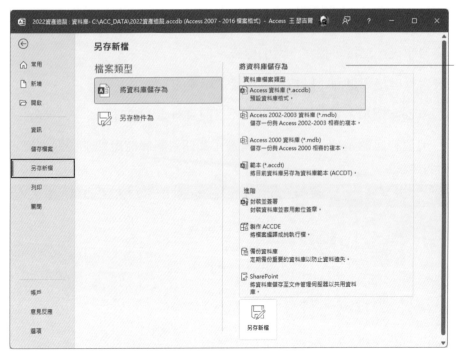

開啟資料庫進行另存新檔的各種選項。

不同版本的資料庫檔案類型

針對開啟的資料庫檔案進行另存新檔的操作時，如果使用者需要將資料庫與舊版本 Access 的使用者(如 Access 2002–2003 或 Access 2000)共用時，就應該將資料庫儲存為 Access 2002–2003 或 Access 2000 的檔案類型。當然，一個資料庫中若包含了較新的資料型態或特定屬性，例如：在資料表中使用了附件資料型態(Attachment data type)的資料表，或者使用了計算欄位，就無法儲存為較舊版本的資料庫檔案格式。

將 Access 資料庫檔案儲存為其他資料庫檔案類型的方式為開啟該資料庫檔案後，點按〔檔案〕後台管理介面，再點選〔另儲新檔〕功能選項，即可選擇不同版本的資料庫檔案格式。

1️⃣ 點按〔檔案〕索引標籤，進入後台管理介面。

2️⃣ 點按〔另存新檔〕選項，在另存新檔頁面，點選〔將資料庫儲存為〕選項。

3️⃣ 從〔資料庫檔案類型〕底下可以看到前後不同版本的資料庫檔案類型或資料庫範本的選擇。

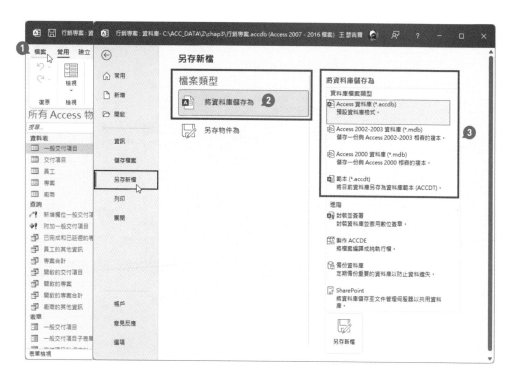

將 Access 資料庫物件儲存為 PDF 或 XPS 檔案

若不涉及資料庫物件的編輯，而是僅著重於資料庫物件的安全性輸出，則 PDF 檔案格式或是 XPS 檔案格式，將是分享資料庫物件的最佳選擇。在 Access 中，使用者可以藉由〔另存物件為〕選項的操作，將選定或開啟的資料庫物件，儲存為 PDF 或 XPS 格式的檔案。不過，雖說使用者可以選擇任何一種類型的 Access 資料庫物件，將其儲存為 PDF 或 XPS 的檔案格式，但是，基於物件特質的不同，並非每一種資料庫物件，都可以完全地透過 PDF 或 XPS 的檔案格式來呈現。

此外，在發佈為 PDF 或 XPS 格式時，還可以設定所要發佈的範圍(全部或是指定頁數範圍)，以及發佈的最佳化選擇。

❶ 在點選或開啟使用中的資料庫物件後，點按〔檔案〕索引標籤，進入後台管理介面。

❷ 點按〔另存新檔〕選項。

❸ 點選檔案類型底下的〔另存物件為〕選項。

❹ 在儲存目前的資料庫物件底下，點按〔PDF 或 XPS〕選項。

❺ 點按〔另存新檔〕按鈕。

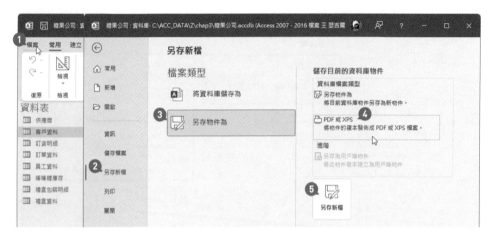

6️⃣ 開啟〔發佈成 PDF 或 XPS〕對話方塊，點選存檔類型(XPS 或 PDF)，例如：pdf。

7️⃣ 輸入自訂的檔案名稱。

8️⃣ 點按〔選項〕按鈕。

9️⃣ 開啟〔選項〕對話方塊。

🔟 可以設定輸出物件的全部內容，或是指定頁數範圍等等選項設定。

1️⃣1️⃣ 點按〔確定〕按鈕，結束〔選項〕對話方塊的操作。

1️⃣2️⃣ 勾選〔發佈之後開啟檔案〕核取方塊。

1️⃣3️⃣ 選擇輸出的最佳化選項，有適合線上發佈與列印的〔標準〕最佳化，以及僅適合線上發佈的〔最小值〕最佳化。

1️⃣4️⃣ 點按〔發佈〕按鈕。

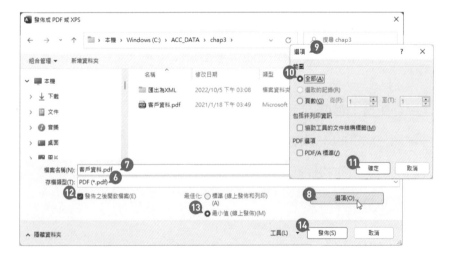

⑮ 完成並啟動 Adobe Reader，開啟發佈成功的 pdf 檔案。

透過快顯功能表的操作，可以迅速選擇要匯出的檔案格式，但是，基於資料庫物件特性的不同，可以匯出的檔案格式選項也會略有差異。

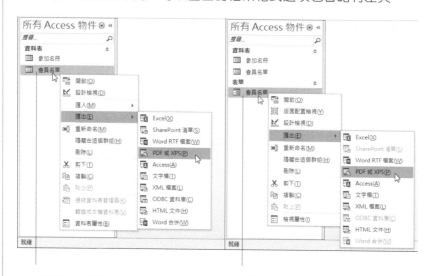

以滑鼠右鍵點按隸屬於「資料表」物件的〔會員名單〕資料表，從展開的快顯功能表中，點選〔匯出〕功能選項後，有完整的匯出格式選項。

以滑鼠右鍵點按隸屬於「表單」物件的〔會員名單〕表單，從展開的快顯功能表中，點選〔匯出〕功能選項後，無法將表單匯出至 SharePoint 清單、ODBC 資料庫，也無法與 Word 進行合併列印。

將 Access 資料表物件匯出為 XML 檔案

　　XML 是可延伸標記式語言(eXtensible Markup Language，XML)，是一種標記式語言。所謂的「標記」指的就是電腦所能理解的資訊符號。透過這種標記，電腦之間就可以處理包含各種資訊的文件。因此，XML 主要設計目的就是用來傳遞資料，並將資料包含在 XML 文件中，再利用延伸樣式表語言(XSL)所寫成的網頁呈現 XML 文件裡的資料，展現於瀏覽器中。而在 Access 的操作環境下，使用者可以很容易的透過匯出功能操作，將資料表物件匯出成 XML 資料(.xml 檔案)以及資料結構描述(.xsd 檔案)，讓資料的攜帶、備份可以更容易的跨平台履行與實踐。

禮盒資料					
禮盒編號	禮盒名稱	重量	單價	現有存量	核對
T001	四季風情	8	$14.00	700	No
T002	阿爾卑斯典藏	12	$20.75	400	No
T003	秋楓典藏	16	$43.00	200	No
T004	健美微甜	16	$27.75	200	No
T005	櫻桃經典	8	$16.25	500	No
T006	夢幻摩卡	12	$18.00	400	No
T007	述情榛子	8	$15.75	300	No
T008	高園風情	16	$34.00	500	No
T009	鳥園風情	16	$35.00	400	No
T010	愛的情愫	8	$17.50	300	No
T011	驚喜巴仁	12	$32.25	500	No
T012	北風之光	16	$33.25	700	No
T013	太平洋風華	8	$21.00	500	No
T014	歡喜勁曲花生	12	$19.00	900	No
T015	浪漫經典	16	$34.25	700	No
T016	超級優質	8	$18.25	400	No
T017	甜蜜蜜	12	$23.00	200	No
T018	極端之至	16	$27.75	300	No

1 Access 的資料表物件。

2 將 Access 資料表物件匯出成 XML 資料結構描述檔案(.xsd 檔案)以及資料檔案(.xml 檔案)。

```
<?xml version="1.0" encoding="UTF-8"?>
<xsd:schema xmlns:xsd="http://www.w3.org/2001/XMLSchema"
xmlns:od="urn:schemas-microsoft-com:officedata">
<xsd:element name="dataroot">
<xsd:complexType>
<xsd:sequence>
<xsd:element ref="糖果禮盒" minOccurs="0"
maxOccurs="unbounded"/>
</xsd:sequence>
<xsd:attribute name="generated" type="xsd:dateTime"/>
</xsd:complexType>
</xsd:element>
<xsd:element name="糖果禮盒">
<xsd:annotation>
<xsd:appinfo>
<od:index index-name="PrimaryKey" index-key="識別碼 "
primary="yes" unique="yes" clustered="no" order="asc"/>
<od:tableProperty name="GUID" type="9"
value="b8ryiw8gu0qtfnlTqY5gqw==
```

```
<糖果禮盒>
<識別碼>1</識別碼>
<禮盒名稱>四季如春</禮盒名稱>
<重量>8</重量>
<禮盒說明>藍莓，覆盆子，草莓,略帶苦味與甜味</禮盒說明>
<單價>14</單價>
<現有存量>700</現有存量>
<贈品>無</贈品>
</糖果禮盒>
<糖果禮盒>
<識別碼>2</識別碼>
<禮盒名稱>阿爾卑斯</禮盒名稱>
<重量>12</重量>
<禮盒說明>頂級巧克力添加藍莓與草莓核心</禮盒說明>
<單價>20.75</單價>
<現有存量>400</現有存量>
<贈品>無</贈品>
</糖果禮盒>
<糖果禮盒>
<識別碼>3</識別碼>
<禮盒名稱>秋楓典藏</禮盒名稱>
<重量>16</重量>
<禮盒說明>可供全家享用的份量的杏仁楓糖風味</禮盒說明>
<單價>43</單價>
<現有存量>200</現有存量>
<贈品>無</贈品>
</糖果禮盒>
<糖果禮盒>
```

1 以滑鼠右鍵點按資料表。

2 從展開的快顯功能表中點選〔匯出〕。

3 再從展開的副功能選單中點選〔XML 檔案〕。

4 開啟〔匯出 – XML 檔案〕對話方塊，可直接輸入或點按〔瀏覽〕按鈕，設定 XML 檔案的存檔路徑與檔案名稱。

5 點按〔確定〕按鈕。

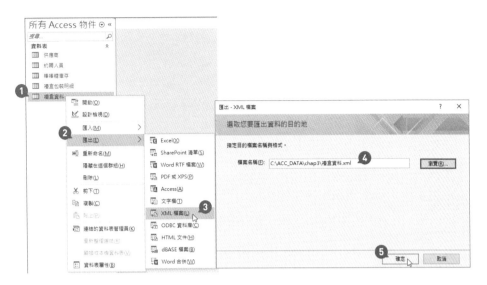

6 開啟〔匯出 XML〕對話方塊，勾選〔資料 (XML)〕核取方塊與〔資料結構描述(XSD)〕核取方塊，可在稍後存成.xml 檔案與.sdx 檔案。

7 點按〔其他選項〕按鈕。

8 在〔匯出 XML〕對話方塊裡的〔資料〕頁面內可以選擇要匯出資料表與編碼，以及設定匯出檔案的位置。

9 在〔匯出 XML〕對話方塊裡的〔結構描述〕頁面內可以決定是否要將原本匯出的 XSD 檔案(結構描述)，內嵌到另一檔案 XML 檔(資料)，使得整個 XML 資料的匯出全部存在放一個 XML 檔案裡(包含結構描述與資料)。

⑩ 在〔匯出 XML〕對話方塊裡
的〔版面〕頁面內可以決定
是否要匯出版面(XLS 文件)。

資料庫的備份操作

　　以下的實例操作是開啟〔行銷專案.accdb〕資料庫，並將此資料庫備份檔案名
稱命名為「備份行銷專案」，儲存至預設的資料夾。

① 開啟〔行銷專案.accdb〕資料庫後，點按〔檔案〕索引標籤。

② 展開後台管理介面，點按左側功能選單裡的〔另存新檔〕功能選項。

③ 在〔另存新檔〕頁面的〔檔案類型〕區域中，點按〔將資料庫儲存為〕。

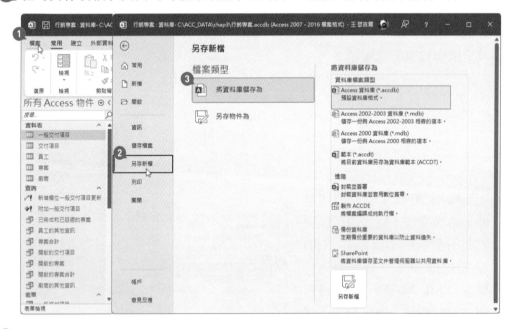

④ 在〔將資料庫儲存為〕區域中，點按〔進階〕底下的〔備份資料庫〕。

⑤ 點按〔另存新檔〕按鈕。

❻ 開啟〔另存新檔〕對話方塊，預設的資料庫備份檔名為原始資料庫檔案名稱及進行備份當下的日期。

❼ 請輸入「備份行銷專案」。

❽ 點按〔儲存〕按鈕。

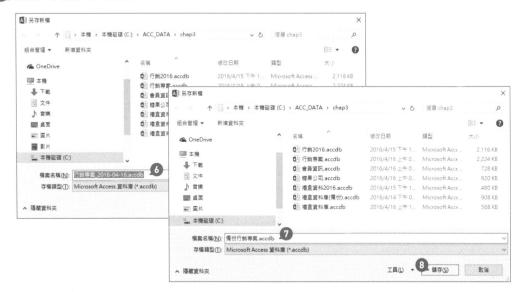

 透過封裝並簽署功能選項，進行資料庫封裝並套用數位簽章，可以確保資料庫的安全，或者，選擇製作成 ACCDE、備份資料庫、將資料庫儲存至 SharePoint 網站的文件庫。

3-4 還原備份的資料庫

　　備份資料庫的目的是為了避免資料檔案的潛在危機與毀損，而備份的資料庫即視為原資料庫的「完整的複本」。萬一真的發生需要還原備份資料庫的狀況時，即可使用這個完整的複本來還原資料庫。

還原整個資料庫

　　當使用者想要還原整個資料庫時，可以使用整個資料庫的備份檔案來取代已損壞或資料有問題，甚至是已完全遺失的資料庫檔案。

1.　開啟 Windows 檔案總管，瀏覽至資料庫備份的完整複本。

2.　將備份的完整複本資料庫檔案，複製並取代受損或遺失資料庫的位置。

還原資料庫中的物件

　　如果只要還原資料庫中的某一個或多個物件，則可以將目前資料庫中毀損的物件更名或刪除，然後，再從備份資料庫中將物件匯入至目前資料庫中。

如果其他資料庫或程式會連結到正在還原之資料庫中的物件，就必須將資料庫還原至正確的位置。如果沒有這麼做，資料庫物件的連結就無法運作，必須加以更新。

資料庫的還原操作

　　以下的實例操作是開啟〔體育訓練 2019.accdb〕資料庫，將此資料庫裡資料內容已經不正確的〔訓練紀錄〕表單物件，更名為〔訓練紀錄毀損〕，然後，透過此資料庫的備份資料庫〔體育訓練 2019_複製.accdb〕，還原〔訓練紀錄〕表單物件。

❶ 開啟資料庫後以滑鼠右鍵點選〔訓練紀錄〕表單。

❷ 從展開的快顯功能表中點選〔重新命名〕。

❸ 自動選取舊的名稱。

❹ 輸入新的名稱〔訓練紀錄毀損〕後，按下 Enter 按鍵。

5 點按〔外部資料〕索引標籤。

6 點按〔匯入與連結〕群組裡的〔新增資料來源〕命令按鈕。

7 再從展開的功能選單中點選〔從資料庫〕裡的〔Access〕。

8 開啟〔取得外部資料 – Access 資料庫〕對話方塊，輸入或選取備份資料庫〔體育訓練 - 複製〕所在的磁碟路徑與資料庫檔案名稱。

9 點按〔確定〕按鈕。

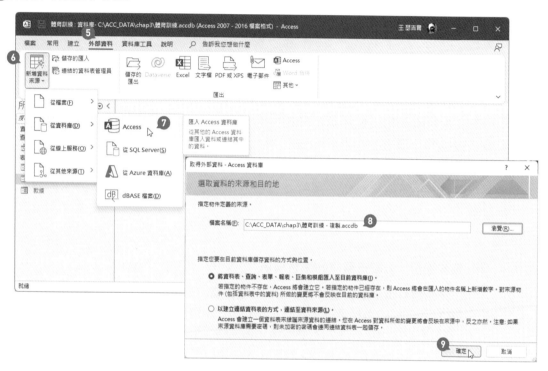

10 開啟〔匯入物件〕對話方塊，點選〔表單〕索引標籤。

11 點選〔訓練紀錄〕表單。

12 點按〔確定〕按鈕。

13 回到〔取得外部資料 – Access 資料庫〕對話方塊，點按〔關閉〕按鈕。

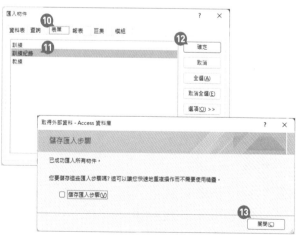

完成〔訓練紀錄〕表單的還原。

3-5 分割資料庫

在多人共同編輯、使用資料庫時,分割資料庫是提高資料庫效能,並降低資料庫檔案毀損的一項重要利器。只要透過分割資料庫的操作,即可將資料庫組織成兩個檔案,即內含資料表的後端資料庫,以及內含所有其他資料庫物件 (例如查詢、表單及報表) 的前端資料庫,讓每一位使用者都是使用前端資料庫的本機複本與資料互動。

> **延伸學習:分割資料庫的注意事項**
>
> 在分割資料庫之前一定要先備份原始資料庫,如此,在分割了資料庫後若又後悔,才能使用備份的資料庫複本還原。此外,分割資料庫可能需要花費較長的時間,所以,在分割之前應該先通知各使用者,請他們在分割資料庫時不要存取資料庫,因為,若使用者在分割資料庫時變更資料,則變更的內容並不會反映在後端資料庫中。

以下的實作中將開啟〔SportTraining.accdb〕資料庫,進行分割資料庫,並以預設的檔案名稱儲存此後端資料庫。

❶ 開啟資料庫後關閉所有資料庫物件,然後,點按〔資料庫工具〕索引標籤。

❷ 點按〔移動資料〕群組裡的〔Access 資料庫〕命令按鈕。

❸ 開啟〔資料庫分割〕精靈的對話方塊，點按〔分割資料庫〕按鈕。

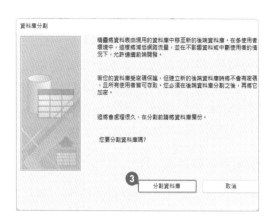

❹ 開啟〔建立後端資料庫〕對話方塊，點選文件路徑。

❺ 使用預設的資料庫檔案名稱（分割的資料庫檔案名稱預設會加上「_be」）。

❻ 點按〔分割〕按鈕。

❼ 完成資料庫分割後，顯示資料庫已經成功分割訊息，點按〔確定〕按鈕。

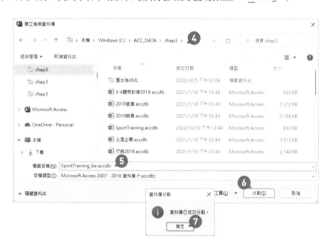

3-6 ┃ 壓縮及修復資料庫

　　資料庫檔案原本就是屬於服務眾多使用者性質的系統，可提供多人共用甚至共同編輯的情境，這也將導致兩個棘手的問題：資料庫檔案將隨著使用的時間與需求而成長，導致檔案變得越來越大，以及在多人共用的狀態下將產生無法預期的操作行為與資料異動，有可能導致檔案發生損毀。

● 資料庫檔案隨著使用而成長

　　日積月累下來，使用的資料庫隨著所加入及更新的資料或設計上的變更，導致資料庫檔案極有可能儲存愈來愈多的資料，資料庫檔案也就隨著使用的時間而快速成長，有時這將會妨礙資料庫的運作效能。例如：在進行各種不同的工作時，Access 總是會建立相關的隱藏式暫存物件來因應相對的工作，即使這些工作已經

結束且 Access 已經不再需要這些暫存物件了，它們卻仍會遺留在資料庫中。此外，當刪除資料庫物件時，該物件所佔用的磁碟空間並不會自動進行回收，也就是說，即使刪除物件之後，資料庫檔案仍然使用該磁碟空間。因此，資料庫檔案中塞滿了殘留的暫存檔及已刪除的物件時，其效能極有可能會大幅降低。造成物件的開啟可能會更加緩慢，查詢操作上可能要耗費比平常更長的時間才能執行，對於經常需要執行的作業似乎都要花費更多時間。

- 資料庫檔案可能會損毀

不論是操作不當，或是儲存資料的設備日漸老舊、系統的維護錯綜複雜，種種的意外因素都存在著導致資料庫檔案毀損的因子。甚至，在特定的操作環境或特定的作業下，資料庫檔案的損毀機率都會比較高。以資料庫檔案共用的情況為例，即使資料庫檔案是透過網路進行分享與共用，而且同時有多位使用者直接使用檔案，該檔案損毀的風險也不高，但是，若使用者經常在備忘欄位中編輯資料，則檔案損毀的風險就會加大，風險也會隨著時間而增加。

這種毀損情形經常是因為 Visual Basic for Applications (VBA)模組的問題而產生，雖說這種毀損情形並不會造成資料遺失的風險；但是卻可能會產生資料庫設計損壞的風險，例如 VBA 程式碼可能會遺失或者無法使用表單。

關於上述資料庫檔案可能會隨著使用而快速成長，導致有時會妨礙資料庫的系統效能，以及資料庫檔案也可能偶爾會有毀損或損壞的情況，在 Access 中特別提供了〔壓縮及修復資料庫〕命令，協助使用者防止或修正這方面的問題，以降低資料庫的使用風險。而資料庫的壓縮及修復作業需要獨佔式存取權，因此，該項作業可能會中斷其他使用者的操作，所以，當使用者計劃執行壓縮及修復作業時，應該通知其他使用者，以便讓他們在壓縮及修復期間避免使用該資料庫。如果其他使用者目前在使用資料庫檔案，我們就不能執行壓縮及修復作業，必須確保在執行壓縮及修復作業的同時，沒有任何人能夠使用該資料庫檔案。

壓縮及修復目前使用中的資料庫

若開啟的資料庫檔案並未以獨佔式的方式開啟，則極有可能會有其他使用者仍開啟著該資料庫，請要求他們務必關閉資料庫。然後，進行獨佔式方式開啟資料庫檔案，再進行〔壓縮及修復資料庫〕命令的操作，步驟如下：

❶ 點按〔檔案〕索引標籤。

❷ 點按〔開啟〕選項。

❸ 點按〔瀏覽〕選項。

❹ 開啟〔開啟資料庫〕對話方塊,點選想要開啟的資料庫檔案。

❺ 點按〔開啟〕按鈕旁的三角形按鈕,從展開的選單中點選〔獨佔式開啟〕選項。

❻ 點按〔檔案〕索引標籤。

❼ 點選〔資訊〕功能選項。

❽ 點按〔壓縮及修復資料庫〕按鈕。

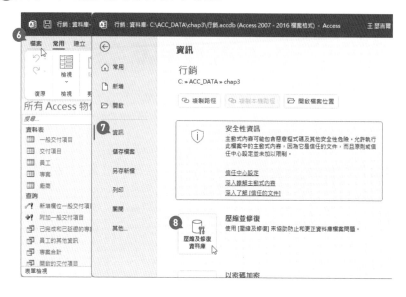

壓縮及修復目前並未開啟使用的資料庫檔案

如果想要壓縮及修復目前並未開啟的資料庫檔案,則應先關閉所有操作中的資料庫檔案,然後進行以下的操作步驟:

1 點按〔資料庫工具〕索引標籤。

2 點按〔工具〕群組裡的〔壓縮及修復資料庫〕命令按鈕。

3 開啟〔壓縮資料庫來源〕對話方塊,點選想要進行壓縮的資料庫檔案。

4 點按〔壓縮〕按鈕。

5 點按〔儲存〕按鈕。

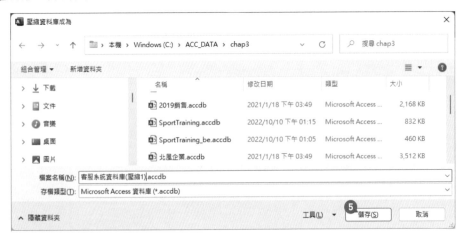

3-7 以密碼加密資料庫

對資料庫加密

　　使用者可以為資料庫設定密碼,如此,當使用者想要開啟資料庫時必須輸入正確的密碼方得順利開啟該資料庫。透過這樣的程序,便可以限制位於大家都可存取位置裡的資料庫檔案,以維護資料庫檔案的安全性。要特別注意的是,當使用者準備以密碼加密資料庫檔案時,必須先以獨佔式的方式開啟該資料庫檔案,再透過〔檔案〕索引標籤的點按,進入後台管理介面,進行以下的操作(此範例設定的密碼為 12345678):

❶ 開啟後台管理介面後,點按〔開啟〕選項。

❷ 進入〔開啟〕頁面,點按〔瀏覽〕選項。

❸ 開啟〔開啟資料庫〕對話方塊,點選想要以密碼加密的資料庫檔案。

❹ 點按〔開啟〕按鈕旁的三角形按鈕,從展開的選單中點選〔獨佔式開啟〕選項。

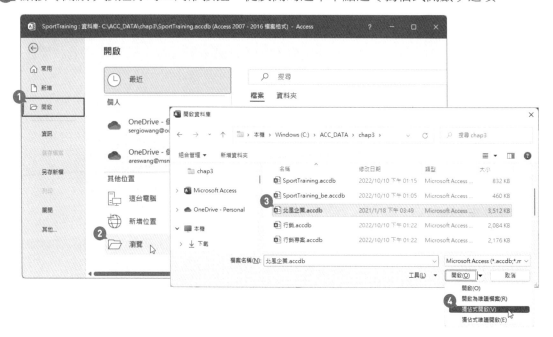

⑤ 再度點按〔檔案〕索引標籤,進入後台管理介面。

⑥ 點按〔資訊〕選項。

⑦ 點按〔以密碼加密〕按鈕。

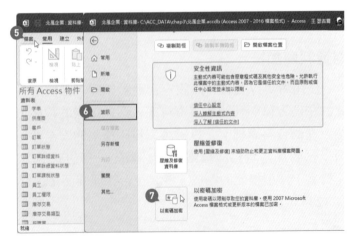

⑧ 開啟〔設定資料庫密碼〕對話方塊,在〔密碼〕文字方塊裡輸入自訂的密碼。密碼請使用大寫字、小寫字、數字及符號相結合的強式密碼。

⑨ 在〔驗證〕文字方塊裡輸入相同的密碼以確認之。

⑩ 點按〔確定〕按鈕。

⑪ 假使資料庫的任一屬性若與加密作業並不相容,例如:列層級鎖定(也就是記錄層級鎖定)的屬性,則 Access 將會顯示訊息對話方塊,提示使用者該屬性將被忽略。使用者可以直接點按〔確定〕按鈕,略過此提示。

解密資料庫

爾後若有移除資料庫密碼的需求時,也必須先以獨佔式的方式開啟資料庫並輸入正確的密碼後,才可進行解密資料庫的操作,步驟如下:

❶ 開啟後台管理介面後,點按〔開啟〕選項。

❷ 進入〔開啟〕頁面,點選資料庫檔案所在處的資料夾路徑,或點按〔瀏覽〕按鈕來選擇路徑與檔案。

❸ 開啟〔開啟資料庫〕對話方塊,點選想要解密的資料庫檔案。

❹ 點按〔開啟〕按鈕旁的三角形按鈕,從展開的選單中點選〔獨佔式開啟〕選項。

❺ 開啟〔需要密碼〕對話方塊,輸入正確的密碼後點按〔確定〕按鈕。

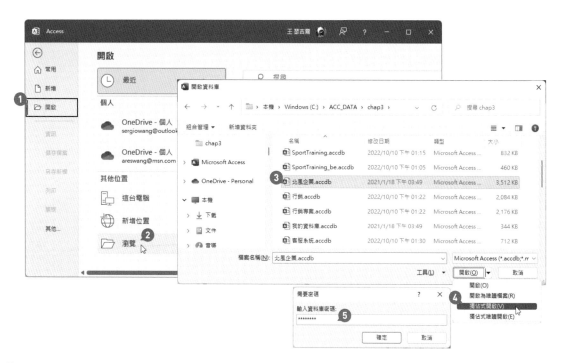

6 再度點按〔檔案〕索引標籤，進入後台管理介面。

7 選〔資訊〕選項。

8 再點按〔解密資料庫〕按鈕。

9 開啟〔取消資料庫密碼設定〕對話方塊，在〔密碼〕文字方塊裡輸入原先設定的密碼後，點按〔確定〕按鈕。

CHAPTER 04

建立資料表

在本章將學會利用 Access 建立資料表(Data Table)的種種方式,包括資料欄位的定義與修改,以及資料欄位的屬性設定。此外,也將學習如何將各種不同類型的外部資料匯入 Access 資料庫中,形成新的資料表或附加至既有的資料表中。最後,再實作如何透過應用程式組件建立資料庫物件。

4-1 設計資料表

在資料庫中建立新資料表的方式非常多元,可以從無到有地自行定義資料結構(資料型態),亦可從外部資料或其他資料庫匯入資料表,或者,透過範本和應用程式組件建立資料表。

4-1-1 在資料工作表檢視中建立表格

完成新資料庫的建立後,接著就是在資料庫中建立資料表。前一章節曾經描述如何使用空白資料庫範本來建立新的資料庫,當時,我們使用空白資料庫範本建立新的資料庫時,Access 自動建立了一張預設名稱為「資料表 1」的空白新資料表,並以〔資料工作表檢視〕畫面呈現。此時便可以在此環境下新增並定義資料欄位,完成資料表的建置。

基本上,〔資料工作表檢視〕畫面類似 Excel 的工作表畫面,透過欄、列交錯的儲存格格線來呈現資料表的內容。每一欄(Column)表示資料表裡的每一個資料欄位(Data Field);每一列(Row)表示資料表裡的每一筆資料記錄(Data Record)。雖然這是一張尚未定義資料欄位的新資料表,但 Access 已經在該新資料表中新增一個名

為〔識別碼〕的唯一性資料欄位。使用者可以在此刻於〔資料工作表檢視〕畫面下，進行新資料欄位的建立。其中包含新資料欄位的命名與資料型態的設定。

1 開啟空白資料庫後，點按〔建立〕索引標籤。

2 點按〔資料表〕命令按鈕，建立一張名為「資料表1」的新資料表。

3 以滑鼠右鍵點按一下「識別碼」欄位右側的「按一下以新增」。

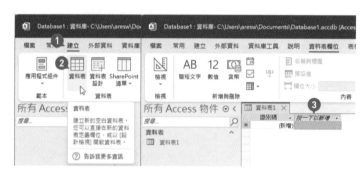

4 展開資料型態的下拉式選單，從中點選所要設定的資料型態。例如：〔簡短文字〕。

5 添增新的資料欄位，預設欄位名稱為〔欄位 1〕，直接在此輸入新的自訂欄名，例如：鍵入〔姓名〕，再按 Enter 鍵，完成此一新增欄位的定義。

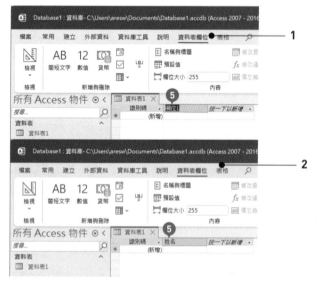

1 選擇欄位或編輯欄位時，功能區裡即顯示著〔資料表工具〕，裡面提供著〔欄位〕與〔表格〕兩索引標籤的功能操作。

2 針對文字類型的欄位，可在此設定其欄位大小。

6 隨即自動新增下一個新的資料欄位，並自動展開資料型態的下拉式選單，從中點選所要設定的資料型態。例如：〔數值〕。

7 新增的資料欄位其預設欄位名稱仍為〔欄位 1〕，直接在此輸入新的自訂欄名。

8 例如：鍵入〔年齡〕，然後按 Enter 鍵，完成此一新增欄位的定義。

9 隨即再度自動新增下一個新的資料欄位，並自動展開資料型態的下拉式選單，從中點選所要設定的資料型態。例如：〔日期與時間〕。

10 新增的資料欄位其預設欄位名稱仍為〔欄位 1〕，直接在此輸入新的自訂欄名。

⓫ 例如：鍵入〔出生年月日〕，然後按 Enter 鍵，完成此一新增欄位的定義。

⓬ 依此類推，繼續完成其他資料欄位的建立。例如：後續新增了〔部門〕、〔薪資〕與〔停車位〕等。

在〔資料工作表檢視〕畫面下可以進行資料欄位的新增外，也可以搬移、刪除資料欄位，或者重新命名資料欄位的名稱。例如：只要以滑鼠右鍵點按欄位名稱，即可從展開的快顯功能表中點選：插入欄位、刪除欄位、重新命名欄位、欄位寬度、隱藏欄位、取消隱藏欄位、凍結欄位、取消凍結所有欄位…等功能操作。

完成新資料表的欄位添增後，便可以命名並儲存該資料表。也可以點按新資料表右上方的〔關閉〕按鈕關閉此資料表的操作，在關閉之前開啟〔另存新檔〕對話方塊，進行此新資料表的命名與存檔。

1 按〔快速存取工具列〕上的〔儲存檔案〕工具按鈕。

2 由於這是尚未儲存的新資料表,因此會自動開啟〔另存新檔〕對話方塊,讓使用者在〔資料表名稱〕文字方塊中,輸入自訂的資料表名稱。

3 完成新資料表的命名後,按〔確定〕按鈕。

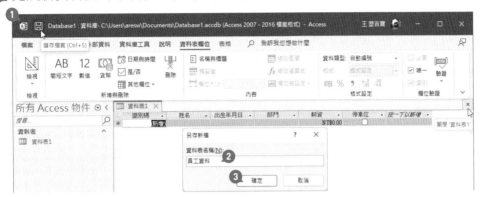

爾後若是再度開啟該資料表,並對該資料表的資料欄位或資料結構有所編輯與異動,都可以進行該資料表的關閉或存檔操作。至於關閉資料表或儲存資料表的操作方式,除了前述〔快速存取工具列〕裡的〔儲存檔案〕工具按鈕與資料表畫面右上方的〔關閉〕按鈕外,在開啟的資料表畫面左上方的文件索引標籤上,點按滑鼠右鍵時,亦可展開快顯功能表,進行針對該開啟中之資料表的儲存〔儲存檔案〕與〔關閉〕。

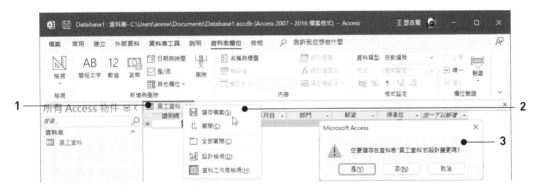

1 這就是開啟中的文件索引標籤。

2 以滑鼠右鍵點按文件索引標籤可以展開快顯功能表,提供〔儲存檔案〕(儲存資料表)與〔關閉〕資料表的功能操作。

3 若改變資料表的欄位結構並未儲存檔案時,就逕行關閉資料表,畫面將會自動顯示是否要儲存該資料表的設計變更之對話方塊。

4-1-2　以設計檢視畫面建立新資料表

　　建立資料表方式非常多，前一節所述在〔資料工作表檢視〕中建立資料表的方式，也僅是眾多方式之一，這種方式非常直覺、簡單易懂，但並不是最理想的方式，因為，使用者只是新增或編輯資料欄位的名稱與指定資料欄位的資料型態而已，至於資料欄位的其他屬性設定，諸如：顯示格式、預設值、驗證規則、索引、…等等複雜的屬性設定，就必須在資料表的〔設計檢視〕畫面中才能完成了。

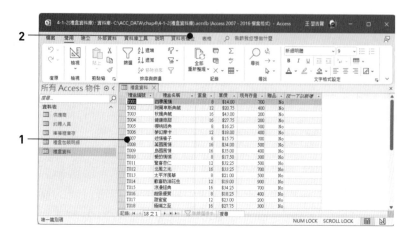

❶ 這是〔資料工作表檢視〕畫面，看到的是開啟的資料表內容，包含每一個資料欄位的欄位名稱，以及每一筆資料記錄的內容。

❷ 提供了〔欄位〕與〔表格〕索引標籤，包含了與資料欄位設定，以及與資料表屬性、事件相關的命令按鈕與工具。

　　資料表的〔設計檢視〕畫面有別於〔資料工作表檢視〕畫面，他雖然無法在資料表的〔設計檢視〕畫面看到每一筆資料記錄的實際內容，但是，可以了解並設定每一個資料欄位的屬性與資料結構。因此，對於資料庫系統的規劃者與資料庫維護人員、資料庫管理人員、資料庫使用人員而言，瞭解資料表〔設計檢視〕畫面的操作將會是最基本的資料庫技能之一。

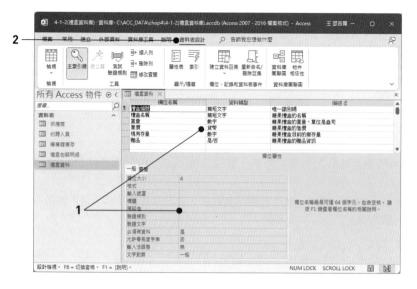

❶ 資料表的〔設計檢視〕畫面，看到的是開啟的資料表之資料結構，包含每一個資料欄位的欄位名稱，資料類型，以及欄位屬性，意即，每一個資料欄位的各種屬性資料與定義。

❷ 〔資料表工具〕底下提供了〔設計〕索引標籤，包含了與資料表結構設計相關的命令按鈕與工具。

在〔常用〕索引標籤中，〔檢
視〕群組裡的〔檢視〕命令按鈕可
以協助使用者自由在〔資料工作表
檢視〕與〔設計檢視〕之間進行畫
面切換。

此外，以滑鼠右鍵點按開啟的
資料表之索引標籤，亦可從展開的
快顯功能表中，點選〔設計檢視〕
或〔資料工作表檢視〕選項，進行
這兩種操作畫面的切換。

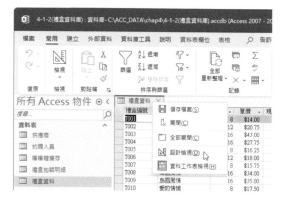

綜觀，建立新資料表的方式非常多元，其中最常使用的方式為：

- 經由〔資料工作表檢視〕畫面建立資料表，優點：直覺、簡便

- 使用〔設計檢視〕畫面建立資料表，優點：完整的定義資料結構

利用資料表的設計檢視畫面來建立新的資料表，是學習資料庫設計與管理中，
不可或缺的環節。在此設計檢視畫面中，上半部區域共分成三欄，分別為〔欄位名
稱〕、〔資料類型〕與〔描述〕，在定義每一個資料欄位時，使用者必須輸入與設
定〔欄位名稱〕及〔資料類型〕，至於每一個欄位的〔描述〕則可有可無，但衷心
建議使用者在定義資料欄位時，可在〔描述〕裡為該欄位添加簡明扼要的說明，以
利於資料表的管理與維護。

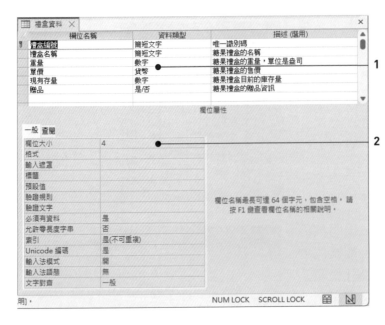

1 在資料表設計檢視畫面的上半部區域，定義每一個資料欄位的名稱、資料類型，即資料型態 (Data Type)，以及欄位的描述說明。

2 在資料表設計檢視畫面的下半部區域，則是詳細定義資料欄位屬性之處。

在資料表設計檢視畫面的下半部區域稱之為欄位屬性，在此將顯示資料欄位的屬性設定(欄位內容)，包含〔一般〕與〔查閱〕兩個索引標籤的操作。使用者可以在此為每一個資料欄位定義其專有的屬性內容。例如：欄位的大小、格式、標題、預設值、驗證規則…等。此外，不同的資料欄位類型，將會有不同的欄位屬性設定選項。

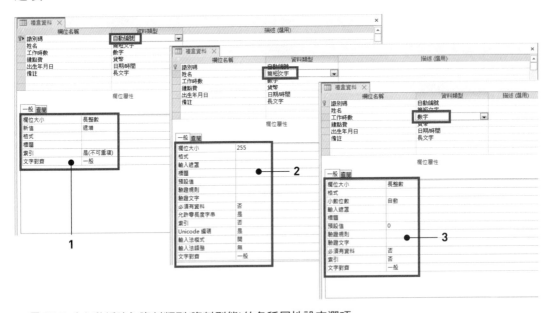

❶ 這是〔自動編號〕資料類型(資料型態)的各種屬性設定選項。

❷ 這是〔文字〕資料類型(資料型態)的各種屬性設定選項。

❸ 這是〔數字〕資料類型(資料型態)的各種屬性設定選項。

自我練習

試試看！利用資料表的設計檢視畫面，建立一個包含以下六個資料欄位的新資料表，並將此新資料表命名為〔員工〕資料表。

欄位名稱	資料型態	長度
工號	自動編號	
姓名	簡短文字	20
出生年月日	日期/時間	
眷屬人數	數字	整數
婚姻狀況	是/否	
備註	長文字	

　　由於此新建立的資料表尚未定義主索引鍵，因此，畫面將顯示〔沒有定義主索引鍵〕的對話方塊詢問，可以點按〔是〕按鈕，讓 Access 自資料表的各個資料欄位中，找尋最適合做為主索引鍵的欄位，將其設定為此資料表的主索引鍵。

4-2 | 資料欄位類型

　　每一個資料表都是由資料欄位所組成，而資料欄位的屬性可描述加入該欄位之資料的特性和行為。資料欄位的資料類型又稱之為資料型態(Data Type)，是最重要的屬性，因為這個屬性會決定欄位能夠儲存哪種資料。例如：若某個欄位的資料類型是「文字」，則此資料欄位將可儲存由文字或數字字元所組成的資料；但是，若資料類型為「數字」的資料欄位，就只能夠儲存數字資料。因此，使用者必須了解每種資料類型適用的屬性，諸如：哪種格式可配合資料欄位的使用、欄位值的大小上限、如何在運算式中使用資料欄位，以及欄位能否編製索引等等。

Access 所提供的資料類型如下表所示：

資料類型	適用說明
簡短文字	簡短的中英文與數字字元，例如姓氏、街名或地址。可用來儲存最多 255 個文字字元。若有超過 255 個字元內容的需求，應採用長文字資料類型。
長文字	大容量的長段文字。此欄位類型可應用於篇幅較長的說明文字。例如：產品的詳細描述，可以儲存將近 1GB 的內容。此外，在長文字資料類型的文字格式屬性設定上，可以將此欄位設定為〔純文字〕格式，或是可使用色彩及字型控制項來設定文字或文數字組合格式的〔RTF 格式〕。
數字	例如：高度、距離、人數等數值。若有貨幣資料類型的需求，可使用貨幣資料類型。
大型數字	大型數字資料類型可儲存非金額、數字的值，而且與 ODBC 中的 SQL_BIGINT 資料類型相容。使用此資料類型可有效率地計算大型數字。
日期/時間	日期及時間值，有效的日期從西元 100 年至 9999 年。
貨幣	貨幣值的資料屬性。
自動編號	用來提供唯一值，其目的就是讓每筆記錄都是唯一的。「自動編號」欄位最常用來做為主索引鍵，尤其是在沒有適合的自然索引鍵 (即根據資料欄位而產生的索引鍵) 可用時。通常，「自動編號」欄位值需要 4 或 16 位元組，完全取決於其 [欄位大小] 屬性值。
是/否	是一種邏輯值，[是] 與 [否] 值，意即可以只包含其中一個值的欄位。Access 會儲存 1 值(代表 True、Yes)或 0 值(代表 false、no)。
OLE 物件	用來附加 Microsoft Office Excel 試算表等 OLE 物件至資料記錄中。或者，儲存由其他微軟視窗應用程式所建立的圖片物件或圖表物件。因此，若要使用 OLE 功能，就必須使用「OLE 物件」資料類型。
超連結	是一種文字形式的資料類型，但是會將文字內容當做超連結位址，因此，內容可以是文字或文數字的組合，非常適合用來儲存電子郵件地址或網站 URL 等超連結。最多可以儲存 2048 個字元。
附件	使用者可以將圖像、試算表檔案、文件、圖表以及其他支援的檔案類型附加至資料庫中的記錄，正如同將檔案附加至電子郵件訊息中。此外，每一筆資料記錄中並沒有限制附件檔案的數量，不過，有 2GB 的限制。
計算	計算所得的結果。此計算必須參照到相同資料表中的其他欄位。可以使用〔運算式建立器〕來建立計算公式。
查閱精靈	顯示一份擷取自資料表或查詢的值清單，或是在建立欄位時所指定的一組值清單。除了可以自行定義外，也可以透過〔查閱精靈〕的對話操作，建立「查閱」欄位。「查閱」欄位的資料類型可以是「文字」或「數字」，完全取決於使用者在精靈中所做的選擇。

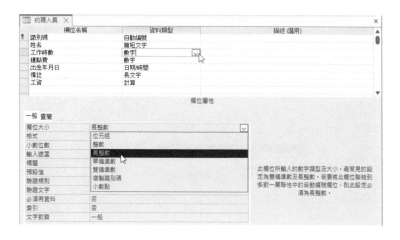

　　在數值資料類型的屬性設設定上，欄位長度的選擇共以下七種選項：

- 〔位元組〕佔 1 個位元組(Byte)的儲存空間，可包含 0 到 255 的正整數值。

- 〔整數〕佔 2 個位元組(Byte)的儲存空間，可包含的有效值為–32,768 到 32,767。

- 〔長整數〕佔 4 個位元組(Byte)的儲存空間，可包含的有效值為–2,147,483,648 到 2,147,483,647。

- 〔單精準數〕佔 4 個位元組(Byte)的儲存空間，浮動數字的格式，其有效值為–3.4 × 10^{38} 至 3.4 × 10^{38}，最多 7 個有效數字。

- 〔雙精準數〕佔 8 個位元組(Byte)的儲存空間，浮動數字的格式，其有效值為 –1.797 × 10^{308} 至 1.797 × 10^{308}，最多 15 個有效數字。

- 〔複製識別碼〕佔 16 個位元組(Byte)的儲存空間，用於儲存複製所需的全域唯一識別碼(GUID)。

- 〔小數點〕佔 12 個位元組(Byte)的儲存空間，其有效值為–9.999×1027 至 9.999×1027。

　　在日期/時間的資料類型之屬性設定上，提供有〔通用日期〕、〔完整日期〕、〔中日期〕、〔簡短日期〕、〔完整時間〕、〔中時間〕與〔簡短時間〕等選擇。而日期/時間也是一種可運算的資料類型，譬如：可以輕鬆求得兩個日期之間的差距。

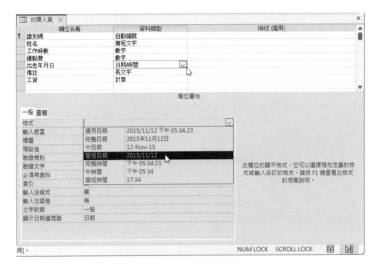

自動編號資料類型則是特殊的資料型
態，用來提供唯一值，其目的就是要讓每
一筆記錄都是唯一的。因此，「自動編
號」欄位最常用來做為主索引鍵。雖然自
動編號的值會因為資料記錄的添增而自動
遞增，其值並不能重複使用(其索引屬性是
不可重複的)，而刪除的記錄也可能會造成
計數的編號有所缺漏。此外，一張資料表
裡只能定義一個自動編號欄位。

在計算資料類型的設定中，會自動啟動〔運算式建立器〕，讓使用者輕鬆建立
此資料欄位的計算公式。此外，此資料欄位的屬性設定中，必須選擇適當的計算結
果類型。

4-3　匯入外部資料建立新資料表

　　資料庫裡的資料來源，除了在建置資料庫時透過資料表定義，逐筆登打資料內容外，也可以直接匯入外部資料來源，在資料庫中形成獨立的新資料表，或將匯入的外部資料附加至資料庫裡既有的資料表內。

　　在 Access 中允許使用者匯入多種不同檔案類型的外部資料來源，如：Excel 活頁簿檔、XML 檔案、純文字檔、Access 資料庫檔、SharePoint 清單、Outlook 資料夾等等。若是透過 OLE DB、ODBC 還可以匯入更多資料庫系統的檔案格式。

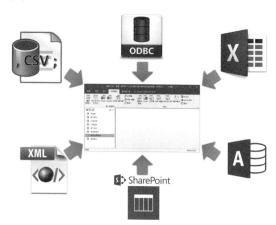

4-3-1　匯入 XML 資料

　　以下的操作演練中將介紹如何匯入 XML 檔案至 Access 資料庫中。實作的資料來源是「客戶與訂單.xml」檔案，其中包含了四張資料表，而匯入的目的地是「4-3-1 訂單資料庫.accdb」。

在「客戶與訂單.xml」檔案裡儲存了「客戶資料」、「訂單資料」、「訂單明細」與「員工資料」等四張資料表的結構與內容（每一筆資料記錄）。

❶ 開啟資料庫檔案後，點按〔外部資料〕索引標籤。

❷ 按〔匯入與連結〕群組裡的〔新增資料來源〕命令按鈕。

❸ 從展開的功能選單點選〔從檔案〕裡的〔XML 檔案〕功能選項。

此範例資料庫內原本已經包含了一個名為「供應商」的資料表。

❹ 開啟〔取得外部資料 - XML 檔案〕對話方塊，直接輸入或利用〔瀏覽〕按鈕，點選所要匯入的 XML 檔案之檔案路徑與檔案名稱。

❺ 開啟〔開啟舊檔〕對話方塊，切換至存放 XML 檔案的磁碟路徑。

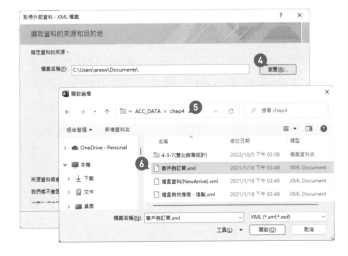

❻ 點選「客戶與訂單.xml」檔案，再按〔開啟〕按鈕。

❼ 回到〔取得外部資料 - XML 檔案〕對話方塊，按〔確定〕按鈕。

8 開啟〔匯入 XML〕對話方塊，點選〔結構及資料〕選項，再按〔確定〕按鈕。

9 回到〔取得外部資料－XML 檔案〕對話方塊，按〔關閉〕按鈕。

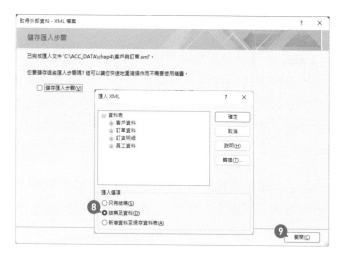

回到 Access 資料庫系統環境，可在功能窗格的資料表物件清單裡看到剛剛匯入成功的新資料表。點按兩下該資料表物件，即可開啟並使用此原本來自 XML 檔案的資料表內容。

匯入 xml 檔案所有的結構和數據至資料庫內，順利的在資料庫中形成一張張新的資料表。

📝 自我練習

試試看！開啟名為〔Sweet.accdb〕的資料庫，裡面有一個名為〔禮盒資料〕的資料表，內含 5 筆禮盒資料記錄，請透過匯入外部資料的操作，嘗試將〔禮盒資料 NewArrive).xml〕檔案裡所儲存的 13 筆禮盒資料記錄，附加至〔禮盒資料〕資料表內。

4-3-2　匯入 Excel 活頁簿

　　Excel 是目前大多數大型機構其前端電腦應用程式中，使用者最常運用的軟體之一。透過行列式的特性，非常容易建立資料表格，加上超強的函數、分析工具，以及近年來強化的大數據分析能力，早已經是知識工作者不可或缺的資料分析工具與必備技能。在 Excel 裡所建立的資料範圍若具備了資料表的特性與規格，也可以非常輕鬆的匯入 Access 資料庫中，形成一張新的資料表。

　　以下的操作演練中將介紹如何匯入〔禮盒資料.xlsx〕這個包含 18 筆禮盒基本資料記錄的活頁簿檔案工作表至 Access 資料庫中，而匯入的目的地是「4-3-2 訂單資料庫.accdb」。

在「禮盒資料.xlsx」活頁簿檔案裡「禮盒資料」工作表內儲存了 18 筆資料記錄（記載禮盒基本資料）。

　　若是選擇 Excel 活頁簿檔案為外部資料來源時，將開啟〔取得外部資料 – Excel 試算表〕對話方塊，選擇好 Excel 活頁簿檔案後，便有：〔匯入來源資料至目前資料庫的新資料表〕、〔新增記錄的複本至資料表〕、〔以建立連結資料表的方式，連結至資料來源〕等三種匯入選項。

1️⃣ 開啟資料庫檔案後，點按〔外部資料〕索引標籤。

2️⃣ 點按〔匯入與連結〕群組裡的〔新增資料來源〕命令按鈕。

3️⃣ 從展開的功能選單中點選〔從檔案〕裡的〔Excel〕選項。

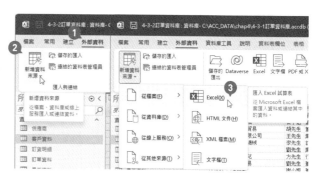

4️⃣ 開啟〔取得外部資料 - Excel 試算表〕對話方塊，直接輸入或利用瀏覽按鈕，點選所要匯入的 Excel 活頁簿檔案之檔案路徑與檔案名稱。例如：來源檔案為「禮盒資料.xlsx」活頁簿檔。

5️⃣ 選〔匯入來源資料至目前資料庫的新資料表〕選項，再按〔確定〕按鈕。

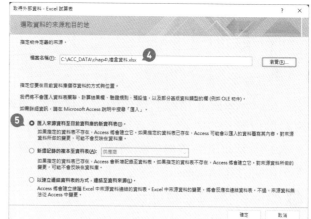

6️⃣ 開啟〔匯入試算表精靈〕點選〔顯示工作表〕選項，並點選所要匯入的工作表。例如：禮盒資料。然後按〔下一步〕按鈕。

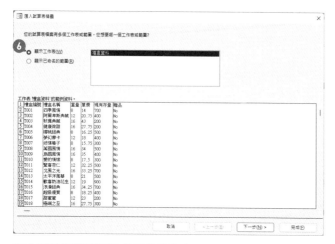

在此可以預覽所匯入的工作表內容。

⑦ 勾選〔第一列是欄名〕核取方塊,再按〔下一步〕按鈕。

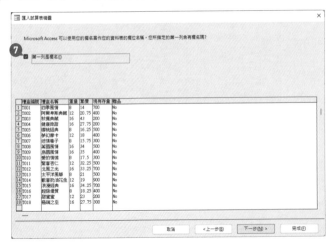

在試算表匯入精靈的操作中,可以進行諸如欄位名稱、資料類型、索引與否等資料欄位屬性的設定,或者是否匯入指定欄位的選擇。在此實作範例中,我們遵循原本的預設值,由精靈自動判別適當的欄位屬性,不加以修改(以後若有修改的需求,也可以在 Access 的環境下進行資料表的異動)。

⑧ 點按〔下一步〕按鈕。

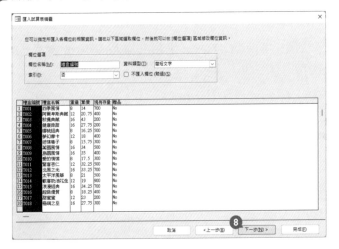

〔匯入試算表精靈〕的操作中,會建議幫新的資料表添增主索引,當然,使用者亦可自行決定在匯入的資料欄位中選擇哪一個資料欄位要擔綱主索引欄位的角色。例如:在此範例中,匯入的工作表內已經有一個非常適合做為主索引的資料欄位〔禮盒編號〕。

⑨ 點選〔自行選取主索引鍵〕選項,選擇〔禮盒編號〕資料欄位。

⑩ 點按〔下一步〕按鈕。

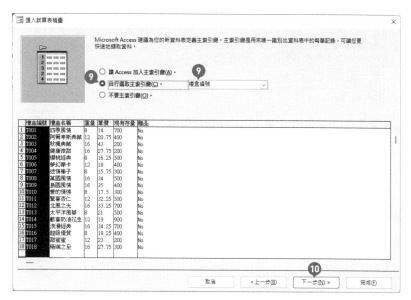

Access〔匯入試算表精靈〕會主動幫匯入的資料表添增主索引欄位。

11 為匯入的資料表命名(預設的資料表名稱同原本的工作表名稱)，再按〔完成〕按鈕。

12 回到〔取得外部資料 – Excel 試算表〕對話，按〔關閉〕按鈕。

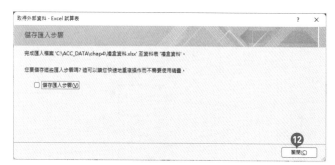

　　回到 Access 資料庫系統環境，可在功能窗格的資料表物件清單裡看到剛剛匯入成功的新資料表。點按兩下該資料表物件，即可開啟並使用此原本來自 Excel 活頁簿檔案的資料表內容。

匯入活頁簿檔案裡的工作表至資料庫內，順利的在資料庫中形成一張新的資料表。

4-3-3　匯入其他 Access 資料庫物件

　　同是 Access 資料庫，彼此之間也可以透過匯入外部資料的操作，將其他 Access 資料庫檔案裡的物件，諸如：資料表、查詢、表單、報表、巨集和模組等物件，匯入至目前開啟的資料庫中。以下的實作演練中，將開啟資料庫〔4-3-3A.accdb〕，並匯入〔4-3-3B.accdb〕資料庫裡的資料表「員工」與「部門」以及「員工」表單等三個資料庫物件。

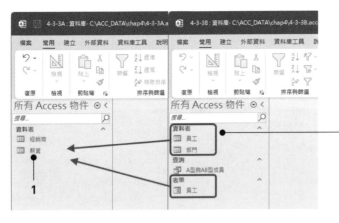

1 開啟〔4-3-3A.accdb〕資料庫，裡面含有「經銷商」與「薪資」等兩個資料表。

2 將〔4-3-3B.accdb〕資料庫裡的物件匯入〔4-3-3A.accdb〕資料庫裡。

1 開啟資料庫檔案後，點按〔外部資料〕索引標籤。

2 點按〔匯入與連結〕群組裡的〔新增資料來源〕命令按鈕。

3 從展開的功能選單中點選〔從資料庫〕裡的〔Access〕選項

4 開啟〔取得外部資料－Access 資料庫〕對話方塊，直接輸入或利用瀏覽按鈕，點選所要匯入的Access 檔案之檔案路徑與檔案名稱。如：來源檔案為「4-3-3B.accdb」資料庫檔案。

5 點選〔將資料表、查詢、表單、報表、巨集和模組匯入至目前資料庫〕選項，再按〔確定〕鈕。

在指定資料的來源後，便開啟〔匯入物件〕對話方塊，讓使用者可以從中點選所要匯入的一項或多項 Access 資料庫物件。

6 點選〔資料表〕索引標籤，並點選裡面的「員工」與「部門」兩資料表。

7 點選〔表單〕索引標籤，並點選裡面的「員工」表單，再按〔確定〕按鈕。

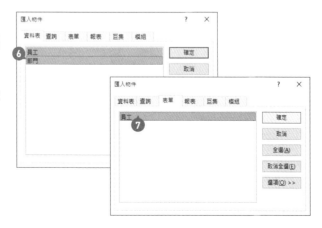

⑧ 回到〔取得外部資料 – Access 資料庫〕對話方塊,按〔關閉〕按鈕。

　　回到 Access 資料庫系統環境,可在功能窗格的資料表物件清單裡看到剛剛匯入成功的兩個資料表與一個表單。

4-3-4　匯入政府資料開放平台的資料

　　在 Big Data 的時代,資料的分享與傳遞愈顯得多元與頻繁,而政府的許多研究資料與統計資料,亦逐漸公開在開放的平台上供人自由下載取用。大多數的政府資料也都是以常見的 XML、TXT、CSV,甚至 JSON 的檔案格式存放。以下的實作練習中,我們將登入政府資料開放平台網站,下載「空氣品質即時汙染指標」這項熱門資料的 CSV 檔案格式,並匯入 Access 資料庫中存放,形成一張新的資料表。

1 開啟瀏覽器並輸入網址「http://data.gov.tw」進入政府資料開放平台。

2 點按首頁底下的 [休閒旅遊] 超連結。

3 有必要的話可以輸入關鍵字搜尋，例如：輸入〔原住民族餐廳〕然後點按〔搜尋〕按鈕。

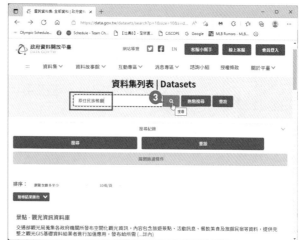

4 尋獲相關〔原住民族餐廳〕頁面後，點按其超連結文字。

5 開啟〔原住民族餐廳〕資料下載頁面，點按所要下載的檔案格式，例如：CSV。

6 下載成功的檔案，在 Windows 環境下預設都是存放在本機的「下載」資料夾裡。

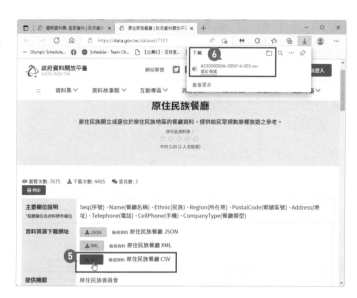

常見的 CSV 檔案格式是一種以逗號分隔資料欄位的純文字檔資料檔案格式，除了可以使用記事本等應用程式開啟外，亦可透過 Excel 直接開啟 CSV 檔案。

7 開啟資料庫檔案後，按〔外部資料〕索引標籤

8 點按〔匯入與連結〕群組裡的〔新增資料來源〕命令按鈕。

9 從展開的功能選單中點選〔從檔案〕裡的〔文字檔〕。

10 開啟〔取得外部資料 - 文字檔〕對話方塊，直接輸入或利用瀏覽按鈕，點選所要匯入的純文字檔案之檔案路徑與檔案名稱。

11 點選〔匯入來源資料至目前資料庫的新資料表〕選項，再按〔確定〕鈕。

⓬ 開啟〔匯入文字精靈〕點選〔分欄字元 - 使用字元如逗號或 Tab 鍵區分每個欄位〕選項，再按〔下一步〕鈕。

⓭ 在此可以預覽所匯入的文字內容，但有可能因為編碼的不同而顯示亂碼，此外，從預覽的內容可以看出，資料欄位的分隔符號是逗點，此時可點按〔進階〕按鈕。

⓮ 開啟匯入規格對話方塊，點選字碼頁選項為〔Unicode (UTF-8)〕選項。再按〔確定〕鈕。

⓯ 回到〔匯入文字精靈〕
操作對話方塊，點按
〔下一步〕。

⓰ 點選欄位分隔符號為
〔逗點〕。

⓱ 勾選〔第一列是欄位名
稱〕核取方塊。

⓲ 此範例請選擇文字辨識
符號為雙引號，以移除
各個文字型態欄位原本
包含的雙引號。然後再
按 [下一步]。

⓳ 在此可以進行諸如欄位名稱、資料類型、索引與否等資料欄位屬性的設定，或
者是否匯入指定欄位的選擇。在此實作範例中，我們遵循原本的預設值，由精
靈自動判別適當的欄位屬性，不加以修改（以後若有修改的需求，也可以在
Access 的環境下進行資料表的異動）。

⓴ 按〔下一步〕按鈕。

〔匯入文字精靈〕的操作中，會建議幫新的資料表添增主索引，當然，使用者亦可自行決定在匯入的資料欄位中選擇哪一個資料欄位要擔綱主索引欄位的角色。在此範例中，我們接受 Access 所加入的主索引鍵。

21 點選〔讓 Access 加入主索引鍵〕選項，再按〔下一步〕。

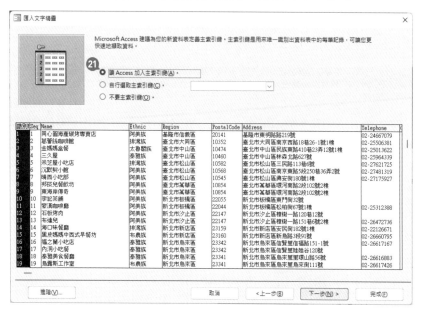

㉒ 為匯入的資料表命名，
　　例如：輸入自訂的「原
　　住民族餐廳」，然後再
　　按〔完成〕按鈕。

㉓ 回到〔取得外部資料 –
　　文字檔〕對話方塊，按
　　〔關閉〕按鈕。

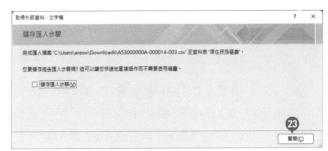

回到 Access 資料庫系統環境，可在功能窗格的資料表物件清單裡看到剛剛匯入成功的新資料表。點按兩下該資料表物件，即可開啟並使用此原本來自政府資料開放平台的〔原住民族餐廳〕資料(CSV 檔案格式)。

匯入 CSV 檔案至
資料庫內，順利的
在資料庫中形成一
張新的資料表。

4-3-5　從外部來源建立連結資料表

　　資料的匯入是一種複本資料的產生，所匯入的資料來源已經與目的地的資料內容無關，但是，若希望匯入的外部資料能夠形成連結的資料表，也就是說，當外部資料有所異動時，匯入到 Access 資料庫的資料表也能夠反映出最新變動，則所採取的匯入方式便稱之為匯入連結資料表。以下的實作演練中，將以連結外部資料的方式，匯入〔最新出版書籍.xlsx〕活頁簿檔案至〔4-3-5(書籍).accdb〕資料庫內。

1 開啟〔4-3-5(書籍).accdb〕資料庫後，點按〔外部資料〕索引標籤。

2 點按〔匯入與連結〕群組裡的〔新增資料來源〕命令按鈕。

3 從展開的功能選單中點選〔從檔案〕裡的〔Excel〕。

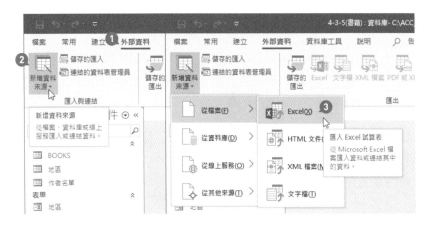

4 開啟〔取得外部資料 – Excel 試算表〕，直接輸入或利用瀏覽按鈕選取所要匯入的活頁簿檔案之檔案路徑與檔案名稱。如：〔最新出版書籍.xlsx〕。

5 在儲存資料的方式與位置選項中，點選〔以建立連結資料表的方式，連結至資料來源〕選項。

6 開啟〔連結試算表精靈〕對話操作,此例請勾選〔第一列是欄名〕核取方塊, 再按〔下一步〕。

7 輸入自訂的連結資料表名稱。例如:「新出版刊物」,再按〔完成〕鈕。

8 點按〔確定〕鈕,確認完成連結資料表並結束〔連結試算表精靈〕的操作。

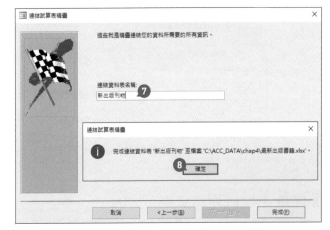

9 回到 Access 功能窗格,在資料表物件裡便可以看到物件圖示為 Excel 標誌的資料表連結物件。

10 點按兩下該資料表連結物件後,即可開啟連結自 Excel 活頁簿檔案的內容,不過,只能瀏覽、查詢,可不能修改裡面的資料內容喔!

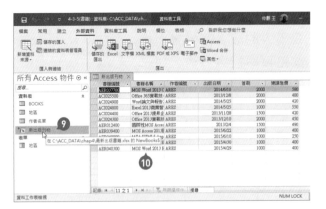

4-3-6 附加資料至既有的資料表

除了直接匯入外部資料,可以在資料庫裡形成一個新的資料表外,也可以將匯入的外部資料,附加至資料庫裡既有的資料表內,形成添加資料記錄的作業。

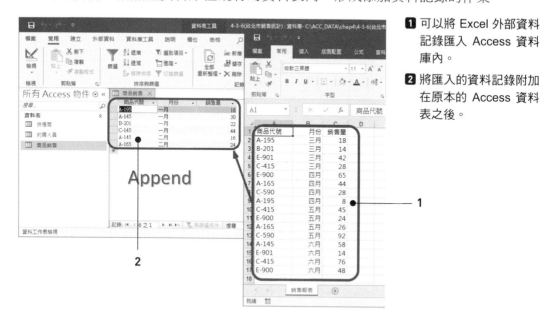

1 可以將 Excel 外部資料記錄匯入 Access 資料庫內。

2 將匯入的資料記錄附加在原本的 Access 資料表之後。

例如:以下的實作演練中,Access 資料庫為〔4-3-6(台北市銷售統計).accdb〕,當中的「商品銷售」資料表內已經記載了 6 筆資料記錄,而外部資料檔案為〔4-3-6(北投區銷售).xlsx〕活頁簿,其「銷售報表」工作表內儲存了 16 筆資料記錄。此時,只要透過匯入外部資料的操作,並選擇以〔新增記錄的複本至資料表〕的方式儲存資料,即可將匯入的外部資料附加至既有的資料表內。

1 開啟〔4-3-6(台北市銷售統計).accdb〕資料庫後,按〔外部資料〕索引標籤。

2 點按〔匯入與連結〕群組裡的〔新增資料來源〕命令按鈕。

3 從展開的功能選單中點選〔從檔案〕裡的〔Excel〕。

4 開啟〔取得外部資料 – Excel 試算表〕對話方塊,直接輸入或利用瀏覽按鈕,點選所要匯入的〔4-3-6(北投區銷售).xlsx〕活頁簿。

5 在儲存資料的方式與位置選項中,點選〔新增記錄的複本至資料表〕選項,並選擇〔商品銷售〕資料表,然後點按〔確定〕按鈕。

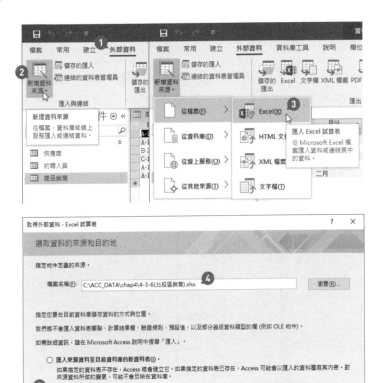

6 開啟〔匯入試算表精靈〕對話操作，直接按〔下一步〕鈕。

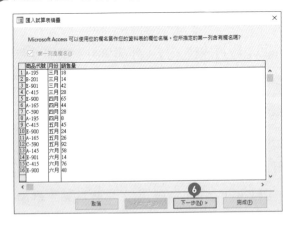

7 匯入至資料表〔商品銷售〕，
　　再按〔完成〕。

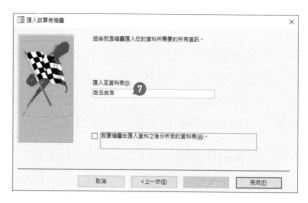

8 回到〔取得外部資料 – Excel
　　試算表〕對話，按〔關閉〕。

9 開啟資料庫裡的〔商品銷售〕
　　資料表。

10 原本僅有 6 筆資料記錄的內
　　容，附加了來自 Excel 外部資
　　料的 16 筆記錄後，已經擴充
　　到 22 筆資料記錄。

在 Access 中，若要進行上述附加外部資料至既有的資料表時，外部資
料來源的檔案格式可以是 Excel 活頁簿檔案、純文字檔案、HTML 或
Outlook 資料夾，但不可以是 Access 資料庫檔案與 SharePoint 清單。

4-3-7 儲存匯入外部資料的過程

如果在關閉〔取得外部資料 – Excel 試算表〕對話方塊之前，能夠勾選〔儲存匯入步驟〕核取方塊選項，則可以將取得外部資料來源的整個精靈操作過程，儲存成可自訂命名的匯入檔，爾後只要直接執行匯入檔，即可立刻完成匯入外部資料的作業，而免去精靈對話方塊的繁複操作。

以下的實作演練情境是：將檔案名稱為〔4-3-7(單季銷售).xlsx〕的活頁簿檔，匯入並附加在〔4-3-7(雙北銷售統計).accdb〕資料庫的〔商品銷售〕資料表中，並將整個的匯入過程，儲存成名為〔匯入季銷售〕的匯入作業過程。雖然一開始〔4-3-7(單季銷售).xlsx〕活頁簿檔的內容並沒有任何一筆資料記錄，但是，爾後只要儲存著資料記錄的活頁簿檔案，能更改名稱為〔4-3-7(單季銷售).xlsx〕，則只要執行〔匯入季銷售〕的匯入作業過程，即可瞬間將 Excel 資料匯入並附加至 Access 資料庫內。

❶ Access 資料庫的資料表內原本有 6 筆資料記錄。

❷ 將匯入 Excel 資料並附加至 Access 資料庫的過程儲存為匯入作業。

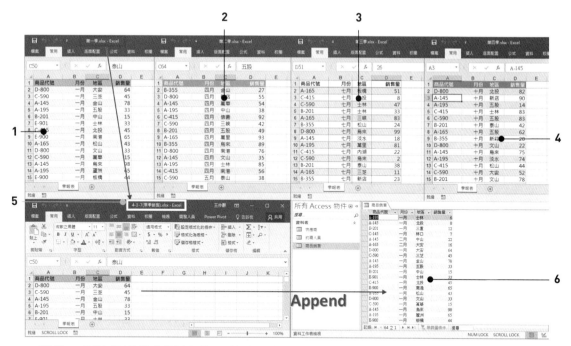

1 第一季的活頁簿檔案裡儲存著 58 筆銷售資料記錄。

2 第二季的活頁簿檔案裡儲存著 66 筆銷售資料記錄。

3 第三季的活頁簿檔案裡儲存著 82 筆銷售資料記錄。

4 第四季的活頁簿檔案裡儲存著 94 筆銷售資料記錄。

5 將第一季活頁簿檔案的名稱改為〔4-3-7(單季銷售).xlsx〕。

6 執行先前已經儲存的匯入作業，將立即匯入〔4-3-7(單季銷售).xlsx〕內容並附加至 Access 資料表內。

1 開啟〔4-3-7(雙北銷售統計).accdb〕後，點按〔外部資料〕索引標籤。

2 點按〔新增資料來源〕/〔從檔案〕裡的〔Excel〕選項。

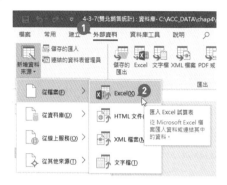

3 開啟〔取得外部資料 – Excel 試算表〕對話方塊，直接輸入或利用瀏覽按鈕，點選所要匯入的〔4-3-7(單季銷售).xlsx〕活頁簿。

④ 在儲存資料的方式與
位置選項中，點選
〔新增記錄的複本至
資料表〕選項，並選
擇〔商品銷售〕資料
表。

⑤ 點按〔確定〕按鈕。

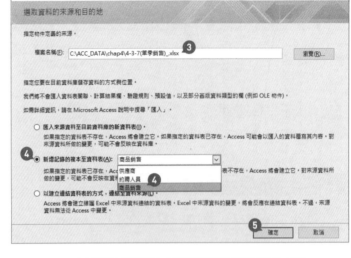

⑥ 開啟〔匯入試算表精
靈〕對話方塊，直接
按〔下一步〕按鈕。

⑦ 匯入至資料表〔商品
銷售〕，再按〔完
成〕鈕。

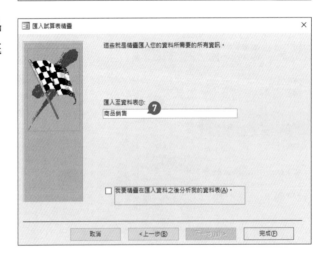

8　勾選〔儲存匯入步驟〕核取方塊選項。

9　對話方塊裡立即顯示〔另存新檔〕與〔描述〕文字方塊供者輸入自訂的命名與資訊。此例輸入新的命名〔匯入季銷售〕。

10　輸入此匯入作業的敘述後，按〔儲存匯入〕鈕，結束此例操作。

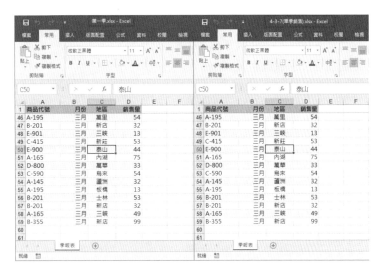

爾後若需要再度匯入相同的外部資料時，只要將欲匯入的活頁簿檔案放在原先的路徑，並更名為原先的 4-33.doc(此例為〔4-3-7(單季銷售).xlsx))。例如：將含有 58 筆交易記錄的〔第一季.xlsx〕更名〔4-3-7(單季銷售).xlsx〕。

如此，只要執行〔儲存的匯入〕，就不需要再逐一操作原先冗長的精靈對話步驟，即可直接匯入新的外部資料至資料庫裡的指定資料表內。

1　點按〔外部資料〕索引標籤裡〔匯入與連結〕群組內的〔儲存的匯入〕按鈕，可以開啟〔管理資料工作〕對話方塊。

2　在〔管理資料工作〕對話方塊的〔儲存的匯入〕索引標籤頁面裡可以看到使用者曾經儲存並命名的外部資料匯入名稱：匯入季銷售。

3　只要點按〔執行〕按鈕立即進行外部資料的匯入。

❹ 顯示已經完成資料記錄的匯入及附加,點按〔確定〕按鈕。

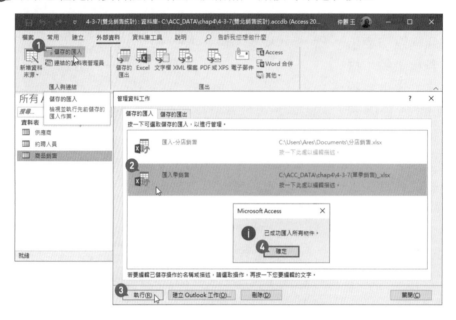

原本含有 6 筆資料記錄的〔商品銷售〕資料表,已經順利附加了 58 筆資料記錄。

試試看,嘗試將本章實作範例中〔4-3-7(雙北銷售統計)〕資料夾內的〔第二季.xlsx〕、〔第三季.xlsx〕與〔第四季.xlsx〕活頁簿檔案,分三次操作,先後皆更名為〔4-3-7(單季銷售).xlsx〕後,進行〔儲存的匯入〕的執行,看看最後〔4-3-7(雙北銷售統計).accdb〕資料庫裡的〔商品銷售〕資料表內,總共會有多少筆交易記錄!

4-4 修改資料表結構

在資料庫及資料表的草創之初，尚未累積豐富的資料庫設計經驗，對於資料欄位、資料類型等等資料表設計上的變更也是在所難免、無可厚非，使用者極有可能隨時再回到資料表設計檢視畫面進行資料欄位的編輯、資料類型的變更，也就是變更資料結構（改變資料表的設計）。不過，這是最萬不得已的需求！尤其是對於已經運作多時的資料表，都已經儲存了成千上萬筆的資料記錄，若有資料表設計上的異動，可能會有牽一髮而動全軍之危！設計者絕對不可不審慎為之～

4-4-1 欄位屬性的設定與變更

在建立資料表後，進行新增資料欄位的過程中，必須輸入欄位名稱、選擇欄位的資料類型、欄位描述的說明，以及欄位屬性的設定。然而，事後若有資料欄位的屬性設定與變更之需求，亦可在〔資料工作表檢視〕畫面或資料表〔設計檢視〕畫面中來完成。

在資料工作表中進行欄位屬性的變更

在資料工作表檢視畫面中，比較常進行的欄位屬性變更是欄位名稱的修改、欄位大小的改變、欄位預設值的設定以及欄位類型的調整、…等等。

在〔資料工作表檢視〕畫面，可以快速建立新的資料欄位。

使用者也可以在 Access 視窗上方功能區〔資料表工具〕底下〔欄位〕索引標籤內的〔內容〕群組、〔格式設定〕群組，以及〔欄位驗證〕群組裡，運用所提供的相關命令按鈕，來完成欄位屬性的設定與變更。

❶ 在資料工作表檢視畫面中，點選想要變更其屬性的資料欄位。

❷ 在〔資料表工具〕底下〔欄位〕索引標籤裡，提供有該欄位可進行的各項屬性設定選項。

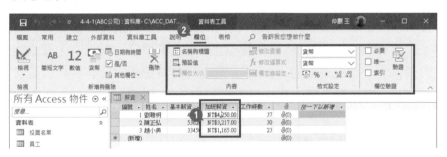

在〔內容〕群組裡提供了〔名稱與標題〕、〔預設值〕、〔欄位大小〕、〔修改查閱〕、〔修改運算式〕與〔備忘錄設定〕等命令按鈕，其功能摘要如下：

- 〔名稱與標題〕命令按鈕：可以修改欄位名稱、欄位標題、欄位描述。

- 〔預設值〕命令按鈕：可以開啟〔運算式建立器〕讓使用者建立此欄位的預設值。

- 〔欄位大小〕文字方塊：可以設定欄位的大小屬性。

- 〔修改運算式〕命令按鈕：當使用者所選取的欄位是屬於〔計算〕資料類型的欄位時，此命令按鈕才能使用，點按此按鈕後將啟動〔運算式建立器〕並顯示原先建立的公式讓使用者進行運算式的修改。

- 〔修改查閱〕命令按鈕：若選取的欄位具備查詢屬性的設計，此命令按鈕才能使用，並引領使用者進入〔查詢精靈〕，進行查閱屬性的修改及設定。

- 〔備忘錄設定〕命令按鈕：若選取的欄位是屬於長文字資料類型，此命令按鈕才能使用，當使用者點按此下拉式選項命令按鈕，即可決定是否開啟此長文字欄位的〔僅新增〕屬性與〔RTF文字〕屬性。

在資料表的設計檢視中進行欄位屬性的變更

在開啟資料表的設計檢視畫面後，可以在上方的窗格中點選某一資料欄位，更改其欄位名稱或資料類型、欄位描述；在下方窗格的右側則可以變更其相關的欄位屬性。在右下方的敘述中則顯示欄位屬性的詳細說明與屬性限制的提示。

■1 在資料表的設計檢視畫面中，可以變更與異動的屬性則較為完整與全面。

■2 顯示欄位屬性的說明及限制。

不同的資料欄位類型均提供有相同或不同的特定欄位屬性，至於各種欄位屬性的詳細說明與案例解說，請參酌微軟的官方相關網站，或者與 Access 相關的書籍。以下僅列出重點摘要：

欄位內容(屬性)	說明與特性
欄位大小	僅〔短文字〕、〔數字〕與〔自動編號〕三種資料類型需要設定欄位大小，其中〔自動編號〕資料類型只能選擇〔長整數〕與〔複製識別碼〕兩種屬性；〔數字〕資料類型可以選擇〔位元組〕、〔整數〕、〔長整數〕、〔單精準數〕、〔雙精準數〕、〔複製識別碼〕與〔小數點〕等屬性。
新值	僅〔自動編號〕資料類型才有的屬性。例如：可選擇〔遞增〕或〔隨機〕等屬性。
格式	預先設定的資料顯示格式。
小數位數	僅有〔數字〕與〔貨幣〕這兩種資料類型才可以設定小數位數的屬性，規範數值的小數位數。
輸入遮罩	僅有〔短文字〕、〔數字〕、〔貨幣〕與〔日期/時間〕等資料類型才可以設定欄位的〔輸入遮罩〕屬性，可以規範欄位內容可被鍵入的資料配對樣式。例如：電話號碼的輸入樣式、身份證字號的輸入樣式。
標題	設定在使用表單時，欄位的標籤文字；或者，在資料工作表檢視畫面中的欄位標題文字。若未設定此屬性，則自動以欄位名稱當作欄位標題文字。
預設值	會將此值鍵入新資料記錄的欄位內，視為此欄位的預設值。此屬性設定提供有〔運算式建立器〕以協助使用者建立預設值的運算式。
驗證規則	可在此屬性裡建立運算式，用來限制此欄位所能夠輸入的合法有效值。此屬性設定提供有〔運算式建立器〕來協助使用者建立驗證規則的運算式。
驗證文字	若有設定前述的〔驗證規則〕屬性，便可在此輸入萬一驗證失敗(違反驗證規則)時，想要顯示的錯誤訊息文字。
必須有資料	可以規範此欄位一定要輸入資料。

欄位內容(屬性)	說明與特性
允許零長度字串	僅有〔短文字〕、〔長文字〕與〔超連結〕等資料類型才可以設定此屬性，可以規範此欄位內容是否允許空字串。
索引	可設定此欄位是否要建立索引。若要建立索引，還可以設定該索引是否可以重複值。不過，〔OLE 物件〕、〔附件〕與〔計算〕等三種資料類型並不提供此索引屬性。
Unicode 編碼	此欄位是否允許 Unicode 編碼。
輸入法模式	在此資料欄位編輯資料時，當游標移至此欄位時所要啟用的輸入法模式。
輸入法語態	在此資料欄位編輯資料時，當游標移至此欄位時所要啟用的輸入法語態，尤其是指日文語系資料的輸入。計有：〔片語預測〕、〔複數片語〕、〔轉換〕與〔無〕等四種選擇。
智慧標籤	選擇可應用於此欄位的巨集指令標籤。此屬性設定提供有〔巨集指令標籤〕對話方塊來協助使用者勾選可用的巨集指令標籤。
文字對齊	可控制文字的對齊方式，計有：〔一般〕、〔靠左〕、〔置中〕、〔靠右〕與〔分散〕等選擇。
顯示日選擇器	這是〔日期/時間〕資料類型專屬的屬性設定，可啟動日期選擇器控制項。
僅新增	這是〔長文字〕與〔超連結〕這兩種資料類型才可以設定的屬性，請參酌前述內文的說明。

4-4-2　將欄位設定成自動遞增

在眾多的資料欄位型態中，〔自動編號〕資料類型是屬於數值型態的資料，在添增新的資料記錄時，〔自動編號〕欄位會自動賦予從 1 開始(第一筆資料記錄)的編號。不過，若事後有刪除資料記錄的行為，爾後新增的資料記錄並不會補上已刪除記錄的原有編號。以下的實作練習中，將在名為〔交易清單〕資料表的第一個欄位新增名為〔序號〕、資料類型為〔自動編號〕的新欄位。

❶ 開啟〔4-4-2(ABC 公司).accdb〕資料庫後，以滑鼠右鍵點按〔交易清單〕資料表。

❷ 從展開的快顯功能表中點選〔設計檢視〕。

3 開啟〔交易清單〕資料表的設計檢視畫面,點按第 1 個欄位〔交易日期〕。

4 選按〔資料表工具〕底下〔設計〕索引標籤裡〔工具〕群組內的〔插入列〕按鈕。

5 在〔交易日期〕欄位上方新增一個欄位,輸入欄位名稱為〔序號〕。

6 選擇資料類型為〔自動編號〕。

4-4-3 變更欄位大小

不同的資料類型其欄位大小的設定規範也不一樣。例如:長文字、日期/時間、貨幣、是/否、OLE 物件、超連結、附件與計算等資料類型並不需要設定欄位大小;簡短文字資料類型可設定字數的長短、數字資料類型則可以設定位元組、整數、長整數、單精準數、雙精準數、...等欄位大小。透過欄位屬性的設定,也可以規範簡短文字的資料類型是否允許零長度字串的輸入;數字資料類型是否一定要輸入資料。

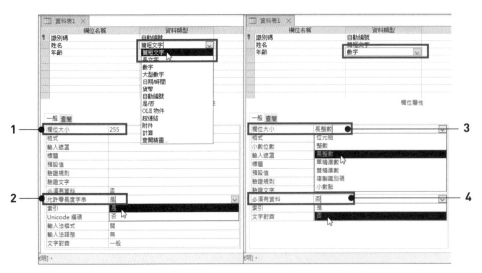

❶ 資料類型為〔簡短文字〕型態，可以設定欄位大小，但最多僅能 255 個字元。

❷ 〔簡短文字〕型態的屬性上可以設定〔允許零長度字串〕。

❸ 資料類型為〔長整數〕型態，可以設定不同有效範圍的數字(欄位大小)。

❹ 〔長整數〕型態的屬性上可以設定〔必須有資料〕，規範使用者在輸入資料時，一定要輸入資料欄位的數值。

延伸學習：長文字資料欄位

　　〔長文字〕資料類型的欄位中，允許輸入超過 255 個字元以上的大量文字與數字資料。其〔文字格式〕屬性有〔純文字〕與〔RTF 文字〕兩種。若是設定為〔RTF 文字〕屬性時，可以在文字上套用不同的字型和字型大小，讓文字變成粗體或斜體等等，也可以針對資料加入超文字標記語言（HTML 標記）。

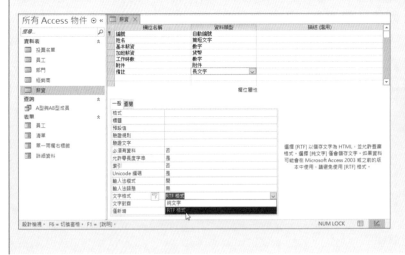

〔長文字〕資料類型的欄位，若〔文字格式〕屬性選擇為〔RTF 格式〕，則在編輯欄位內容時，表示此欄位的內容將支援 RTF 格式。

支援 RTF 的文字欄位，在資料工作表檢視畫面中輸入資料時，可以透過迷你格式工具列上的格式工具按鈕，如同在 Word 一般地套用字型格式。

此外，Access 的〔長文字〕資料類型欄位，提供了〔僅新增〕的新屬性，可用於蒐集此欄位的編輯記錄。也就是說，當啟用該屬性時(將此屬性設定為「是」)，Access會在欄位中記錄舊有的編輯資料歷史。

　　例如：使用者曾經在某一筆資料記錄的長文字欄中編輯了兩三次，則每一次的編輯版本都會被記錄起來。在當下，使用者可以利用滑鼠右鍵點按該長文字欄位，並從展開的快顯功能表中點選〔顯示欄記錄〕功能選項，即可開啟〔長文字的記錄〕對話方塊，顯示此欄位的修改歷程。當然，若長文字欄位的〔僅新增〕屬性設定為「否」時，此欄位所展開的快顯功能表是不會有〔顯示欄記錄〕功能選項的！

在〔欄位〕索引標標籤底下〔格式設定〕群組裡提供有資料類型、格式與數值性格式等屬性設定；在〔欄位驗證〕群組裡則提供有〔必要〕、〔唯一〕、〔索引〕等核取方塊用來設定欄位是否一定要輸入資料、是否為所有記錄中的唯一值、是否建立索引欄等屬性設定。以及利用〔驗證〕命令按鈕可以建立欄位與記錄的驗證規則及驗證文字。

4-4-4　設定欄位預設值

在資料欄位的屬性設定中，藉由〔預設值〕的設定，可以簡化資料輸入時的便利性。

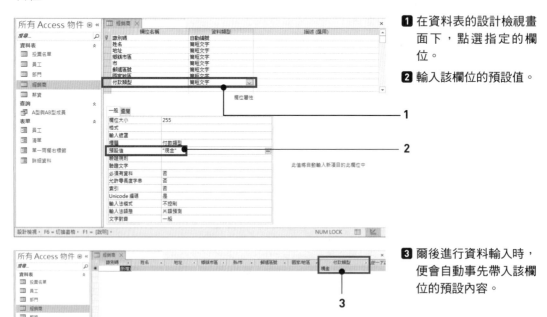

❶ 在資料表的設計檢視畫面下，點選指定的欄位。

❷ 輸入該欄位的預設值。

❸ 爾後進行資料輸入時，便會自動事先帶入該欄位的預設內容。

4-4-5 新增驗證規則至欄位

為了鞏固資料的正確性，我們可以針對需求，為資料欄位進行規則的訂定，透過驗證規則的建立，可以限制使用者在指定欄位中輸入受限的資料，也有助於確保資料庫使用者輸入的資料為正確的類型或數據。

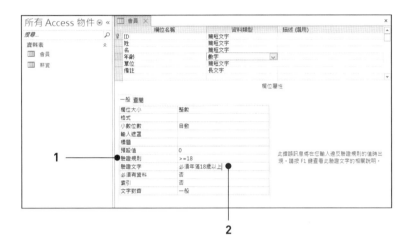

1 藉由資料欄位的規則驗證，可以規範資料輸入的正確性。例如：藉由〔驗證規則〕的屬性設定，輸入〔年齡〕資料欄位僅能輸入>=18 以上的數值。

2 輸入自訂的驗證文字，可以做為發生驗證失敗時的顯示文字。

在輸入資料時若輸入了不符合規範的資料，將會彈跳出警示對話方塊。

4-4-6 使用輸入遮罩

通常資料庫中會有多人進行資料的輸入與編輯，因此，資料表的設計可以定義使用者在特定欄位中輸入資料的固定格式，以便維持一致性並使資料庫更容易管理。例如，可以設定表單的輸入遮罩，讓使用者只能以瑞典格式輸入電話號碼，或以法國格式輸入地址。而這個固定格式的定義，就稱之為「輸入遮罩」。輸入遮罩是利用字元和符號，提供在欄位中輸入資料時所使用的固定格式。當使用者將輸入遮罩套用至欄位時，任何人若要在該欄位中輸入資料，都必須遵循輸入遮罩所定義的特定模式。輸入遮罩是由一個必要部分和兩個選用部分所組成。各個部分都以分號隔開。各部分的用途如下：

- 第一部分為必要項目。必要項目包含遮罩字元或字串 (一系列字元)，以及定位符號和常值資料，例如括弧、句點和連字號。

- 第二部分為選用項目，指的是內嵌遮罩字元及其在欄位內的儲存方式。如果第二部分設定為 0，字元會與資料一起儲存；如果設為 1，則只會顯示字元，而不會儲存字元。將第二部分設為 1 可以節省資料庫的儲存空間。

- 輸入遮罩的第三個部分也是選用項目，此項目代表用來作為定位符號的單一字元或空格。依預設，Access 會使用底線 (_)。如果要使用其他字元，請將其輸入在遮罩的第三部分。

  例如，以下為使用美國格式的電話號碼輸入遮罩：(999) 000-000;0;-:

- 該遮罩使用兩個定位符號字元，9 及 0。9 代表選用數字 (可選擇是否要輸入區碼)，而每個 0 則代表一個必要數字。

- 輸入遮罩第二部分中的 0 表示遮罩字元將與資料一起儲存。

- 輸入遮罩的第三部分指出使用者將使用連字號 (-) (而非底線 (_)) 做為定位符號字元。

  在以下的實作演練中，將透過輸入遮罩精靈設定〔4-4-6(訂單資料庫).accdb〕資料庫裡〔供應商〕資料表的〔傳真電話〕資料欄位之輸入遮罩為電話專用格式。

❶ 開啟〔4-4-6(訂單資料庫).accdb〕資料庫，並進入〔供應商〕資料表的設計檢視畫面。

❷ 點選〔傳真電話〕欄位，再按〔輸入遮罩〕屬性設定旁的精靈按鈕〔...〕。

③ 開啟〔輸入遮罩精靈〕對話方塊，
點選〔電話(兩碼區號+8 位電話
碼)〕選項。再按〔下一步〕。

④ 可在此修改輸入遮罩以及定位符號字
元。

⑤ 點按〔下一步〕按鈕。

⑥ 選擇儲存資料的方式，例如：〔遮
罩中不含符號〕選項。再按〔下一
步〕。

⑦ 點按〔完成〕按鈕。

完成輸入遮罩的設定。

在資料工作表檢視畫面中輸入〔傳真電話〕資料時，即遵照著輸入遮罩的格式進行資料的登打。

下表列出輸入遮罩的定位符號及常值字元，並說明輸入遮罩如何控制資料輸入：

字元	說明
0	使用者必須輸入一個數字 (0 到 9)。
9	使用者可以輸入一個數字 (0 到 9)。
#	使用者可以輸入一個數字、空格、加號或減號。如果略過，Access 會輸入一個空格。
L	使用者必須輸入一個字母。
?	使用者可以輸入一個字母。
A	使用者必須輸入一個字母或數字。
a	使用者可以輸入一個字母或數字。
&	使用者必須輸入一個字元或空格。
C	使用者可以輸入字元或空格。
. , : ; - /	小數點及千分位定位符號、日期及時間分隔符號。選取的字元須視 Microsoft Windows 地區選項而定。
>	將符號之後的所有字元都轉換為大寫。
<	將符號之後的所有字元都轉換為小寫。
!	讓輸入遮罩從左至右 (而非從右至左) 填入。

字元	說明
\	緊接在後的字元將會如實顯示。
""	以雙引號括住的字元將會如實顯示。

使用輸入遮罩的情況和時機:使用者可以將輸入遮罩新增至資料表欄位、查詢,以及表單和報表控制項。例如,可以將輸入遮罩新增至資料表中的 [日期/時間] 欄位,或是表單上繫結至 [日期/時間] 欄位的文字方塊控制項。也可以將輸入遮罩新增至表單控制項 (例如文字方塊),且此表單控制項會繫結至設為特定資料類型的資料表欄位。

4-4-7 變更欄位標題

資料表的欄位名稱設定有一定的規範,雖說可以輸入中文,但在資料庫系統與程式設計的整體規劃與開發上,仍建議使用英文較為彈性與貼切。而在操作資料表的環境中,便可以透過欄位標題的設定,為資料欄位設定更易讀、易懂的標籤名稱。

若資料欄位未設定〔標題〕屬性時,在資料工作表的顯示上,欄位標題即採用欄位名稱。

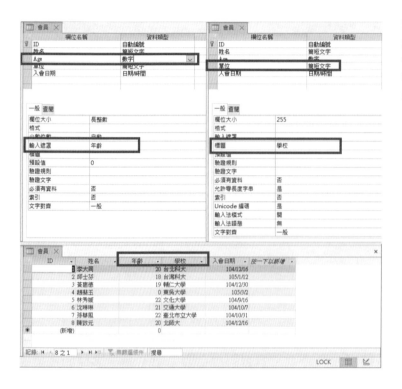

若資料欄位有設定〔標題〕屬性,則在資料工作表上即顯示該標題(又稱欄位標籤),而非其真實的欄位名稱。

4-4-8　刪除欄位

對於已經不必要且必須刪除的資料欄位,不論是在資料工作表檢視畫面或是資料表設計檢視畫面,都可以輕易地刪除,當然,原本資料欄位裡的資料當然也就不復存在了!

1 在資料工作表檢視畫面中,以滑鼠右鍵點按欄位名稱,透過快顯功能表的操作,可以點選〔刪除欄位〕功能選項刪除該欄位。

2 刪除資料欄位時會顯示是否刪除的確認對話方塊。

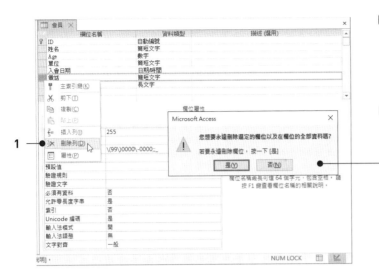

1 在資料表的設計檢視畫面中,以滑鼠右鍵點按想要刪除的欄位,即可從展開的快顯功能表中,選擇〔刪除列〕以刪除該資料欄位。

2 刪除資料欄位時會顯示是否刪除的確認對話方塊。

4-4-9 資料表的屬性設定

正如同使用者可以設定資料欄位的屬性(Field Properties),也可以為整張資料表設定其屬性(Table Properties)。例如:透過資料表的屬性設定操作,可以編撰此資料表的描述文字、資料表的預設檢視、套用的篩選、排序的依據以及驗證條件的規範與驗證失敗的文字說明。所有的資料表屬性設定,均須在資料表的設計檢視畫面中,透過〔屬性表〕窗格的操作來完成。所設定的資料表屬性,將套用至整個資料表或所有資料記錄中。

1 以滑鼠點選想要設定其屬性的資料表。例如:〔投票名單〕資料表。

2 從展開的快顯功能表中點選〔設計檢視〕功能選項。

3 切換到資料表的設計檢視畫面,點按〔資料表工具〕底下〔設計〕索引標籤裡〔顯示/隱藏〕群組中的〔屬性表〕命令按鈕。

④ 畫面右側隨即顯示此資料表的屬性表窗格,按屬性表上的〔一般〕索引標籤。

⑤ 點按所要設定之屬性右邊的方塊,然後輸入或挑選屬性的設定值。

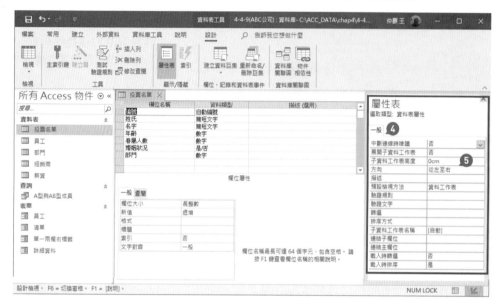

資料表屬性

在資料表的屬性表中可供設定的屬性內容如下:

資料表的屬性	功能說明
中斷連線時唯讀	與資料庫中斷連線時是否處於唯讀狀態的設定。
展開子資料工作表	在開啟資料表時,展開所有的子資料工作表。
子資料工作表高度	在此可以控制子資料工作表的高度,可以英吋為單位,輸入所要的高度;若是希望子資料工作表視窗在展開時可以顯示所有的資料列,則此屬性請保持設定為 0"。
方向	依據語言讀取方向來設定檢視的方向,可以是從左至右或者從右至左的方向。
描述	提供資料表的說明,此說明會在資料表的工具提示中顯示出來。
預設檢視方法	將〔資料工作表〕、〔樞紐分析表〕或〔樞紐分析圖〕設定為開啟資料表時的預設檢視。
驗證規則	在此設定新增或變更資料記錄時都必須符合的運算規則。當此運算規則為真時資料記錄的新增或更新才算成功。可以透過〔運算式建立器〕來完成規則運算式的建立與編輯。
驗證文字	如果新增或更新資料記錄時,違反了〔驗證規則〕屬性裡所設定的規則(運算式),可顯示此〔驗證文字〕屬性裡所設定的文字訊息。
篩選	定義篩選準則,僅在〔資料工作表檢視〕中顯示符合篩選準則的資料列。

資料表的屬性	功能說明
排序方式	選取一個或多個欄位,來指定〔資料工作表檢視〕中的資料列其預設的排序順序。
子資料工作表名稱	指定要使用哪一個資料表或查詢,作為顯示在〔資料工作表檢視〕中之子資料工作表的資料列。
連結子欄位	列出在子資料表裡的某欄位或某些欄位,是符合與主資料表建立關聯的欄位。即符合為資料表指定之〔連結主欄位〕屬性的子資料工作表所使用的欄位。
連結主欄位	列出在主資料表中的哪一個欄位或哪些欄位,是符合建立與子資料表建立關聯的欄位。即符合為資料表指定之〔連結子欄位〕屬性的資料表所使用的欄位。
載入時篩選	在〔資料工作表檢視〕中開啟資料表時,自動套用〔篩選〕屬性 (設定為 [是]) 時的篩選準則。
載入時排序	在〔資料工作表檢視〕中開啟資料表時,自動套用〔排序方式〕屬性 (設定為 [是]) 時的排序準則。

4-4-10 新增資料表描述

對於資料庫裡的資料表,透過資料表屬性對話方塊的操作,可以進行該資料表簡易的描述。

1 以滑鼠右鍵點按功能窗格裡的資料表物件,例如〔經銷商〕資料表。

2 從展開的快顯功能表中點選〔資料表屬性〕功能選項。

3 開啟資料表的屬性對話方塊,可在〔描述〕文字方塊裡輸入針對該資料表的簡易敘述。例如:「國內經銷商區分為南、北兩區域。」

此外,開啟〔輸入資料表屬性〕對話方塊,可以設定該資料表預設要使用的排序與篩選方式,以及設定資料庫中斷連線時是否處於唯讀狀態的設定。

① 開啟資料表物件，進入
　資料工作表檢視畫面。

② 點按〔資料表工具〕底下
　的〔表格〕索引標籤。

③ 點按〔內容〕群組裡的
　〔資料表屬性〕命令
　按鈕。

④ 開啟〔輸入資料表屬
　性〕對話方塊，即可在
　此設定資料表的排序方
　式與篩選方式。

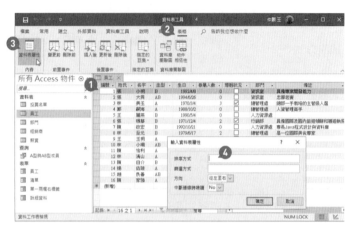

4-5 │ 應用程式組件的使用

在 Access 中，最令資料庫初學者讚嘆的功能便是〔應用程式組件〕的設計。透
過〔資料庫範本〕我們可以輕鬆建立一個資料庫；透過〔應用程式組件〕則可以迅
速建立構成資料庫內容並具備完善功能與機制的資料庫物件。只要運用得當，使用
者將可以透過〔應用程式組件〕輕鬆地擴增現有資料庫的功能。

在〔建立〕索引標籤裡〔範本〕群
組內有一個名為〔應用程式組件〕命
令按鈕，點按此按鈕後可以展開〔空白表
單〕與〔快速入門〕兩大類別的應用程
式組件。

4-5-1　使用空白表單

在 Access 所提供的應用程式組件裡，〔空白表單〕類別中共計有：1 右、1 頂
端、2 右、2 頂端、索引標籤、訊息方塊、清單、媒體、詳細資料、對話方塊等 10

個表單範本。使用者可以運用這些表單項目的組合，建立常用的資料庫系統元件，諸如：資料登錄頁面、對話訊息、登入選單、系統畫面、...等等。

空白表單	表單的內容
〔1右〕	在欄位右邊具有標籤的單一記錄單欄表單。
〔1頂端〕	在欄位頂端具有標籤的單一記錄單欄表單。
〔2右〕	在欄位右邊具有標籤的單一記錄雙欄表單。
〔2頂端〕	在欄位頂端具有標籤的單一記錄雙欄表單。
〔索引標籤〕	具有索引標籤控制項的單一記錄表單。
〔訊息方塊〕	訊息方塊表單。
〔清單〕	多個項目表單。
〔媒體〕	具有媒體物件預留位置的單一記錄表單。
〔詳細資料〕	具有子表單的單一記錄表單。
〔對話方塊〕	對話方塊表單。

有些表單已經預設有命令按鈕，並具備了程式化的能力，在建立表單的過程中，可以省去部份開發的時間。例如：在〔對話方塊〕空白表單中即預設擁有〔儲存〕與〔儲存後關閉〕等命令按鈕，提供了儲存資料庫記錄以及儲存資料記錄後自動關閉表單的功能。

1 點按〔應用程式群組件〕裡的〔對話方塊〕，立即在資料庫裡建立一個對話方塊表單。

2 這是對話方塊表單的〔版面配置檢視〕畫面。

4-5-2 快速啟動

在 Access 所提供的應用程式組件裡，〔快速入門〕類別中共計有〔工作〕、〔使用者〕、〔連絡人〕、〔註解〕與〔議題〕等 5 個應用程式組件範本。這些都是現成的範本及可重複使用的資料庫模組化元件。

只要使用應用程式組件就可以建立並預先格式化資料表，或與表單及報表相關聯的資料表。例如：在資料庫中加入〔連絡人〕應用程式組件時，Access 將隨即在資料庫中建立〔連絡人〕資料表、與相關的表單和報表，以及可以運用於將〔連絡人〕資料表關聯至資料庫裡其他資料表的選項，如此便可免去大費周章地自訂建立與設定這些資料庫物件之間的關聯性。

快速入門	建立的資料庫物件
工作	具有表單的工作資料表。
	建立：工作資料表、工作詳細資料表單、工作資料工作表表單。
使用者	具有表單的使用者資料表。
	建立：使用者資料表、主要使用者表單、使用者詳細資料表單。
連絡人	具有表單與報告的連絡人資料表。
	建立：連絡人資料表、連絡人的其他資訊查詢、連絡人清單表單、連絡人詳細資料表單、連絡人資料工作表表單、連絡人清單報表、連絡人通訊錄報表、連絡人電話簿報表、標籤報表。
註解	註解資料表。
	建立：註解資料表。
議題	具有表單的議題資料表。
	建立：議題資料表、新議題表單、議題詳細資料表單。

以下的實作演練中，在〔客服系統.accdb〕資料庫中原本已有〔地區〕、〔供應商〕與〔產品〕等三張資料表，以及一個名為〔地區〕的表單。透過應用程式組件的操作，可以即刻建立一個名為〔連絡人〕的新資料表，以及與該資料表相關的一個查詢、三個表單、四個報表！此外，由於資料庫內原本就有至少一張以上的資料表，因此，透過應用程式組件所建立的新資料表，會自動詢問與其他資料表的關聯，並自動建立關聯性的資料表。

1 原本〔客服系統.accdb〕資料庫中的資料庫物件。

2 透過 Access 內建的〔連絡人〕應用程式組件之操作，將自動建立具備與原有資料表相互關聯的其他各個資料庫物件。例如：增加了一個資料表、一個查詢、三個表單物件、四個報表物件。

① 點按〔建立〕索引標籤。

② 點按〔範本〕群組裡的〔應用程式組件〕命令按鈕。

③ 從展開的組件選單中點選〔快速入門〕類別裡的〔連絡人〕應用程式組件。

4 開啟〔建立關聯〕對話方塊,點選第一個選項為〔地區〕,設定一個 '地區' 可
以關聯到多個 '連絡人'。

5 點按〔下一步〕按鈕。

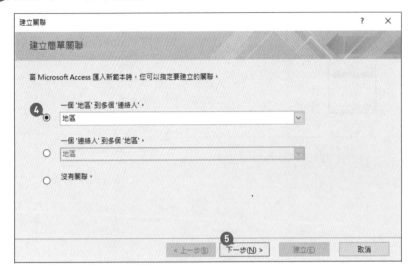

6 進入〔選擇查閱欄〕的選項,點選〔來自'地區'的欄位〕下拉式選項,並從展開
的〔地區〕資料表之欄位選單中,點選〔地區代碼〕。

7 輸入自訂的查閱欄名,例如:所屬地區代碼。再按〔建立〕按鈕。

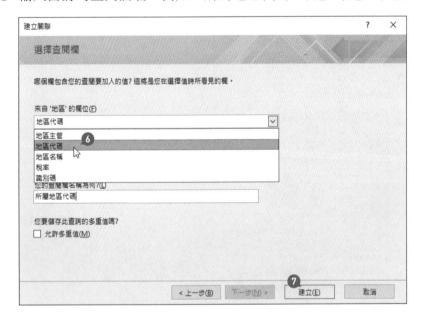

完成此應用程式組件的建立後,回到資料庫系統可以看到剛剛建立完成的〔連
絡人〕資料表,開啟此資料表的資料工作表檢視畫面,即可看到此資料表中有一名

為〔所屬地區代碼〕的查閱型資料欄位,可從展開的下拉式選單中,看到關聯自〔部門〕資料表的〔部門代碼〕欄位內容。

利用應用程式組件不但迅速協助我們建立了新資料表,也同時建立了相關的表單與報表。

我們可以將 Access 的資料庫檔案(.accdb)發佈、儲存為其他的檔案類型,將目前使用中足以作為標準的資料庫,儲存為資料庫範本檔案(.accdt),如此,爾後若有相同的資料庫系統需求時,就可以藉此資料庫範本來建立新的資料庫。例如:在點按〔檔案〕後台管理介面的〔另存新檔〕功能選項時,若選擇檔案類型為〔將資料庫儲存為〕〔範本(*.accdt)〕,將可開啟〔從此資料庫建立新範本〕對話方塊,進行範本檔案的建立。

如右圖所示,在〔從此資料庫建立新範本〕對話方塊中可以輸入自訂的範本名稱與描述文字,並選擇此範本的類別(例如:屬於使用者範本),也可以選擇此範本的圖示檔案、實例表單,以及是否為〔應用程式組件〕、是否〔將所有資料納入套件〕等範本屬性。

CHAPTER 05

資料表的操作

本章將學會在資料表中進行資料的編輯、檢視,包括資料欄位的隱藏、凍結;資料記錄的新增與編輯,以及資料的篩選、排序、格式化、列印,和資料表的基本管理。此外,針對資料表裡增加新的記錄或更新、刪除記錄,以及從外部資料附加記錄、尋找並取代資料記錄裡的欄位資料,甚至對資料表進行排序、篩選、...都是屬於資料表管理工作上的常態工作,也是資料庫管理員不得不知的基本技能。

5-1 | 資料表的操作檢視畫面

資料表的操作檢視畫面只有兩種,一為〔資料工作表檢視〕畫面,專用於資料記錄的編輯、篩選、排序等檢視作業;一為資料表的〔設計檢視〕畫面,專用於資料表的欄位編輯,意即資料結構的設定與欄位屬性的訂定。

❶〔資料工作表檢視〕畫面像極了 Excel 工作表,在此可以進行資料記錄的新增與編輯、排序與篩選。

❷ 透過〔設計檢視〕畫面,可以規劃資料表的資料結構。

不同的檢視畫面也提供了不同的工具與操作環境。例如：在〔資料工作表檢視〕畫面中，功能區裡提供了〔資料表工具〕，底下包含了〔欄位〕索引標籤與〔表格〕索引標籤，各自提供了相關的命令按鈕與選項。

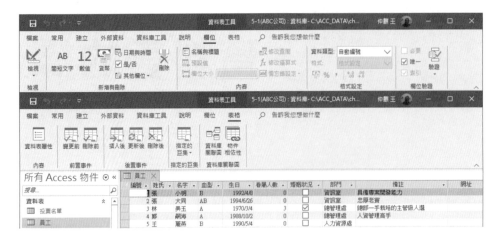

在資料表的〔設計檢視〕畫面中，功能區裡的〔資料表工具〕下提供了〔設計〕索引標籤，含有與資料欄位結構設定相關的工具與命令按鈕。

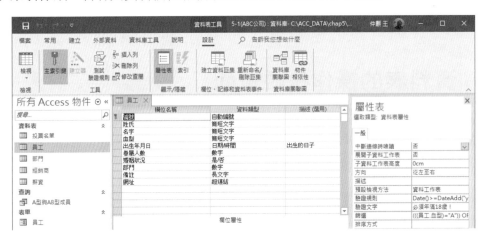

至於要在兩種檢視畫面之間切換，則可以：

- 未開啟資料時，以滑鼠左鍵點按兩下左側工作窗格裡的資料表名稱，即可開啟該資料表並進入〔資料工作表檢視〕畫面。

- 若是以滑鼠右鍵點按左側工作窗格裡的資料表名稱，即可從展開的快顯功能表中點選〔設計檢視〕，開啟該資料表的〔設計檢視〕畫面。

- 開啟資料表時，在功能區裡的〔常用〕索引標籤內，〔檢視〕群組裡的〔檢視〕命令按鈕可以協助使用者在〔資料工作表檢視〕與〔設計檢視〕畫面之間進行切換。

- 開啟資料表時，以滑鼠右鍵點資料表索引標籤，亦可從功能選單中點選〔設計檢視〕或〔資料工作表檢視〕進行操作畫面的切換。

5-2 欄位的隱藏與取消隱藏

在資料表的設計上，資料欄位愈多，所儲存與描述的資訊也就愈豐富，此時，可以利用欄位的隱藏或欄位的凍結，調整資料表的顯示外觀，免去瀏覽資料工作表的內容時，常常左右橫向捲動畫面的不便，也可以確保檢視畫面僅僅瀏覽所需要導覽的資料欄位。在隱藏欄位顯示的操作上，可藉由功能選單的操作來完成，亦可直接透過滑鼠拖曳調整欄位寬度的方式達到隱藏欄位顯示的目的。

❶ 滑鼠游標移至資料工作表的欄位名稱上，例如：〔生日〕欄位，滑鼠指標將呈現黑色向下箭頭狀。

❷ 以滑鼠右鍵點按一下欄位名稱，從展開的快顯功能表中點選〔隱藏欄位〕功能選項，即可隱藏該欄位。(例如：〔生日〕欄位已經隱藏起來了)

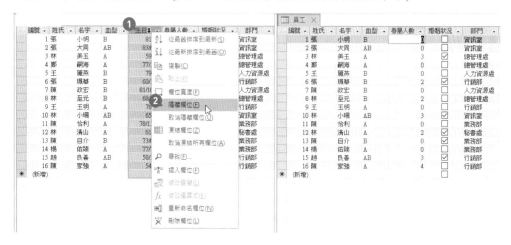

❸ 在 Access 資料工作表的檢視畫面中,亦可以滑鼠拖曳欄位名稱之間的分隔線之操作方式,左右拖曳即可改變欄位的寬度。

❹ 例如:往左拖曳改變〔婚姻狀況〕欄位的寬度,讓欄位的寬度變小。

❺ 如果往左拖曳欄寬變成 0 時(亦即拖曳欄寬至左鄰的欄位處),便可隱藏〔婚姻狀況〕欄位。

若要將已經隱藏的欄位再度重現,則可以透過〔取消隱藏欄〕對話方塊的操作,選擇重新顯示資料欄位。操作程序如下:

❶ 以滑鼠右鍵點按一下資料工作表上的任一個欄位名稱。

❷ 從展開的快顯功能表中點選〔取消隱藏欄位〕功能選項。

❸ 開啟〔取消隱藏欄〕對話方塊,從〔欄〕清單中可看到每一個欄位名稱,左側的核取方塊是否勾選即表示該欄位是否顯示在畫面上之意。例如:〔生日〕與〔婚姻狀況〕這兩欄目前是隱藏的。

❹ 勾選〔生日〕與〔婚姻狀況〕這兩欄位的核取方塊,然後點按〔關閉〕按鈕結束此對話方塊的操作。

❺ 資料工作表上立即重新顯示剛剛被隱藏的資料欄位。

5-3 欄位的凍結與取消凍結

使用者可以決定在一個資料工作表中要凍結多少欄位,而被凍結的欄位將固定顯示於資料工作表的左邊,而且當使用者水平捲動資料工作表時,被凍結的欄位並不會移動,所以,透過凍結的操作,可以輕鬆地瀏覽多欄位的資料表。

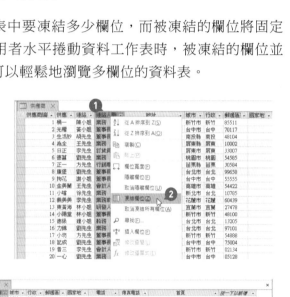

❶ 以滑鼠右鍵點按一下資料工作表上想要凍結的欄位名稱。例如〔連絡人職位〕欄位。

❷ 從展開的快顯功能表中點選〔凍結欄位〕功能選項。

❸ 〔連絡人職位〕欄位立即成為目前資料工作表檢視畫中的最左欄位。

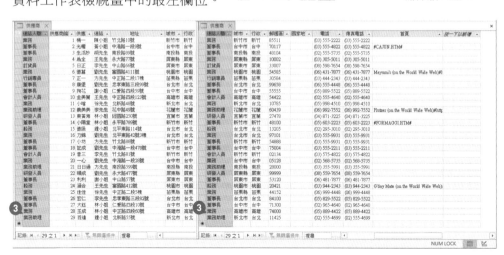

當使用者利用右下方的水平捲軸往右捲動視窗的顯示時，可以看到資料表右側更多的資料欄位，而被凍結的〔連絡人職位〕欄位將固定顯示於資料工作表的左邊。至於取消凍結的操作方式則與凍結欄位的操作步驟雷同，只要再以滑鼠右鍵點按一下資料工作表上的任何欄位名稱，然後，從展開的快顯功能表中點選〔取消凍結所有欄位〕功能選項即可。不過，要注意的是，在取消凍結所有欄位後，資料工作表裡的各個欄位，或許因為左右捲動檢視畫面的關係而導致欄位版面配置順序上有所異動，因此，在關閉該資料工作表檢視畫面時，Access 會有儲存資料表版面配置的變更對話方塊，若想維持原本資料工作表裡各個欄位由左至右的版面配置順序，請記得點按〔否〕按鈕。

5-4 | 記錄的新增與刪除

Access 資料表是儲存資料記錄的地方，其工作表檢視畫面也正如同 Excel 的工作表畫面一般，具備了行、列表格的架構，只是垂直方向並沒有 A、B、C、D、…的欄名（而是各個欄位的標籤名稱）；水平方向也沒有 1、2、3、4、…的列號。但是，編輯資料欄位內容（即儲存格內容）的方式並沒有太大的差異。使用者可以猶如操作工作表般的進行資料的編輯與更新。到資料表的底部可以輕易添增一筆新的資料記錄，不需要的資料亦可以直接以滑鼠拖曳選取整列的資料記錄刪除。

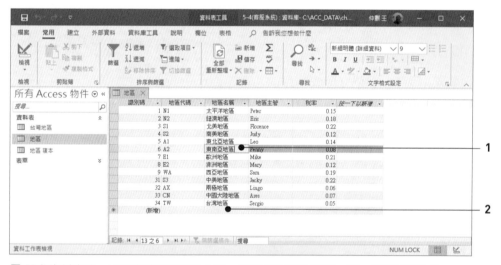

① 開啟資料表後，可以直接點按欄位內容，猶如儲存格的編輯一般，逐行更新內容。

② 資料表底部，最後一筆資料記錄的下一列（含有*符號），即代表可在此進行新一筆資料記錄的新增與編輯。

注意：更新資料記錄裡的欄位內容，是直接點按該欄位儲存格內容，便可鍵入新的內容。若資料記錄已經沒有存在的必要，則可以點選整列(或多列)資料記錄後，按下鍵盤上的 Delete 按鍵，便可輕鬆刪除資料記錄。

以下的實作演練中，將開啟〔5-4(客服系統).accdb〕資料庫，針對〔台灣地區〕資料表，刪除資料表裡識別碼為 4、5、6 等三筆資料記錄，然後，再新增兩筆新的資料記錄，內容為：

地區代碼：VT1
地區名稱：屏東離島
地區主管：周山姆
去年業績：22854
稅率：0.08
地區代碼：VT2
地區名稱：花蓮台東
地區主管：許石樺
去年業績：38996
稅率：0.12

1 點按兩下〔地區〕資料表名稱以開啟此資料表的工作表檢視畫面。

2 拖曳選取識別碼 4、5、6 等三筆資料記錄。

3 點按〔常用〕索引標籤。

4 點按〔記錄〕群組裡的〔刪除〕命令按鈕，並從展開的功能選單中點選〔刪除記錄〕。

5 開啟刪除記錄的確認對話方塊，顯示要刪除 3 筆記錄的訊息，點按〔是〕按鈕。

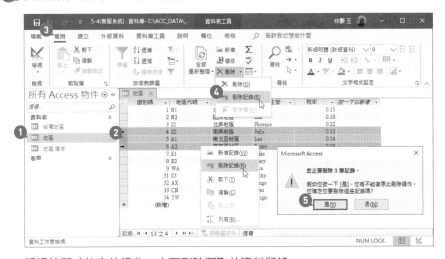

透過快顯功能表的操作，亦可刪除選取的資料記錄。

6 點按一下視窗底部的〔(新增)〕列右側的第一個空白欄位。此時,資料記錄(也是最後一筆)的左側,將顯示猶如鉛筆狀的符號,表示目前已經進入資料記錄的編輯狀態了。

7 輸入「地區代碼」資料欄位的內容為「VT1」。

8 往右繼續輸入各資料欄位的內容。

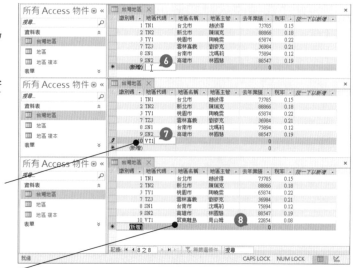

1 新增資料記錄時,自動編號的欄位可以略過,Access 會自動編號。

2 輸入完一項資料欄位],可以按一下 Tab 鍵或 Enter 鍵,即可輸入下一項欄位。

9 繼續點按一下視窗底部的〔(新增)〕列右側的第一個空白欄位。

10 輸入「地區代碼」資料欄位的內容為「VT2」,再往右繼續輸入各資料欄位的內容。

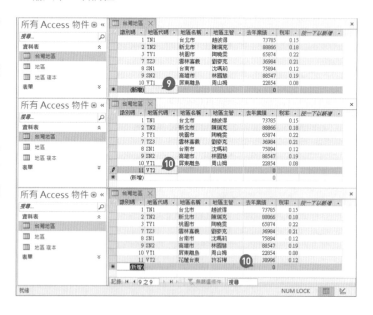

5-5 資料的搜尋與取代

若有資料異動的需求,透過資料搜尋與取代的功能,即可找出特定的資料,再以另一特定的資料取而代之。至於是要逐次一筆筆的尋找資料,再決定是否取代新的資料,還是整張資料表一次全部進行尋找與取代,則由使用者自行決定。

以下的情境實作演練是〔5-5(測驗名單).accdb〕資料庫的〔名單〕資料表內有多筆資料記錄其〔縣市〕資料欄位的內容中包含了多餘的「市」字,透過資料表的取代操作,將可以迅速刪除所有記錄裡多餘的「市」字。

1 開啟〔名單〕資料表後點選〔縣市〕欄位。

2 按〔常用〕索引標籤,再點按〔尋找〕群組裡的〔取代〕命令按鈕。

3 開啟〔尋找及取代〕對話方塊,點按〔取代〕索引標籤。

4 在〔尋找目標〕文字方塊裡輸入「市市」。

5 在〔取代為〕文字方塊中輸入「市」。

6 選擇〔查詢〕選項為「目前欄位」;選擇〔符合〕選項為「欄位的任何部分」;選擇〔搜尋〕選項為「全部」。

7 取消〔大小寫須相符〕核取方塊的勾選;勾選〔欄位格式比對搜尋〕核取方塊。

8 完成所有的設定後,點按〔全部取代〕按鈕,將立即進行並完成搜尋與取代的工作。

9 在不能復原取代操作的
警示對話中點按〔是〕
按鈕。

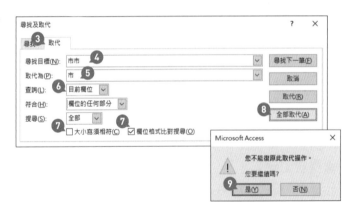

10 完成〔縣市〕欄位文字
的尋找與替換,最後點
按〔關閉〕按鈕,結束
此項操作。

如果不確定要尋找的值,可以使用星號 (*)、問號 (?)、數字號碼 (#)、左
邊中括號 ([)或減號 (-) 等萬用字元,來指定所要尋找的值。

符號	功能與意義
*	符合任何字元個數,它能在字元字串中,被當做第一個或最後一個字元使用。 譬如:wh* 可以找到 white 和 why。
?	符合任何單一字母的字元。 譬如:B?ll 可以找到 ball、bell 和 bill。
[ ]	符合任何在中括號之內的單一字元。 譬如:B[ae]ll 可以找到 ball 和 bell 但找不到 bill。
!	符合任何不在括號之內的字元。 譬如:b[!ae]ll 可以找到 bill 和 bull 但找不到 bell。
-	符合範圍內的任何一個字元。必須以遞增排序的順序來指定範圍 (A 至 Z,而不是 Z 至 A)。 譬如:b[a-c]d 可以找到 bad、bbd 和 bcd。
#	符合任何單一數值的字元。 譬如:1#3 可以找到 103、113、123。

5-6 資料的篩選與排序

在開啟的資料表中,除了資料記錄的新增與編輯外,也經常會直接在資料表上進行資料的篩選與排序,以導覽所要檢視的特定資料。

5-6-1 篩選記錄

Access 提供多種操作方式可進行資料記錄的篩選。例如:開啟資料表的資料工作表檢視畫面並點選資料欄位後,點按功能區〔常用〕索引標籤裡〔排序與篩選〕群組中的〔篩選〕命令按鈕,便可以進行資料篩選的工作。或者,在開啟資料工作表檢視畫面後,直接點選資料工作表裡想要進行篩選資料的欄位其欄名旁邊的倒三角形按鈕(排序篩選按鈕),亦可展開該欄位的篩選選項清單,以便從中勾選所要篩選的資料。

以下的實作範例將說明如何在資料表中套用篩選,僅顯示指定的月份資料。例如:開啟〔5-6(開課資訊).accdb〕資料庫裡的〔課程〕資料表,僅顯示「選課截止日期」為民國 2019 年 9 月份的資料記錄。

1 開啟資料庫後,以滑鼠點按兩下〔功能窗格〕裡〔資料表〕物件底下的〔課程〕資料表,開啟此資料表(總共有 20 筆資料記錄)。

2 點按「選課截止日期」欄位名稱右側的篩選按鈕(小三角形)。

❸ 從展開的排序篩選功能選單中點選〔日期篩選〕功能選項。

❹ 再從展開的日期篩選之副選單中，點選〔介於〕功能選項。

❺ 開啟〔日期範圍〕對話方塊，在〔最舊的〕文字方塊裡輸入或選取日期「2019/9/1」。

❻ 在〔最新的〕文字方塊裡輸入或選取日期「2019/9/30」。

❼ 點按〔確定〕按鈕。

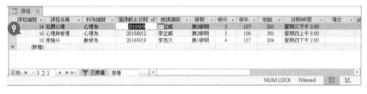

❽ 完成「課程」資料表的篩選操作，僅顯示 2019 年 9 月份的課程資料記錄(共有 3 筆資料記錄符合篩選準則)。

　　若要清除篩選的設定，則可以點按〔常用〕索引標籤〔排序與篩選〕群組裡的〔進階〕命令按鈕，再從展開的功能選單中點選〔清除所有篩選〕功能選項。

🔦 **延伸學習：關於篩選的切換與清除篩選的操作**

　　完成資料工作表的篩選後，可以點按〔常用〕索引標籤裡〔排序與篩選〕群組內的〔切換篩選〕命令按鈕，可重新顯示完整(沒有套用篩選)的資料，或者，再度點按此命令按鈕並呈現篩選的結果。而在資料工作表檢視畫面中所設定的篩選效果，也算是資料表的設計變更，因此，只要儲存資料表的設計變更後，亦會儲存該篩選準則的設定，下回重新開啟資料表時，就可以重新套用篩選。

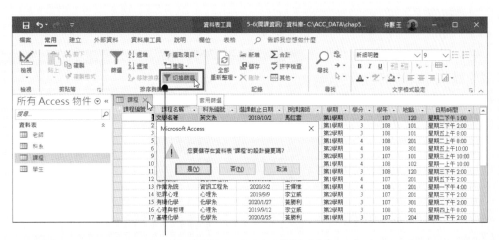

只要開啟資料表的資料工作表檢視畫面，看到〔切換篩選〕命令按鈕是可以點按的，就意味著此資料表目前正存在著篩選準則的定義。

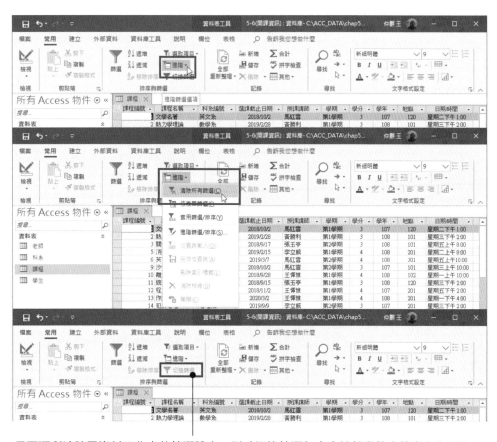

只要順利清除了資料工作表的篩選設定，則〔切換篩選〕命令按鈕當然也就沒有作用了！

5-6-2 排序記錄

在資料表中，也可以透過排序的操作，以特定的資料欄位為依據來調整所有資料記錄的排列順序。例如：在開啟資料工作表檢視畫面後，點選想要進行排序的資料欄位標題，或者點按欄位裡的任一儲存格內容，然後，點按〔常用〕索引標籤〔排序與篩選〕群組裡的〔遞增〕或〔遞減〕命令按鈕，即可針對該欄位進行由小到大或由大到小的排序。

此外，點按欄位標題旁的倒三角形按鈕(此按鈕稱之為欄位篩選按鈕)，亦可展開排序篩選功能選單，從中點選想要執行的排序。

或者，以滑鼠右鍵點按欄位標題，從展開的欄位快顯功能表中，亦可選擇排序的需求。

在排序時所根據的規則如下：

● 中文字依筆劃順序排序。

● 英文依字母順序排序。大、小寫視為相同。

● 數字由小至大排序。

● 數字、標點符號的大、小寫視為相同。

● 當以遞增順序來排列欄位時，任何記錄中若有空白欄位(包含 Null 值)，會被列為第一筆。如果欄位中同時包含 Null 值和零長度字串，則包含 Null 值的欄位會是第一筆，緊接著才是零長度字串。

● 對於資料類型為長文字、超連結或 OLE 物件的欄位並不能排序。

● 如果使用遞增順序來排列日期和時間的順序，則是由較早的排列至較晚的；若使用遞減順序來排序時，則是由較晚的至較早的。

延伸學習：多欄位排序的操作

除了單一欄位的排序關鍵外，也可以考量多欄位的排序需求。譬如：可以同時選取兩個或更多個相鄰近的欄位，然後以遞增順序或遞減順序來排列它們。此時，Access 會從選取的最左邊之欄位開始排序記錄。在儲存資料工作表時，Access 亦會儲存該排序順序，並且在重新開啟資料表時，將會自動地重新套用排序。

① 點按兩下〔學生〕資料表，開啟其資料表的資料工作表檢視畫面。

② 以滑鼠拖曳欄位名稱，同時選取「血型」與「生日」這兩個資料欄位。

③ 按〔常用〕索引標籤，再點按〔排序與篩選〕群組裡的〔遞增〕命令按鈕。

④ 同時考量「血型」與「生日」兩資料欄位的排序結果，同一血型排列在一起後，同一血型裡的生日欄位資料再由最舊到最新排序。

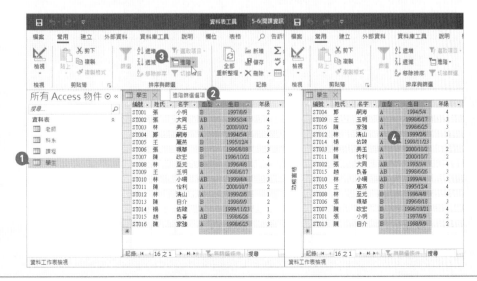

5-6-3　進階篩選與排序

　　如果要針對多個欄位進行篩選，或者需要定義更具彈性的篩選準則並進行排序，則 Access 的〔進階篩選/排序〕將是最好的選擇。例如：在以下的實作演練中，將開啟開課資訊資料庫中的〔學生〕資料表，進行排序與篩選的操作，篩選3、4年級的學生資料記錄，並以姓氏及血型的筆畫順序由小到大為排列順序。

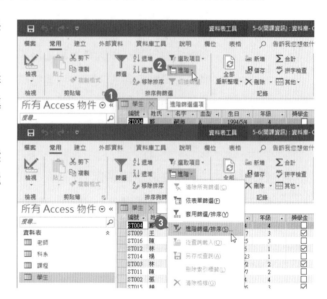

1 開啟資料庫後，再開啟〔學生〕資料表。

2 點按〔常用〕索引標籤〔排序與篩選〕群組裡的〔進階〕命令按鈕。

3 從展開的功能選單中點選〔進階篩選/排序〕功能選項。

4 隨即開啟〔學生篩選 1：篩選〕視窗。點按兩下〔姓氏〕欄位，以選取〔姓氏〕資料欄位為第一個欄位。

5 點按兩下〔血型〕欄位，以選取〔血型〕資料欄位為第二個欄位。

6 點按兩下〔年級〕欄位，以選取〔年級〕資料欄位為第三個欄位。

7 選擇〔姓氏〕欄位的排序方式為〔遞增〕。

8 在〔年級〕欄位的篩選準則裡輸入「3 Or 4」，輸入完畢按下 Enter 按鍵。

9 點按〔常用〕索引標籤。

10 點按〔排序與篩選〕群組裡〔切換篩選〕命令按鈕，即可立即套用篩選。

　　隨即篩選出 3、4 年級的學生資料記錄，並以姓氏及血型的筆畫順序由大到小排列呈現篩選結果。

1 顯示「已篩選」訊息，總共有 10 筆資料記錄合乎準則。

2 都是 3、4 年級的學生資料記錄。

3 以姓氏及血型的筆畫順序遞增排序。

5-7 格式化資料表

資料表裡包含了各項資料欄位,而這些欄位的隱藏與顯示、外觀格式的設定、是否要顯示合計列,以及資料表與資料欄位的屬性設定,都是屬於此章節—格式化資料表的範疇。

5-7-1 美化資料工作表

資料表上的字體、字型、字的大小、顏色都可以設定,而資料工作表的欄列框線、框線的顏色、特殊顯示效果,也都是可以調整的。

1 開啟資料表後,點按〔常用〕索引標籤。

2 點按〔文字格式設定〕群組裡的〔字型色彩〕命令按鈕。

3 從展開的佈景主題色彩與標準色彩的色盤中,點選所要套用的字型顏色。

4 完成文字顏色的設定。

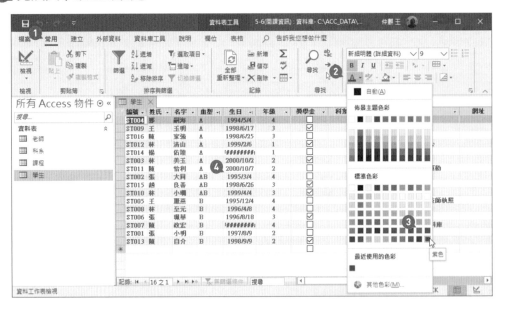

注意:調整資料工作表的美觀時,格式效果是展現於整張資料工作表的,而非特定的欄、列、或儲存格範圍。

5 點按〔文字格式設定〕群組裡〔字型〕命令按鈕及〔字型大小〕命令按鈕,即可挑選所要套用的新字型,以及選擇所要套用的文字大小級數。

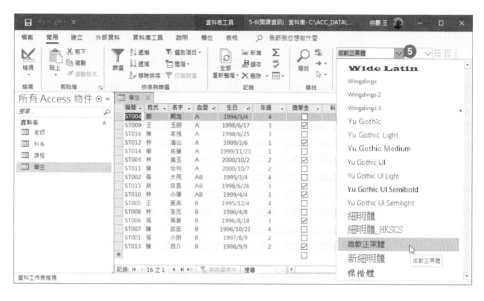

在資料工作表中除了可以設定一般背景色彩之外，也可以設定資料列交替顯示的背景色彩，讓使用者更容易區分相鄰的資料列。

6 點按〔文字格式設定〕群組裡〔替代資料列色彩〕命令按鈕。

7 從展開的佈景主題色彩與標準色彩的色盤中，點選所要套用的資料列背景顏色。

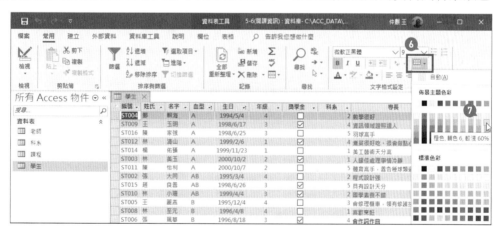

此外，透過〔資料工作表格式設定〕對話方塊的操作，可以一次進行所有與資料工作表相關的視覺與色彩設定，例如：可以設定儲存格是平面、凸起或是下陷的視覺效果；也可以設定格線的顯示方向(水平或垂直)；資料列背景、交替列背景與格線的顏色；線條的樣式設定；格式套用的方式選擇。

8 點按〔文字格式設定〕群組右側的〔資料工作表格式設定〕鈕。

9 開啟〔資料工作表格式設定〕對話方塊以進行資料工作表的儲存格視覺效果與資料列背景與格線之色彩設定。

5-7-2   新增合計列

在開啟資料表或查詢時，Access 提供了合計列功能，可以協助使用者迅速對整個資料欄位進行指定的摘要運算。

1 以滑鼠左鍵點按兩下功能窗格裡的資料表物件，以開啟該資料表，進入資料工作表檢視畫面。

2 點按〔常用〕索引標籤，再點按〔記錄〕群組裡的〔Σ合計〕鈕。

3 在開啟的資料表底部顯示〔合計〕列。

4 使用者可以點按資料表裡每一欄位底部的〔合計〕列，從展開的下拉式選單中點選所要套用的合計運算。例如：點按〔工時〕欄位底部的〔合計〕列，選擇〔總計〕運算。

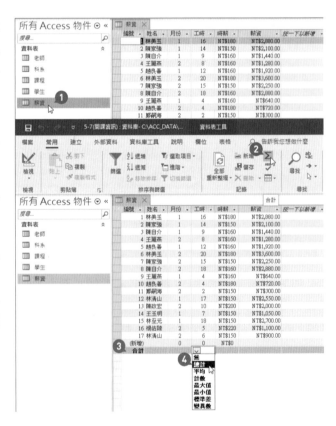

除了〔總計〕運算外，也可以選擇〔平均〕、〔計數〕、〔最大值〕、〔最小值〕、〔標準差〕與〔異變數〕等摘要運算。

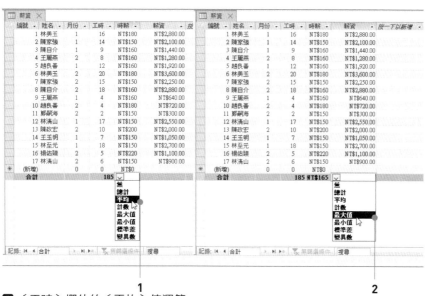

1 〔工時〕欄位的〔平均〕值運算。

2 〔時薪〕欄位的〔最大值〕運算。

合計列功能的操作如同開關般，隨時可以在開啟資料工作表檢視畫面時，點按〔記錄〕群組裡的〔Σ 合計〕按鈕，開啟或關閉合計列。

5-8 列印資料表

對於資料工作表的列印輸出，使用者可以控制邊界設定(例如邊界寬度)與版面設定 (如方向及紙張大小)的選項設定，然後進行預覽列印與列印的控制操作。此外，若有需求，亦可以各種電子檔案的形式輸出列印(轉檔)結果，甚至直接形成電子郵件的附件傳遞給收件者。

5-8-1 紙本的輸出設定

通常在列印資料表之前，可以先進行預覽列印的操作，檢視輸出的結果後才進行列印操作。

1 開啟想要列印的資料庫物件，例如：資料表物件。

2 點按〔檔案〕索引標籤。

3 進入 Access 後台管理頁面後，點按〔列印〕選項。

4 點按〔預覽列印〕選項。

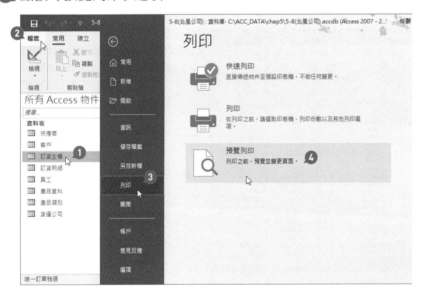

⑤ 立即進入預覽操作視窗，這是全頁預覽畫面，以整頁版面預覽列印結果。

⑥ 滑鼠指標呈現如放大鏡一般(裡面有一個加號)，點按一下版面處即可將版面位置放大預覽。

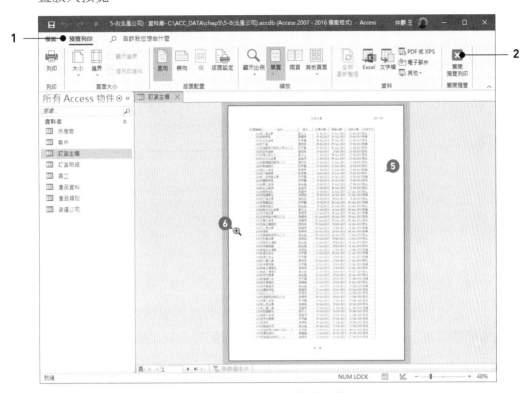

❶ 預覽列印時功能區裡提供有〔預覽列印〕索引標籤功能選項。

❷ 點按〔預覽列印〕索引標籤裡的〔關閉預覽列印〕按鈕，即可結束預覽畫面，回到資料表顯示畫面。

❼ 放大預覽後，滑鼠指標仍呈現如放大鏡一般(裡面有一個減號)，點按一下版面
處即可將版面位置再恢復為整頁預覽。

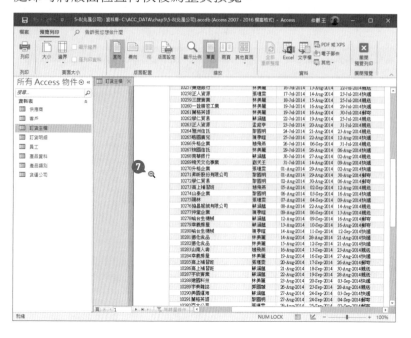

在功能區裡提供有〔預覽列印〕索引標籤，所有與列印功能相關的命令按鈕與
操作選項都在這裡。例如：〔頁面大小〕、〔版面配置〕、〔顯示比例〕等等。

❽ 點按〔版面配置〕群組裡的〔橫向〕命令按鈕，可以將輸出的紙張版面改為橫向。

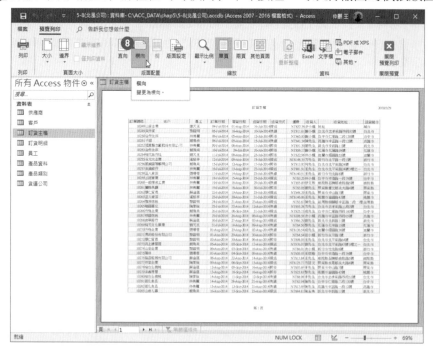

　　例如：在〔顯示比例〕群組裡除了有〔單頁〕與〔雙頁〕命令按鈕可顯示輸出內容外，亦提供有〔其他頁面〕命令按鈕，可以進行多頁版面的預覽的選擇。

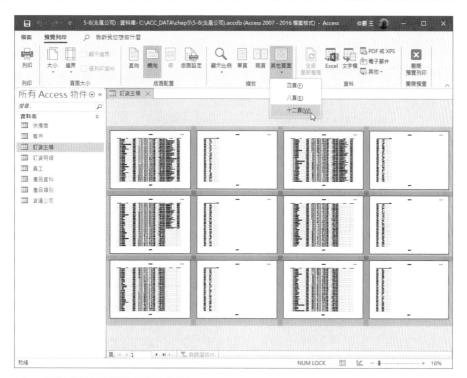

以 12 頁的版面配置預覽列印結果。

　　透過〔版面設定〕的操作，可以進行紙張邊界的設定與列印方向的選擇。

9 點按〔預覽列印〕索引標籤裡的〔版面設定〕按鈕。

10 開啟〔版面設定〕對話方塊，點按〔列印選項〕索引標籤，即可設定列印邊界的大小。

11 點按〔頁〕索引標籤，即可選擇紙張的大小規格與列印的方向。

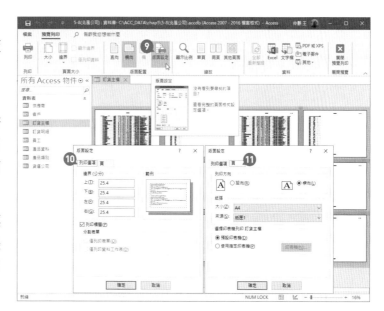

在〔預覽列印〕索引標籤裡透過〔列印〕命令按鈕，即可進入〔列印〕對話方塊，進行印表機的選擇以及列印份數、變更印表機的設定值和屬性等操作。

5-8-2 電子檔案的列印輸出

至於列印的輸出，也並非只有實體印表機的選擇，除了以紙本輸出資料庫物件外，使用者也可以選擇以 PDF 或 XPS、Excel、純文字、...等電子檔案的格式輸出資料庫物件。例如：將資料表輸出成 pdf 文件。

1 點按〔預覽列印〕索引標籤裡〔資料〕群組內的〔PDF 或 XPS〕命令按鈕。

2 開啟〔發佈成 PDF 或 XPS〕對話方塊，輸入存檔的路徑與檔案名稱。

3 點按〔發佈〕按鈕。

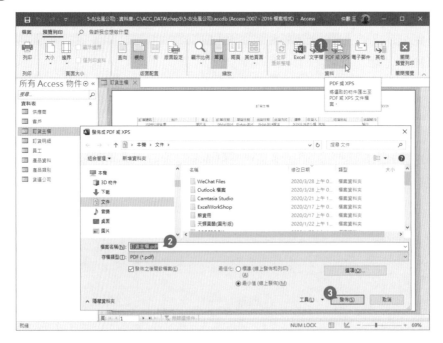

④ 完成匯入作業，點按〔關閉〕按鈕。

以輸出成 PDF 檔案為例，隨即開啟 PDF 閱讀器並開啟輸出的 PDF 檔案結果：

若與 Microsoft Outlook 的整合應用，更可以直接將輸出的電子檔案以電子郵件的附件方式傳遞給他人。例如：以下的實際演練中，我們將 Access 資料庫裡的〔員工〕資料表，輸出成 HTML 電子檔案格式，並以附件方式 E-Mail 寄送給使用 Gmail 的工作夥伴。

① 開啟〔員工〕資料表，並進入預覽列印操作畫面。

② 點按〔預覽列印〕索引標籤裡〔資料〕群組內的〔電子郵件〕按鈕。

③ 開啟〔傳送物件為〕對話方塊，選擇輸出的檔案格式為〔HTML〕，然後點按〔確定〕按鈕。

④ 開啟〔HTML 輸出選項〕對話方塊，若有需要再調整編碼，否則直接按〔確定〕鈕。

⑤ 開啟 Outlook 郵件撰寫畫面，並自動插入 HTML 檔案附件。

⑥ 在收件者中輸入夥伴的 Gmail 信箱帳號、輸入主旨與信件內容後，按〔傳送〕鈕。

工作夥伴(收件者)即可在其電子郵件系統的收件匣裡看到帶有 HTML 附件的來信。

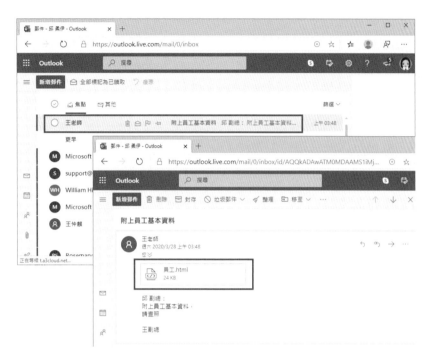

點選信中附件即可看到來自 Access 資料表物件所輸出並轉檔的資料內容。

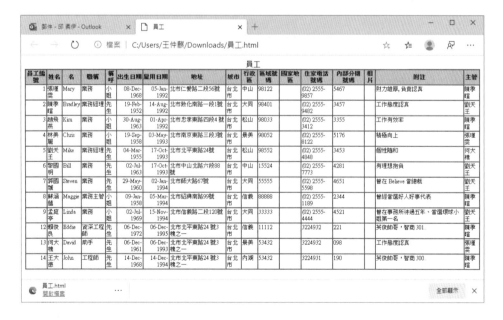

5-9 | 資料表的更名與刪除

　　若有修改資料庫物件名稱的需求，或想要將不再需要的資料庫物件永久刪除，則利用該物件快顯功能表的操作將是最佳也是最迅速的選擇。不過，當使用者要重新命名物件或刪除物件時，必須先確認該物件並非使用中(開啟中)的物件喔！若目前該物件是處於開啟狀態下，請先關閉該物件後，才進行重新命名物件或刪除物件的操作。

❶ 以滑鼠右鍵點按功能窗格裡的物件。

❷ 從展開的快顯功能表中點選〔重新命名〕功能選項，自動選取物件名稱，即可以針對該物件進行重新命名的操作。

❸ 輸入新的物件名稱後，按下 Enter 按鍵即可。

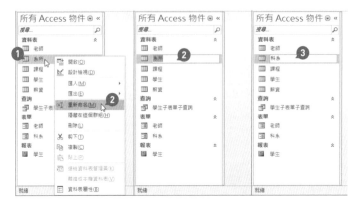

　　若要刪除資料庫物件，可以在展開的快顯功能表中點選〔刪除〕功能選項，即可快速刪除該物件。

❶ 以滑鼠右鍵點按功能窗格裡的「科系」資料表物件，從展開的快顯功能表中點選〔刪除〕。

❷ 在確認刪除資料表的對話方塊中點按〔是〕按鈕。

❸ 資料庫中的「科系」資料表物件已不存在。

資料的關聯

本章將學會如何在 Access 資料庫管理系統中設定資料表與資料表之間的關聯。包括主索引鍵的定義、利用主索引鍵建立兩資料表之間的關係,以及編輯資料庫的關聯。此外,也將介紹主資料表與子資料表的觀念與設定。

6-1 | Access 的資料關聯設定

在 1-5 節曾介紹關聯式資料庫的概念,瞭解到資料表適度地區分成數張資料表,並設定其關聯性而形成有系統的結構化關聯性資料庫的重要性。在 1-5-2 節也提到資料關聯的種類,瞭解到不同關聯的特性與需求。

Access 提供了〔資料庫關聯圖〕讓使用者迅速透過拖曳操作,即可完成資料表與資料表之間的關聯設定以及資料完整性的規劃。只要點按〔資料庫工具〕索引標籤裡的〔資料庫關聯圖〕命令按鈕,即可進入資料庫關聯設定的操作環境。

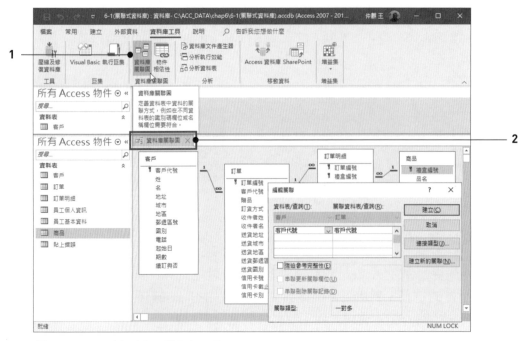

1 Access 的〔資料庫關聯圖〕工具。

2 在〔資料庫關聯圖〕裡可以設定資料表與資料表之間的關聯。

一對多關聯

存在著一對多的關聯
性,例如:每「一」筆訂單
資料記錄可以對應許「多」
筆訂貨明細記錄。

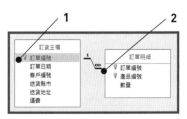

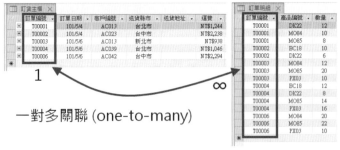

一對多關聯 (one-to-many)

1 如果在相關欄位中只有一個欄位是主索引鍵或具有唯一的限
制(譬如:訂單編號),則建立一對多關聯。一對多關聯的
主索引鍵側邊以鑰匙符號表示。

2 關聯的外部索引鍵則可用無限符號表示。

多對多關聯

　　兩個資料表之間彼此存在多筆資料的對應。例如：訂單主檔資料表裡每一張訂單會有「多」筆商品的採購，反之，產品資料表裡每一種商品也會出現在許「多」訂單裡。因此，訂單主檔資料表與產品資料表之間即存在著多對多的關係。在關聯式資料庫中，多對多關聯的這兩張資料表大都是藉由與第三個資料表 (通常稱為「聯合資料表」或「連結資料表」，例如：訂單明細資料表)，來建立多對多的關聯。

多對多的關聯，通常是藉由兩個一對多來定義出關係。

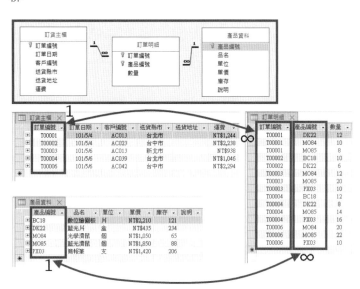

一對一關聯

基於安全性或其他因素，可將原本資料豐富的資料表，分割成兩個資料表並串起一對一的關聯。

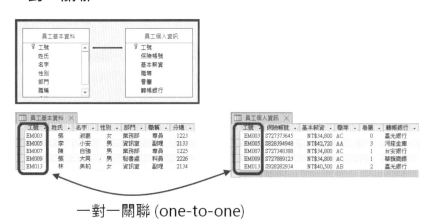

一對一關聯 (one-to-one)

6-2 規劃資料欄位的技巧

由於關聯式資料庫主要的技術是在資料表的主鍵、外來鍵等各鍵值(Key)的設定與規範，因此，在建立資料表時欄位的資料型態設定將是重要的成功關鍵。此外，查閱欄位的設定也是資料關聯的應用中，非常有用的操作實例。

6-2-1 規劃資料欄位

在資料欄位的規劃上，有些資料可以是數字也可以是文字，有些資料必須同時儲存在兩張資料表，在資料欄位的規劃上，是否有需要注意的地方呢？

以下是一個名為〔客戶〕的資料表，裡面包含有「客戶編號」與「公司名稱」資料欄位，而這兩個資料欄位都是採用可容納最多 255 個字元的簡短文字資料型別，也是足夠運用、沒有任何問題的設計。

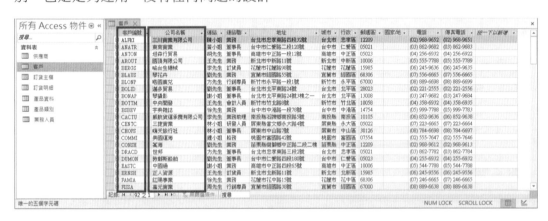

此外，名為〔業務人員〕的資料表儲存著每一位業務員的基本資料，內含「員工編號」與「姓名」這兩個資料欄位，分別採用僅佔 2 個 Byte 的整數數字與簡短文字資料型別，實際上也是沒有問題與爭議的設計。

不過，另一張儲存著大量訂單交易記錄的〔訂貨主檔〕資料表，也必須儲存著每一筆交易記錄的「客戶名稱」與該筆交易的「經手業務」，如果此處的「客戶名

稱」資料是來自前述〔客戶〕資料表裡的「公司名稱」資料欄位內容；而「經手業務」資料來自前述〔業務人員〕資料表裡的「姓名」資料欄位內容，雖說順理成章的表達了訂貨主檔的要義，但是，當資料量愈來愈大時，文字的儲存愈顯得佔據龐大空間，資料的索引與搜尋亦愈顯得沒有效能。

所以，若是將此〔訂貨主檔〕資料表的「客戶名稱」欄位及「經手業務」欄位，改成儲存來自前述〔客戶〕資料表裡僅佔 4 個字元的「客戶編號」資料欄位；而「經手業務」欄位來自前述〔業務人員〕資料表裡僅佔 2 個 Byte 的「員工編號」資料欄位，仍能順利描述訂貨主檔的訊息，在資料量愈來愈大時，儲存空間並不會巨幅成長，資料的索引與搜尋也會比較有效率。

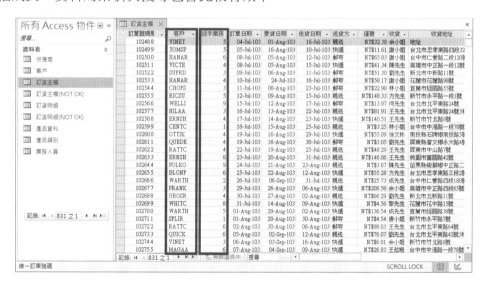

　　同樣的概念也應用在〔訂貨明細〕資料表裡，在設計此資料表的資料欄位時，必須包含「訂單編號」、「產品名稱」、「單價」、「數量」與「折扣」等資料欄

位，由於每一張訂單都會有多筆產品項目的交易，因此，訂單愈多，此張資料表的資料記錄就會愈多，如果「產品名稱」資料欄位所採用的是佔用較多儲存空間的文字型態，就浪費了太多的儲存容量，而且此欄位的篩選、查詢、運算等效能也不如數值型態來得好，因為，在此〔訂貨明細〕資料表的設計上，「產品名稱」資料欄位是可以採用數值型態的「產品編號」的！

至於使用者若覺得儲存、顯示「產品名稱」資料欄位比較明確、也最能符合顯示、解讀資料內容的需求，因為「產品編號」雖然可節省儲存空間，且索引、排序、查詢也比文字快，但是，在輸入或列印資料記錄時，誰會去記住數十個、甚至上百個產品編號其代表的意義與相關訊息呢？放心，這就交由資料欄位的查閱設定來解決囉！

6-2-2　資料欄位的查閱設定

在資料欄位的內容規劃上，我們可以定義一個下拉式選單的查閱欄位，讓此欄位的資料內容是由下拉式選單的挑選來完成輸入，並非透過使用者手動輸入資料內容。而此資料欄位的查閱內容可以來自另一張資料表(Table)，或另一個查詢結果(Query)，或者是自行定義的清單(List)。通常，只要切換到資料表的設計檢視畫面，不論是藉由〔查閱〕索引標籤的欄位屬性設定，還是透過〔查閱精靈〕的逐步操作，都可以輕鬆完成資料欄位的查閱設定。

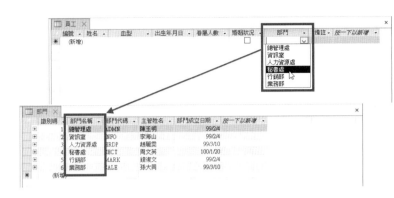

〔員工〕資料表裡的〔部門〕欄位可以設計成下拉式選單,而選單的內容則來自〔部門〕資料表裡的〔部門名稱〕欄位。

使用查閱精靈新增下拉式方塊的查閱欄位

以下的實例演練中,我們將在〔員工〕資料表裡新增一個數字型態的欄位,此欄位所要填入的是部門的識別碼,但是在資料表登入時,希望呈現在此資料欄位的效果是下拉式選單,且選單的內容並非部門識別碼,而是部門識別碼所對應的〔部門名稱〕欄位。透過〔查閱精靈〕的操作將是最佳的解決方案。

在〔部門〕資料表裡,唯一識別碼是「識別碼」欄位、「部門代碼」是不可重複的欄位

1️⃣ 進入〔員工〕資料表的〔設計檢視〕畫面,滑鼠右鍵點按最後一個欄位〔備註〕。

2️⃣ 從展開的快顯功能表中點選〔插入列〕功能選項。

3️⃣ 在〔備註〕欄位上方添增新的欄位。

④ 輸入新增的欄位名稱為〔部門〕。

⑤ 選擇〔部門〕欄位的資料類型,從展
開的資料類型選單中點選〔查閱
精靈〕。

⑥ 開啟〔查閱精靈〕對話操作,在查閱欄位的取得方式中點選〔我希望查閱欄位
從另一個資料表或查詢取得值〕選項。再按〔下一步〕。

⑦ 點選提供查閱欄位的資料表為〔資料表:部門〕。再按〔下一步〕。

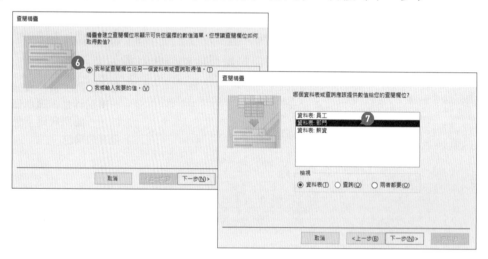

⑧ 在〔部門〕資料表的可用欄位中點選〔部門名稱〕欄位。

⑨ 點按〔>〕按鈕,設定為已選取的欄位。再按〔下一步〕。

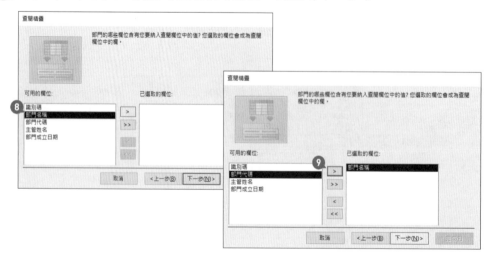

⑩ 在此步驟可選擇清單內容的排序關鍵，此範例不進行任何排序，因此，請直接點按〔下一步〕。

⑪ 在此步驟可拖曳調整欄位的寬度。請直接點按〔下一步〕。

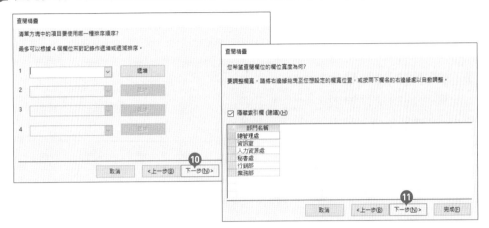

⑫ 可為查閱欄位輸入適合的標籤名稱。然後點按〔完成〕按鈕。

⑬ 結束〔查閱精靈〕操作後，可切換至資料工作表檢視畫面，但由於〔查閱精靈〕的操作也等於是建立資料表的關聯，因此會有儲存資料表的確認對話方塊，請點按〔是〕按鈕。

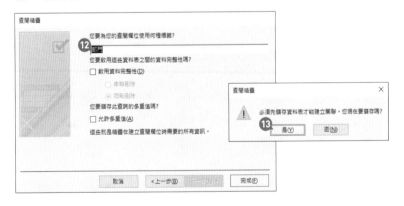

切換到〔員工〕資料表的資料工作表檢視畫面後，在資料記錄的編輯上，〔部門〕資料欄位已經順利變成下拉式選單，選單的內容來自〔部門〕資料表裡的〔部門名稱〕欄位。

若是回到〔員工〕資料表的設計檢視畫面中，可以看到剛剛透過〔查閱精靈〕所建立的〔部門〕資料欄位為〔數字〕資料類型。從此欄位的欄位內容中，透過〔查閱〕索引標籤裡的屬性可知：此欄位的顯示控制項為〔下拉式方塊〕；資料列來源類型為〔資料表/查詢〕；資料列來源為 SELECT 查詢指令。

自訂下拉式方塊的查閱清單

接著，我們再利用〔查閱〕索引標籤的欄位屬性設定操作，為〔員工〕資料表裡文字型態的〔血型〕資料欄位，設定為值清單的下拉式選單，而值清單的內容為〔A;B;AB;O〕等四個選項。操作的過程如下：

❶ 在〔員工〕資料表設計檢視畫面中，新增一列新資料欄位，欄位名稱輸入為〔血型〕，資料類型設定為〔簡短文字〕。

❷ 設定此欄位的大小為〔2〕個字元。

③ 點按〔查閱〕索引標籤，設定此欄位的顯示控制項為〔下拉式方塊〕。

④ 設定此欄位下拉式方塊的資料來源類型為〔值清單〕。

⑤ 在資料來源屬性裡輸入值清單的內容為〔A;B;AB;O〕。

⑥ 允許值清單編輯屬性若設定為〔是〕，表示在編輯資料時，此下拉式方塊的內容除了可以挑選自所定義的值清單內容外，亦可親自輸入新的資料值。

　　完成〔血型〕欄位的建立與定義後，儲存資料表設計檢視所進行的修訂，回到資料工作表檢視畫面，在新增或編輯一筆員工資料記錄時，可以在〔血型〕資料欄位中以下拉式方塊的控制項操作，來輸入此欄位的內容。

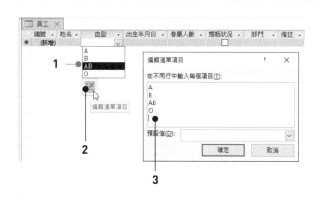

❶ 點按此欄位，可從展開的下拉式方塊選單中挑選值清單的內容。

❷ 展開下拉式選單時，亦會顯示〔編輯清單項目〕按鈕，這是因為當初設定此欄位的屬性時，將〔允許值清單編輯〕屬性設定為〔是〕。

❸ 點按〔編輯清單項目〕按鈕後將會開啟〔編輯清單項目〕對話方塊，讓使用者可以輸入新的清單內容，一旦在此編輯新的內容，爾後的每一筆新、舊資料記錄其〔血型〕欄位都可以選用新編輯的清單內容。

6-3 定義主索引

每一個資料表中具有唯一識別該資料表中每一筆資料記錄之屬性的主要關鍵，稱之為主索引(Primary Key)。主索引可以是資料表中的一個資料欄位，也可以是幾個資料欄位的組合。此小節我們先來討論主索引關鍵是一個單一欄位的狀況與操作方式。例如：在〔學生名冊〕資料表，〔學號〕即為該資料表的唯一性欄位，因此，〔學號〕欄位即為主索引鍵。在〔訂單〕資料表中，每一筆訂單資料記錄是不可能重複的，因此，〔訂單編號〕是此訂單資料表的主索引鍵。

自動編號資料類型是主索引鍵

在 Access 中，提供有〔自動編號〕資料類型的欄位型態，非常適合做為資料表的主索引鍵，因為，此資料類型預設為自動遞增的長整數類型，且其欄位屬性預設為索引且不可重複。若不使用〔自動編號〕資料類型為主索引鍵的欄位型態，而是希望能夠建立可自行輸入資料並具備主索引鍵特性的欄位，則所建立的欄位必須確認其欄位屬性為索引且不可重複。

資料表的主索引鍵通常會有兩個特質：

1. 組成主索引鍵的任何一個值，皆不得為「空值」(Null)，也就是每一個屬性值都一定要有資料。

2. 此外，一個資料表的主索引鍵值不得有重複值存在，讓每一筆資料記錄皆可因此值而具備唯一性。

在以下的範例展示中，〔學生名冊〕資料表中有多項資料欄位，若要識別每一位學生(每一筆資料記錄)的唯一性，最佳的資料欄位便是〔學號〕，因此，可以設定〔學號〕欄位為〔學生名冊〕資料表的主索引鍵。

❶ 在資料表設計檢視畫面中，點選所建立〔學號〕欄位名稱。

❷ 設定〔資料類型〕為〔自動編號〕。

❸ 按一下〔資料表工具〕底下〔設計〕索引標籤。

❹ 點按〔工具〕群組裡的〔主索引鍵〕命令按鈕。

5 所建立的〔學號〕欄位將成為資料表的主索引鍵。

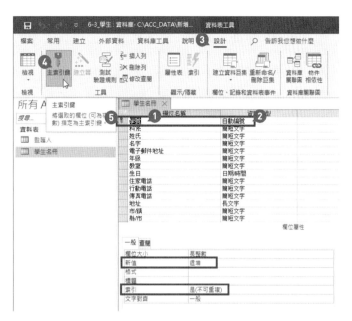

6 回到〔學生名冊〕資料工作表檢視畫面，開始進行資料記錄的新增與編輯，此時會發覺，〔自動編號〕這個欄位並不需要使用者自行輸入資料，因此從其他欄位(如：科系)開始輸入各欄位內容。

7 輸入欄位內容時在〔學號〕欄位裡自動新增編號。

8 〔自動編號〕資料類型的欄位特色便是會自動遞增編號，且不容使用者變更，可繼續輸入下一筆資料的內容。

9 逐一輸入每筆資料記錄，每筆資料記錄的〔學號〕欄位便以序號遞增的方式填入內容，因此，不可能會有重複的狀況。

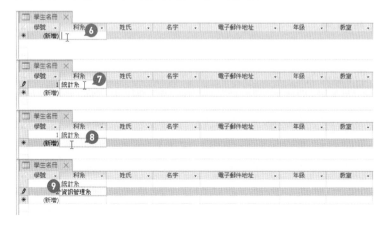

當然，在實務應用上，學生的學號不會只是整數遞增的連續編號，譬如：在國內的各級學校，常常會將入學年度、年級或科系也編製成文字或數字代碼，結合有

順序的編號形成學號的格式。所以，我們也可以透過其他資料類型的定義，自行設定主索引關鍵的屬性。例如：將〔學號〕設定為文字型態、欄位大小為 9 個字元、並設定為不可重複的唯一性欄位。

若嘗試輸入相同(已經輸入過的)學號時，將顯示不允許輸入的對話訊息。

兩個欄位的複合式主索引鍵

先前提及資料表的主索引鍵可以是資料表中的一個資料欄位，也可以是幾個資料欄位的組合。在此小節裡我們就來探討主索引關鍵是兩個欄位以上的複合狀況與操作方式。例如：在〔訂單明細〕資料表中，使用了〔訂單編號〕與〔禮盒編號〕這兩個欄位來描述每一張訂單有多少種禮盒的交易，因此，在此資料表中，若僅觀察〔訂單編號〕欄位，會發現有重複的訂單編號，而重複的編號愈多，代表該張訂單編號有愈多的禮盒交易，也因為此〔訂單編號〕欄位具有重複性資料，所以，並不能將此單一欄位視為主索引關鍵；此外，若僅觀察〔禮盒編號〕欄位，也會發現有重複的禮盒編號，而重複的編號愈多，即代表該禮盒的交易次數愈多，可能正是當紅的商品，也因為此〔禮盒編號〕欄位具有重複性資料，所以，也不能將此單一欄位視為主索引關鍵。然而，若是同時考量這兩個欄位的組合，則可以發覺〔訂單編號〕欄位與〔禮盒編號〕欄位組合的內容是不允許重複的，也就是說，同一張

〔訂單編號〕裡的各〔禮盒編號〕應該不允許重複才合理,所以,〔訂單編號〕與〔禮盒編號〕這兩個欄位的組合,就非常適合成為此〔訂單明細〕資料表的主索引關鍵。

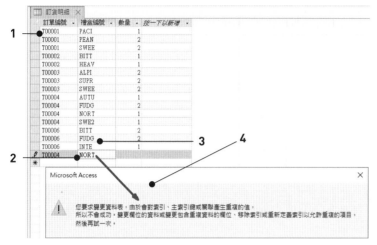

1 〔訂單明細〕資料表裡的〔訂單編號〕是一個 6 個字元寬度,並且允許重複內容的文字型態資料欄位。

2 〔禮盒編號〕是一個 4 個字元寬度,並且允許重複內容的文字型態資料欄位。

3 〔訂單編號〕與〔禮盒編號〕這兩個欄位組合成索引關鍵後,代表同一個〔訂單編號〕裡的〔禮盒編號〕將不允許重複。

4 若是在同一個〔訂單編號〕裡輸入了第二個重複性的〔禮盒編號〕,將會立即顯示不允許產生重複值的內容輸入之警告訊息對話。

至於上述範例中的複合型主索引鍵是如何定義的呢?請參考以下的操作解說:

1 進入資料表的設計檢視畫面,點選第一個資料欄位名稱。

2 拖曳選取第二個資料欄位名稱,以完成同時選取兩個相鄰的資料欄位。

3 點按〔資料表工具〕底下〔設計〕索引標籤〔工具〕群組裡的〔主索引鍵〕命令按鈕。

4 兩個資料欄位名稱的前面自動加上鑰匙符號,表示為主要索引關鍵。

除了〔主索引鍵〕命令按鈕外，也可以透過〔索引〕對話方塊的操作來設定兩欄式的索引，並設定為複合式的主索引關鍵。以前述的〔訂單明細〕資料表為例，操作步驟如下：

❶ 按〔資料表工具〕底下〔設計〕索引標籤〔顯示/隱藏〕群組裡的〔索引〕命令按鈕，開啟〔索引〕對話方塊。

❷ 在第一列的索引名稱裡，輸入索引名稱，例如：PrimaryKey，然後設定欄位名稱為〔訂單編號〕、排序順序為〔遞增〕。

❸ 〔主索引〕屬性設定為「是」、〔唯一〕屬性設定為「是」、〔忽略 Null〕屬性設定為「否」。

❹ 第二列的索引名稱維持空白，不輸入任何文字，然後，挑選欄位名稱為〔產品〕、排序順序為〔遞增〕。

❺ 點按〔關閉〕按鈕，結束〔索引〕對話方塊的操作。

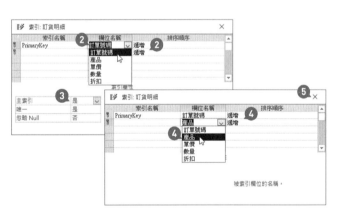

　　當然，資料表主索引鍵的設計並非只是維持資料表唯一性資料的關鍵，更重要的是，主索引鍵可以作為兩資料表之間需要架構出關聯時的要件。例如：為了維護資料的完整性，並且減少儲存冗長資料的需求，我們可以在兩張資料表之間建立關聯。此外，當我們希望在一個查詢(Query)、表單(Form)或報表(Report)中含括來自一張以上的資料表裡的資料欄位與記錄時，建立資料表之間的關聯也是極為重要的。

在 Access 中建立資料表關聯的種類，將取決於相關欄位是如何被定義：

- 如果僅有一個相關欄位是主索引或唯一索引，則建立一對多關聯。
- 如果兩者的相關欄位是主索引或唯一索引，則建立一對一關聯。
- 多對多的關聯是使用第三個資料表建立兩個一對多的關聯，第三個資料表的主索引包含二個欄位－來自兩個不同資料表的外部索引。

6-4 建立與編輯資料庫關聯

在 Access 中提供有資料庫關聯圖，可以讓使用者輕鬆建構出資料表與資料表之間各種形式的關聯。而所謂的資料庫關聯圖其實就是指關聯視窗，可以用來顯示或建立資料庫內各資料表之間的關係。當然，也是利用這個〔資料庫關聯圖〕來建立維護與設定編輯資料表之間的關聯性。

6-4-1 資料庫關聯的建立與刪除

首先，可以開啟〔資料庫關聯圖〕索引操作頁面，並顯示、新增想要設定關聯的資料表，然後，從資料表欄位清單中拖曳索引欄位，並且將其放置到其它資料表欄位清單中的指定欄位上而進行關聯的設定。

1 開啟資料庫後，點按〔資料庫工具〕索引標籤。

2 點按〔資料庫關聯圖〕群組裡的〔資料庫關聯圖〕按鈕。

3 進入〔關聯工具〕的編輯環境，並開啟了〔資料庫關聯圖〕索引操作頁面。

4 點按〔關聯工具〕底下〔設計〕索引標籤裡〔資料庫關聯圖〕群組內的〔新增表格〕命令按鈕。

5 開啟〔顯示資料表〕對話方塊，點按〔資料表〕索引標籤。

6 在此選取要設定關聯的資料表。譬如：選取〔客戶〕資料表與〔訂單〕資料表(按住 **Ctrl** 鍵，可以複選其他資料表)。之後點按〔新增〕按鈕。

7 選取的資料表欄位清單已經顯示在〔資料庫關聯圖〕索引操作頁面裡。

8 點按〔關閉〕按鈕，關閉對話方塊。

9 按一下〔客戶〕資料表欄位清單中的〔客戶編號〕欄位，並拖曳此欄位。

10 拖曳至〔訂單〕資料表欄位清單中的〔客戶識別碼〕欄位。

11 開啟〔編輯關聯〕對話方塊，可以看到所拖曳點選的兩方資料欄位。

12 勾選〔強迫參考完整性〕之後，按〔建立〕鈕。

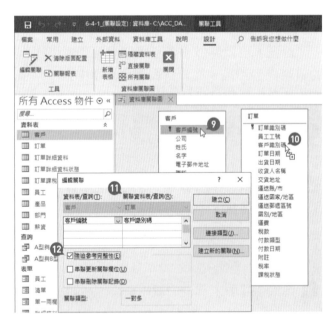

　　若在〔資料庫關聯圖〕索引操作頁面裡，進行了資料表的添增、刪除或修改過資料表之間的關聯時，關閉關聯圖索引操作頁面將會有儲存關聯的詢問。

⑬ 按〔設計〕索引標籤裡〔資料庫關聯圖〕群組內的〔關閉〕鈕。

⑭ 在儲存資料庫關聯圖版面配置與否的對話方塊中，點按〔是〕按鈕。

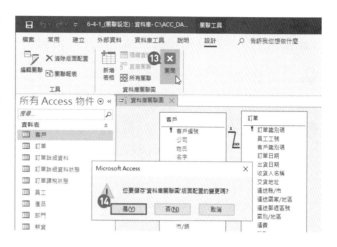

對於一個比較有規模的資料庫系統，其關聯圖可能都非常的龐大，透過 Access 資料庫關聯圖工具可輕鬆管理資料表與資料表之間的關系。例如：以滑鼠右鍵點按所建立的關聯連接線，即可從展開的快顯功能表中點選〔編輯關聯〕功能，開啟〔編輯關聯〕對話方塊來進行資料表之間的關聯設定。在〔編輯關聯〕對話方塊裡，可以調整兩資料表之間所要對應與匹配其關聯的資料欄位。此外，也可以透過〔強迫參考完整性〕核取方塊的勾選，讓有關聯的一對多資料表可以彼此始終維持其關係，讓參考的資料表中，必須有相對應的資料存在才能進行新增，以維護資料之間定義的完整。

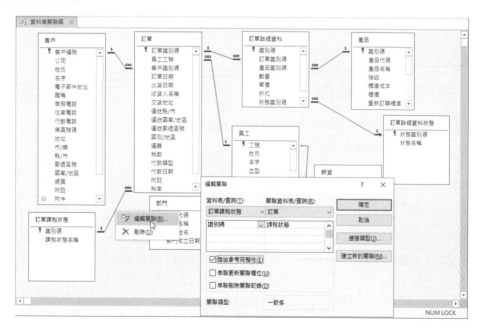

若要刪除資料表之間的關聯，則可以在〔資料庫關聯圖〕中，直接點按一下關聯的連接線後，按下鍵盤上的 Delete 按鍵，或者，以滑鼠右鍵點按一下資料表之間

的關聯連接線後，再從快顯功能表中點選〔刪除〕功能選項，然後，在詢問是否永久刪除所選定的關聯之確認對話方塊中，點按〔是〕按鈕即可。

1 以滑鼠右鍵點按一下〔訂單〕與〔員工〕資料表之間的關聯連接線，並從快顯功能表中點選〔刪除〕指令（或直接按一下 Del 按鍵）。

2 在是否永久刪除所選定的關聯之確認對話方框中，點按〔是〕按鈕，將立即移除〔員工〕與〔訂單〕資料表之間的關聯。

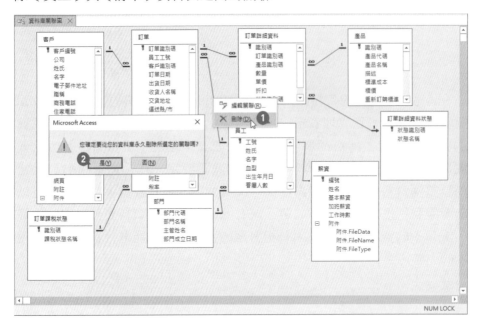

6-4-2　強迫參考完整性

　　所謂的〔強迫參考完整性〕是指當使用者輸入或刪除記錄時必須遵守的規則，以維持資料表之間定義的關聯。假如：

● 選取〔串聯更新關聯欄位〕核取方塊時，表示在變更主資料表中的主索引值時會自動更新在相關資料表中相對應的值。

● 選取〔串聯刪除關聯記錄〕核取方塊時，表示在刪除主資料表中的記錄時，將自動刪除在相關資料表中相關的資料記錄。

● 不能在已開啟的資料表之間修改關聯，所以，要設定資料庫的關聯時，必須先關閉所有已開啟的資料表。

● 在兩資料表的共同欄位（欄）之間，所建立的關聯性之關係可能為「一對一」、「一對多」或「多對多」。

在定義兩資料表之間的關聯時，考量資料表之間的強迫參考完整性，將可以避免造成資料記錄的孤立，並使得參考保持同步狀態。此外，在設定兩個資料表之間的關聯時，亦可進行連接類型的設定，以藉由比對共同欄位中的值，結合多個資料表的資訊。在 Access 資料庫的關聯設定中，預設的連接類型（稱為內部連接）在進行查詢時僅會傳回共同欄位，若有需求，亦可調整為其他連接類型，以傳回共同欄位與指定一方的所有欄位。

如果在〔編輯關聯〕對話方塊中點按〔連接類型〕按鈕，則可以開啟〔連接屬性〕對話方塊來改變連接屬性，一共有三種連接屬性可供選擇。

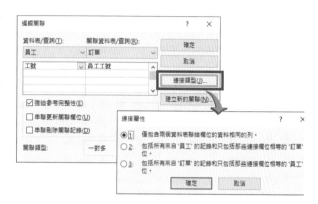

系統預設狀態是第 1 個選項，也就是關聯的兩資料表中其連接欄位的資料都相同時才顯示資料記錄，亦稱之為『內部聯結』(Inner Join)；第 2 個選項是納入左方所有的資料以及和右方關聯性資料欄位，亦稱之為『左方外部聯結』(Left Join)；第 3 個選項是納入右方所有的資料以及和左方關聯性資料欄位，亦稱之為『右方外部聯結』(Right Join)。

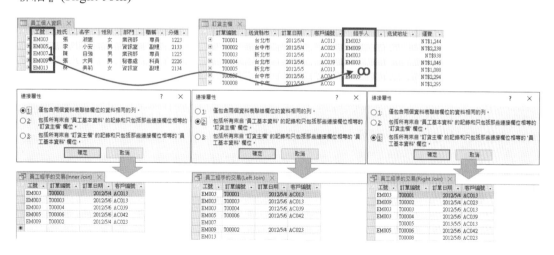

在本書的 7-3 節中將詳細介紹這三種連接屬性的說明與實例。

6-4-3　關聯的顯示與隱藏

　　此外，若發覺在〔資料庫關聯圖〕視窗中有多餘的資料表欄位清單，也都可以一併移去，以整理一下〔資料庫關聯圖〕視窗的外觀。

① 以滑鼠點按一下資料庫關聯圖裡的〔客戶_1〕資料表欄位清單。

② 點按一下 Del 按鍵。

③ 資料庫關聯圖視窗裡的〔客戶_1〕資料表欄位清單已經移除，不過，資料表之間的關聯性仍是存在的。

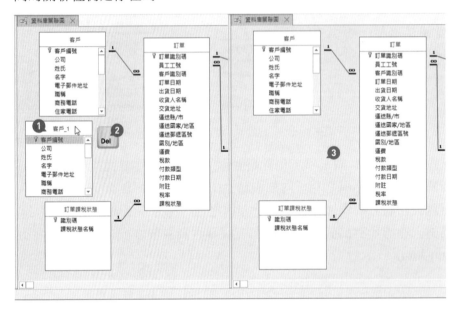

　　對於已經設定關聯的資料表，即使在關聯圖視窗裡並沒有顯示與其相關聯的資料表，只要透過顯示〔直接關聯〕或〔所有關聯〕的操作，資料表之間的關聯將立即重現！所謂的顯示直接關聯，指的就是顯示與使用者所選取之資料表有直接關聯的各資料表，以檢視該選取資料表其存在的關聯。

① 點按資料庫關聯圖內的〔訂單〕資料表欄位清單。

② 按〔關聯工具〕底下〔設計〕索引標籤裡的〔直接關聯〕命令按鈕。

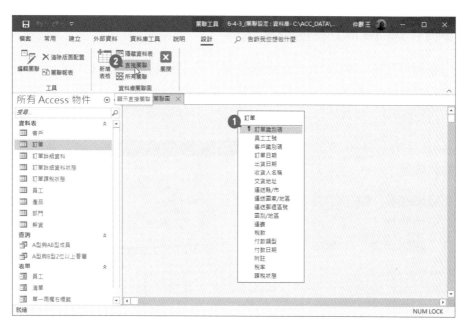

3 立即顯示與〔訂單〕資料表有直接關聯性設定的資料表欄位清單。

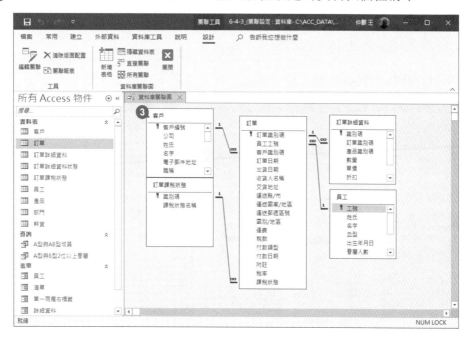

若是點按〔關聯工具〕底下〔設計〕索引標籤裡的〔所有關聯〕命令按鈕，則可以顯示所有資料表之間的關聯設定，眾多的資料表之間的關聯更顯得壯觀！或許有些關聯連接線條彼此之間有些交錯而顯得紊亂，此時可以透過拖曳資料表欄位清單適度調整位置，以避免資料表欄位清單與關聯連接線條的重疊。

6-5 │ 製作資料關聯圖報表

　　資料庫關聯圖並非只能在螢幕上檢視查閱，因為資料庫的維護人員或是程式設計人員、資訊技術人員都會有檢閱與參考資料庫關聯圖的需求，所以，透過關聯報表的建立，可以列印、預覽列印 Access 資料庫中的關聯圖報表。

1 開啟 Microsoft Access 資料庫中的關聯圖。

2 點按〔關聯工具〕底下〔設計〕索引標籤裡〔工具〕群組內的〔關聯報表〕命令按鈕。

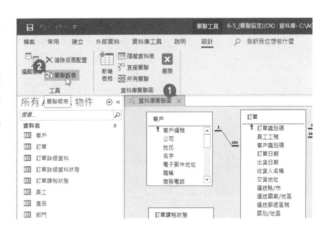

3 立即產生關聯圖報表並自動進入報表的預覽列印操作環境。

4 在快速存取工具列上點按〔儲存檔案〕按鈕。

5 開啟〔另存新檔〕對話方塊，輸入報表名稱，並按下〔確定〕鈕。

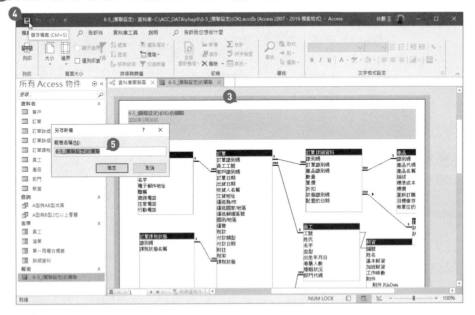

　　在資料庫的管理與維護上，資料庫關聯圖是很重要的媒介，尤其是資料庫管理人員、資料庫工程師，都不一定是資料庫的原始設計者，因此，瞭解屬性關鍵、資料表關係、查詢的資源、…都須借助關聯圖的協助。我們可以透過預覽報表的操作

環境，將資料庫關聯圖輸出為檔案格式，透過現在最便利的電子郵件，以附件的方式傳遞給有需要的相關人員。而關聯圖的輸出選擇上，可以透過 PDF 或 HTML 等多樣化的檔案格式來傳遞，以確保對方一定可以看到！這方面的需求與操作方式，與 5-8-2 節所敘述〔電子檔案的列印輸出〕如出一轍，您也可以輕易地將資料庫關聯圖以 PDF 附件檔案的方式傳遞給所需的人員。

6-6 │ **Access** 的子資料工作表

設定了一對多關聯的資料表，彼此之間的關係可謂如膠似漆，猶如主、從關係的對應有著「主」資料表及「子」資料表之間的概念。而「一」的那一方即為「主」資料表、「多」的那一方即「子」資料表。

關於子資料工作表的設定

透過主資料表與子資料工作表的特性，當使用者在資料工作表的檢視畫面中檢閱一個主資料表時，可以檢閱與其相關聯的子資料表內容。例如：在〔部門〕資料表中可以顯示〔員工〕子資料表，以瞭解每一個部門有哪幾位員工。由於一位員工只能隸屬於一個部門；一個部門可以擁有多位員工，因此，〔部門〕資料表為主資料表、員工資料表為部門資料表的子資料表。

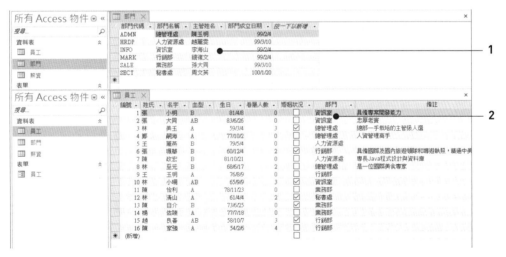

1 開啟〔部門〕資料表的資料工作表檢視畫面，看到 6 筆資料記錄，記載 6 個部門的基本資訊。

2 開啟〔員工〕資料表的資料工作表檢視畫面，看到 16 筆資料記錄，記載 16 位員工的基本資訊，其中〔部門〕欄位記載了每一位員工所隸屬的部門。

若是在〔部門〕資料表的資料表屬性中，有正確描述子資料表的名稱來源，則開啟〔部門〕資料表的資料工作表檢視畫面時，除了可以看到每一筆資料記錄(每一個部門)的詳細資料外，在每一列記錄首欄左側將會有〔＋〕/〔－〕號按鈕，此為

展開與摺疊子資料表的控制按鈕，可以輕鬆閱覽每一筆主資料表記錄其所關聯的每一筆子資料表記錄。

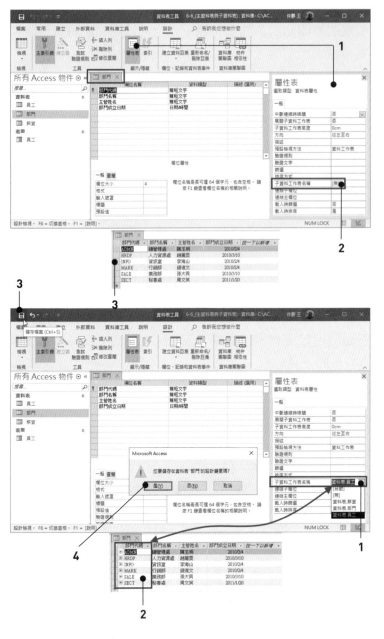

1. 按〔設計〕索引標籤裡的〔屬性表〕命令按鈕，在畫面右側即可開啟該資料表的屬性表窗格，以進行相關的屬性設定。

2. 在資料表設計檢視畫面中開啟資料表的屬性表，可以設定〔部門〕資料表的〔子資料工作表名稱〕屬性值設定為〔無〕。

3. 如此，在開啟〔部門〕資料表的資料工作表檢視畫面時，每一筆資料記錄的左側並不會有展開子資料表的按鈕。

1. 也可以將〔部門〕資料表的〔子資料工作表名稱〕屬性值設定為〔自動〕，或者，設定了正確的子資料表名稱，例如：員工資料表。

2. 則爾後開啟〔部門〕資料表的資料工作表檢視畫面時，每一筆資料記錄的左側將會顯示可展開子資料表的按鈕。

3. 資料表屬性的變更也是資料表的設計異動，若有儲存必要亦必須儲存檔案。

4. 在儲存資料表屬性變更的對話上，可以點按〔是〕按鈕以確認資料表的設計異動。

① 以此範例為例，在開啟〔部門〕資料表的資料工作表檢視畫面後，每一筆資料記錄的左側將會顯示可展開子資料表的按鈕。點按〔ADMN〕〔總管理處〕左側的〔＋〕按鈕即可展開該筆資料記錄的子資料表之相關記錄。

② 子資料表即顯示出該部門裡的每一位員工之資料記錄。

3 顯示子資料表的筆數，意即該部門總共有多少位員工。

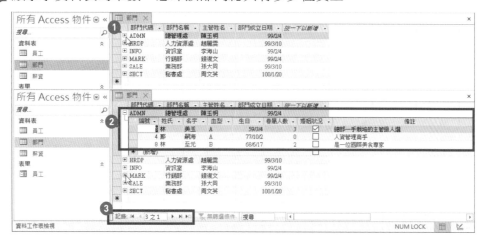

4 點按〔－〕按鈕即可摺疊子資料表的顯示。

5 再點按另一部門，例如〔MARK〕〔行銷部門〕左側的〔＋〕按鈕即可展開該
筆資料記錄的子資料表之相關記錄。

6 顯示子資料表的筆數，意即該部門總共有多少位員工。

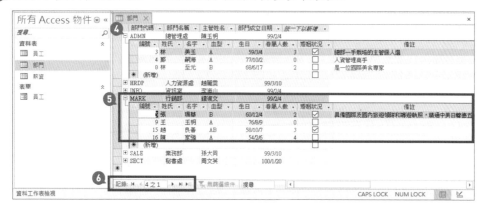

　　如果我們希望每次開啟主資料表的資料工作表檢視畫面時，自動展開每一筆資
料記錄的子資料工作表，而無須再逐筆點按〔＋〕按鈕來展開，最簡便的方式便是
將主資料表的〔展開子資料工作表〕屬性設定為〔是〕。甚至，也可以在〔子資料
工作表高度〕的屬性中來限定所展開的子資料工作表之顯示高度喔～

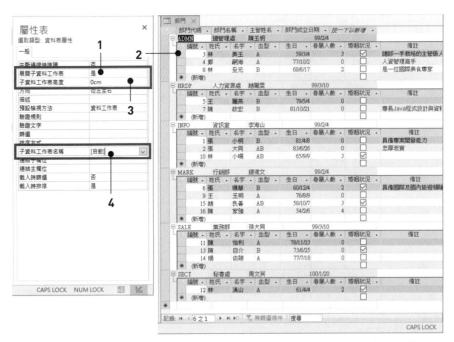

1 若〔展開子資料工作表〕屬性設定為〔是〕，開啟主資料表的資料工作表檢視畫面時，將自動展開每一筆資料記錄的子資料工作表。

2 自動展開每一筆資料記錄之子資料工作表的成果。

3 若〔子資料工作表高度〕屬性設定為 0cm，表示不限制所展開的子資料工作表之高度。

4 〔子資料工作表名稱〕屬性設定為〔自動〕時，Access 將自動設定最適合主資料表的子資料表。

CHAPTER 07

建立並管理查詢

資料查詢是學習資料庫的重點，也是學習比重高、非常重視邏輯的課題。在本章中，可以學會認識各種查詢的類型，實作各種建立、編輯查詢的方式。例如：選取查詢、合計查詢、參數查詢、動作式查詢。並且，學習查詢結果的調整、查詢準則的訂定、查詢的虛擬欄位與公式的建立。

7-1 查詢的觀念與 Access 的查詢功能

所謂的〔查詢〕，簡單的說，就是藉由一群條件準則的定義與欄位的規劃，產生符合準則規範的虛擬資料表。為什麼要叫做虛擬資料表呢？因為，查詢的對象來源是資料表，而查詢結果即是以資料表的外觀型態而展現。雖然查詢的結果並不是一個真正的資料表格，但是若針對查詢的結果進行資料異動與編修，也會立即更新其資料來源資料表。譬如：開啟一個內含 830 筆交易資料記錄的資料表，透過查詢的準則設定，找出北北基(台北市、新北市與基隆市)地區的交易記錄，共計有 414 筆交易。若在這 414 筆查詢結果（如同資料表般的外觀畫面）中，修改了每一筆資料的運費資料，則修改的內容也會立即反映在原本的 830 筆交易資料記錄的資料表上。

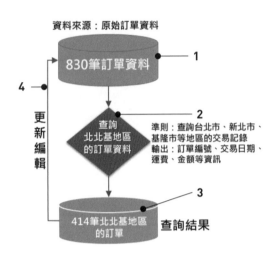

1 830 筆交易資料記錄的資料表。

2 定義查詢準則。

3 找出合乎準則規範的資料記錄。

4 修改查詢結果時也會立即反應回原始 830 筆交易資料記錄,因此這裡的資料也會更新。

查詢的目的與類型

　　針對資料進行查詢,而查詢後的結果要做什麼呢?根據查詢的目的,我們可以將 Access 所提供的查詢類型區分為〔選擇性查詢〕與〔動作性查詢〕。〔選擇性查詢〕即為〔選取查詢〕,其中依據使用者所要進行的操作與準則規範,又可以區分成〔合計查詢〕、〔交叉資料表查詢〕、〔參數查詢〕。而〔動作查詢〕則可以區分為〔產生資料表查詢〕、〔更新查詢〕、〔新增查詢〕與〔刪除查詢〕。每一種查詢都將在此章節中詳細介紹,並引導讀者逐步練習操作。

- 選取查詢:選取 (Select)、合計 (Totals)、參數 (Parameters)、交叉資料 (Cross Table)。

- 動作查詢:產生資料表 (Make Table)、更新資料 (Update)、新增資料 (Append)、刪除資料 (Delete)

7-2 │ 查詢的建立與儲存

　　使用者可以在指定的資料表中檢視特定的資料,也就是定義查詢的條件準則,列出所要的資料。在儲存查詢準則後,便可隨時開啟查詢並編輯查詢。開啟資料庫後,在〔建立〕索引標籤的〔查詢〕群組裡提供有〔查詢精靈〕與〔查詢設計〕兩個命令按鈕。其中,〔查詢設計〕是開啟查詢物件的設計檢視畫面,建立新的空白查詢;〔查詢精靈〕則是提供了〔簡單查詢精靈〕、〔交叉資料表查詢精靈〕、〔尋找重複資料查詢精靈〕與〔尋找不吻合資料查詢精靈〕等可以引導使用者迅速建立各種不同用途與功能的查詢精靈對話操作。

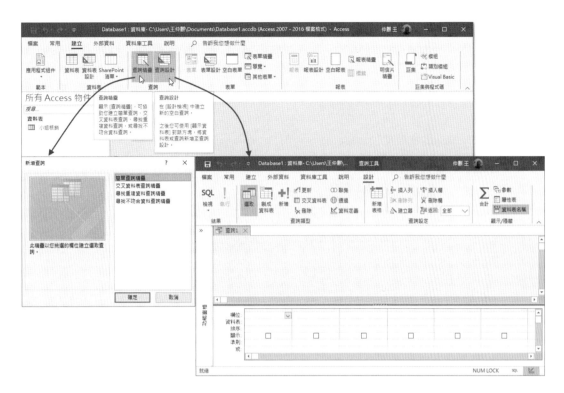

　　在此章節裡的某些實作演練，所使用的資料庫多是採用〔北風企業〕資料庫，內有多張已經建立連結的資料表，其中包含了記載 92 筆資料記錄的〔客戶〕資料表；830 筆交易記錄的〔訂貨主檔〕資料表：

而 830 筆訂貨交易的詳細內容則儲存在〔訂貨明細〕資料表內，總共有 2153 筆交易明細記錄，含括「訂單編號」、「產品編號」、「數量」與「折扣」；至於每一個「商品編號」所代表的商品資訊則記錄於〔產品資料〕資料表內，共計有 77 種產品；這 77 種產品目前劃分成 8 大類，類別名稱與說明則記載於〔產品類別〕資料表中。

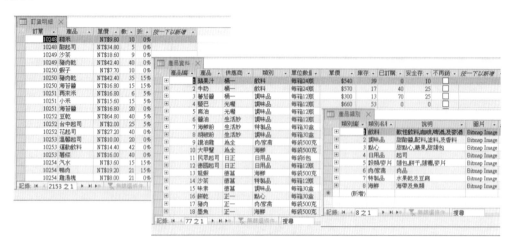

7-2-1　透過查詢設計檢視畫面建立選取查詢

　　利用查詢〔設計檢視〕視窗建立選取查詢是最普遍的手法，藉由欄位的選取、準則的訂定，即可執行查詢而取得符合準則的資料記錄。查詢〔設計檢視〕視窗中的下方稱之為〔查詢設計格線區〕，使用者即是在此設計查詢或訂定篩選的條件與準則。此〔查詢設計格線區〕一般即稱之為 QBE (Query By Example)。

　　如果想要指定多個欄位的排序順序，Access 會從查詢準則定義畫面(查詢設計格線區)最左邊的欄位開始排序，所以使用者應該在查詢設計格線區之中，由左至右安排需要排序的欄位。

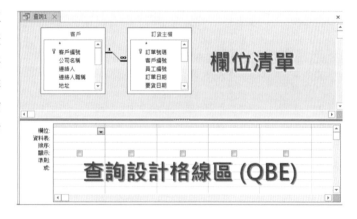

　　使用者必須將上半部窗格所開啟之欄位清單裡的指定欄位名稱,拖曳至下半部窗格的空白欄位內,做為想要查詢輸出的欄位與查詢準則定義的依據。例如:若希望查詢輸出畫面要顯示出「公司名稱」、「城市」、「訂單日期」、「產品編號」與「數量」等五項資料欄位,就必須將上半部窗格之欄位清單裡的這五個欄位名稱一一拖曳至下半部窗格分別佔用五個空白欄位。不過,拖曳並不是唯一的操作方式,使用者也可以直接點按兩下上半部窗格欄位清單裡的欄位名稱,或者乾脆直接在下半部的空白欄位中點選所要查詢顯示或準則比對的資料欄位。

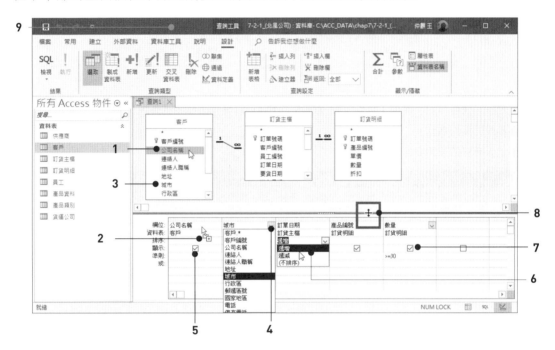

1 拖曳〔公司名稱〕欄位項目到〔查詢設計格線區〕裡的空白欄位。

2 將欄位名稱拖放至此處。

3 點按兩下〔城市〕欄位項目亦可迅速加入查詢行列。

4 點按〔查詢設計格線區〕裡的欄位下拉式選單,亦可選取或重新選取所要查詢的欄位項目。

5 在此勾選〔顯示〕核取方塊,以決定查詢結果是否顯示該欄位。

6 在〔排序〕列裡可以設定各欄位的排序依據。

7 在〔準則〕列裡可以輸入各欄位的比對條件,完成查詢準則的訂定。

8 拖曳查詢設計檢視畫面上、下兩區域的分界線,可調整兩區域的大小比例。

9 功能區將顯示〔查詢工具〕,底下包含有〔設計〕索引標籤,提供與查詢設計相關的種種功能命令與選項。

　　通常剛建立完成的新查詢,預設名稱為流水號形式的〔查詢 1〕,透過儲存檔案的操作可以自行命名適當的查詢名稱,爾後即可迅速重複執行查詢。

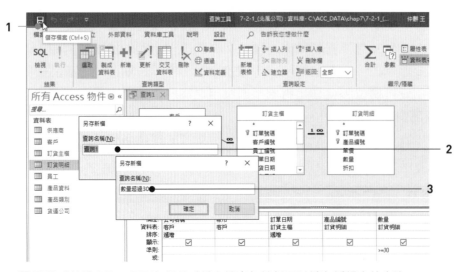

1 點按〔快速存取工具列〕裡的〔儲存檔案〕按鈕可以儲存編輯中的查詢。

2 預設的查詢名稱。

3 輸入自訂的查詢物件名稱。

1 在查詢設計檢視畫面裡正在編輯中的查詢索引標籤。

2 在查詢設計檢視畫面裡可以點按〔查詢工具〕底下〔設計〕標籤裡〔結果〕群組內的〔執行〕命令按鈕，執行編輯中的查詢。

3 在資料庫功能窗格裡可看到所建立、儲存的新查詢物件，點按兩下此查詢物件名稱，亦可立即執行此查詢，再度顯示查詢結果。

4 這是查詢結果畫面，是如同資料工作表檢視畫面的類資料表（虛擬資料表）。

若要繼續編輯或重新定義查詢的準則規範，使用者可以再度回到查詢設計檢視畫面，繼續進行其他準則或條件的設定，然後再度點按〔執行〕命令按鈕以檢視新的查詢結果。

7-2-2　單一資料表的查詢

以下的實作演練將針對資料庫裡的〔客戶〕資料表，建立一個全新的查詢，並顯示哪些客戶有訂閱期刊。而此新查詢僅需顯示「客戶編號」、「公司名稱」與「城市」等三個資料欄位，雖然也必須納入「是否訂閱期刊」欄位，但此欄位僅供查詢比對，並不顯示出來。完成查詢的建立後，以〔訂閱期刊客戶〕為查詢名稱來儲存此新建立的查詢。

1 開啟資料庫後點按〔建立〕索引標籤。

2 點按〔查詢〕群組裡的〔查詢設計〕命令按鈕。

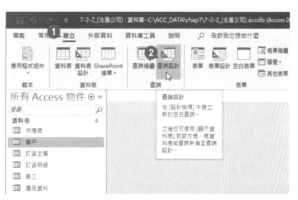

3 開啟〔顯示資料表〕對話方塊，點選「客戶」資料表。

4 點按〔新增〕按鈕。

5 點按〔關閉〕按鈕，結束〔顯示資料表〕對話方塊的操作。

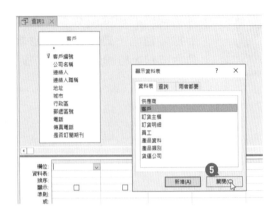

6 點按兩下「客戶」資料表裡的「客戶編號」欄位，以新增此資料欄位至下方的查詢定義區裡，形成第一個查詢資料欄位。

7 繼續點按兩下「客戶」資料表裡的「公司名稱」欄位，以新增此資料欄位至下方的查詢定義區裡，形成第二個查詢資料欄位。

8 繼續點按兩下「客戶」資料表裡的「城市」欄位，以新增此資料欄位至下方的查詢定義區裡，形成第三個查詢資料欄位。

9 最後，點按兩下「客戶」資料表裡的「是否訂閱期刊」欄位，以新增此資料欄位至下方的查詢定義區裡，形成第四個查詢資料欄位。

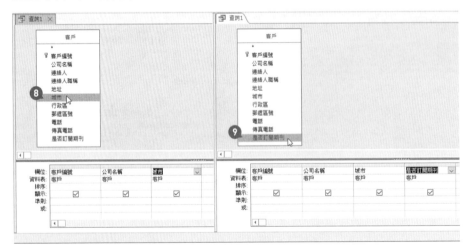

⓾ 在查詢設計檢視畫面下方的查詢定義區裡，取消第四個查詢資料欄位「是否訂閱期刊」的〔顯示〕資料列之核取方塊的勾選。

⑪ 在第四個查詢資料欄位「是否訂閱期刊」的準則資料列中，鍵入「True」。

⑫ 點按〔查詢工具〕底下〔設計〕索引標籤裡〔結果〕群組內的〔執行〕命令按鈕。

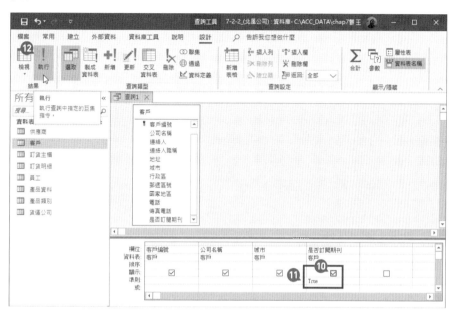

⑬ 顯示查詢後的結果(此範例符合查詢準則的資料有 46 筆)。

⑭ 點按快速存取工具列上的〔儲存檔案〕按鈕。

⑮ 開啟〔另存新檔〕對話方塊，預設的查詢名稱為「查詢 1」。

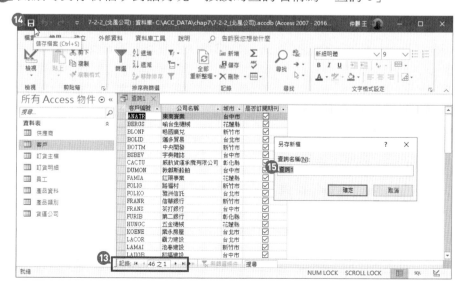

16 在〔查詢名稱〕文字方塊裡輸入自訂的查詢名稱「訂閱期刊客戶」。

17 點按〔確定〕按鈕。

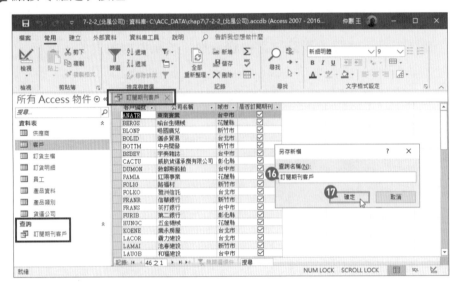

7-2-3　多張資料表的查詢

　　資料的查詢並非一定來自某一張資料表，更多的實際情境是從多張資料表中，找出所需要的資料，因此，透過多張資料表查詢指定的資料時，這些資料表彼此之間是需要有所關聯的。以下的實務演練中，我們想要查詢客戶針對「雞肉」與「豬肉」這兩項商品的交易資料記錄，並希望查詢結果的輸出畫面要有「公司名稱」、「連絡人」、「城市」、「訂單日期」、「產品」、「數量」等六項欄位資料。而這六項資料欄位正分散在〔客戶〕、〔訂貨主檔〕、〔訂貨明細〕與〔產品資料〕等四張資料表內，因此，這次查詢的資料來源就必須含括多張資料表。

1 點按〔建立〕索引標籤，再按〔查詢〕群組裡的〔查詢設計〕按鈕。

2 隨即進入〔選取查詢〕操作視窗，並開啟〔顯示資料表〕對話方塊。

3 點選〔資料表〕索引標籤。

4 先點選〔客戶〕資料表，然後，按住 Shift 按鍵不放，並點按一下〔訂貨明細〕資料表，即可一次複選連續的多張資料表。

5 按住 Ctrl 按鍵不放，再點選〔產品資料〕資料表，完成前後複選四張資料表的操作。

6 點按〔新增〕按鈕之後，再點按〔關閉〕按鈕。

接著，點按兩下欄位名稱來添加想要進行查詢的資料欄位，設定完成查詢的準則定義後，即可進行查詢的執行。

7️⃣ 依序點按兩下〔客戶〕欄位清單裡面的「公司名稱」、「連絡人」、「城市」等三個欄位名稱。

8️⃣ 點按兩下〔訂貨主檔〕裡面的「訂單日期」欄位名稱。

9️⃣ 點按兩下〔商品資料〕裡面的「產品」欄位名稱。

🔟 點按兩下〔訂貨明細〕裡的「數量」欄位名稱。

1️⃣1️⃣ 在「產品」欄的準則列裡輸入查詢的準則：「雞肉 Or 豬肉」，Access 將自動轉譯為「"雞肉" Or "豬肉"」。

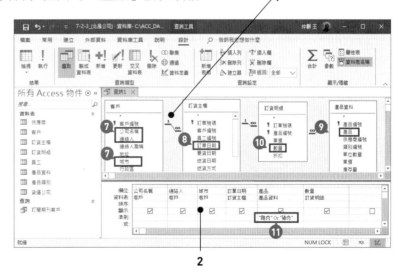

1️⃣ 各資料表之間有一對多的連線關係，彼此有著關聯性。

2️⃣ 所建立的新查詢準則定義。

⑫ 完成新的查詢定義後,即可點按快速存取工具列上的〔儲存檔案〕工具按鈕來儲存查詢。

⑬ 開啟〔另存新檔〕對話方塊。輸入自訂的查詢名稱後,點按〔確定〕按鈕。

⑭ 功能窗格裡即可看到儲存完成的查詢物件。

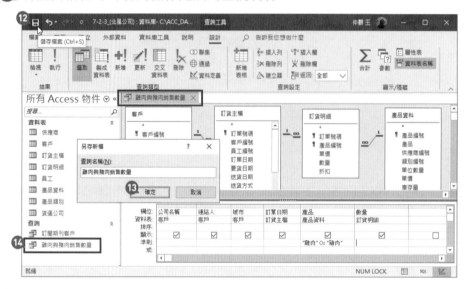

⑮ 按〔查詢工具〕底下〔設計〕索引標籤裡〔結果〕群組內的〔執行〕命令按鈕。

⑯ 列出的查詢結果視窗,共有 73 筆合乎查詢準則條件定義的資料記錄。

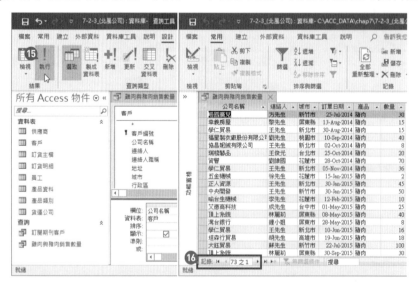

7-3 查詢準則定義與查詢連接類型

7-3-1 定義查詢的比對準則

在查詢設計檢視畫面的設計格線區中，可以在準則列裡輸入要比對的條件資料，這是一種關係判斷與邏輯判斷上的條件設定。在透過準則的建立進行資料比對時，要特別注意的是不同的資料型別有不同的輸入限制與規範。例如：數值性的資料比對經常使用的是 =、>、<、>=、<> 等關係判斷符號，或者使用 between and 等運算子；而日期性的資料進行條件設定時，在指定日期的前後必須加上一對 # 以區別數學除法算式與日期分隔符號的差別。

我們延續上一節的查詢結果繼續進行日期資料欄位的比對查詢實例演練(〔雞肉與豬肉銷售數量〕查詢)。假設此次我們將查詢交易資料記錄限定在特定的日期，例如：2018/10/1 到 2019/3/31 之間。如此，我們便可以在查詢設計檢視畫面下方窗格的訂單日期欄位之準則列裡，輸入此日期區間的準則規範。接著，再設定輸出結果必須以訂單日期由小到大排列。

1 以滑鼠右鍵點按功能窗格裡的〔雞肉與豬肉銷售數量〕查詢。

2 從展開的功能選單中點選〔設計檢視〕。

3 進入查詢設計檢視畫面，點按〔訂單日期〕欄位下方的空白準則區，輸入〔Between 2018/10/1 and 2019/3/31〕。

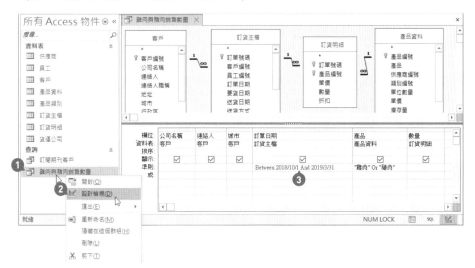

❹ 輸入完畢，Access 會自動在日期兩側加上「#」號，改成〔Between #2018/10/1# And #2019/3/31#〕。

❺ 點按〔訂單日期〕欄位下方的排序列空白格，點選排序方式為〔遞增〕。

❻ 點按〔查詢工具〕底下〔設計〕索引標籤裡〔結果〕群組內的〔執行〕命令。

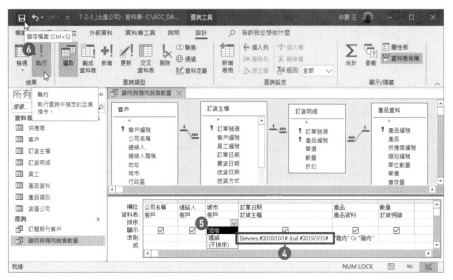

由於「/」符號既是數學運算的除法，也是日期輸入的分隔符號，因此，在日期資訊的兩側加上「#」號是 Access 建立判斷式及運算式時的日期表達方式。

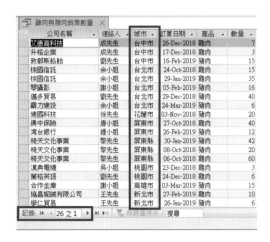

以日期由小到大排序，並指定日期區間的查詢結果。

查詢設計畫面的設計格線區中，上下的準則設定是一種「或」(or)的邏輯；左右不同欄位的準則設定則是一種「且」(and)的邏輯。

> ### 延伸學習：關於日期的輸入與顯示格式
>
> 　　在準則區裡如果輸入的日期準則是〔Between 2018/10/1 and 2019/3/31〕，
> 也就是日期輸入規範是「年/月/日」時，若 Access 主動變成其他日期顯示格式，
> 諸如「月/日/年」或「日/月/年」時也請別緊張，那極有可能只是作業系統裡的
> 〔地區〕格式設定被預設為其他國家語系的偏好設定而已。

❶ 進入 Windows 作業系統的控制台，點按〔時鐘、語言和區域〕（注意：因作業
　系統版本的差異，控制台畫面會略有不同）。

❷ 開啟〔地區〕對話
　方塊，點按〔格
　式〕索引標籤。

❸ 在此的日期時間格
　式設定即決定了
　Access、Excel 等應
　用程式的日期時間
　格式之預設值。

　　在資料表的設計檢
視畫面，定義與編輯資
料欄位的結構(屬性)時，
亦可設定日期性資料欄
位的日期格式。

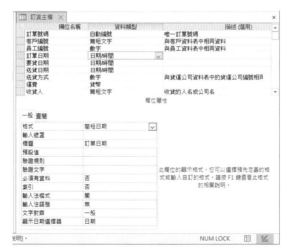

在資料表設計檢視畫面中，設定日期性資料欄位的屬性。

在查詢設計檢視畫面中，亦可在點選所定義的查詢欄位後，透過屬性表的操作來設定日期性資料欄位輸出的格式。

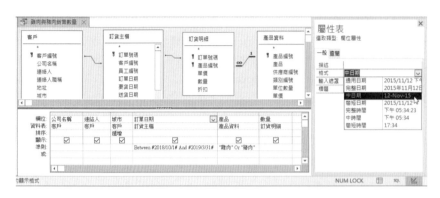

在查詢設計檢視中亦可透過資料欄位的屬性設定，規範日期格式的顯示。

　　在查詢準則列的儲存格內可以輸入的準則規範，除了文字、數字、大小於符號與等號等關係運算式，以及 And、Or、Not 等邏輯判斷式外，還有諸如：Between、Like、In 等介係詞的運算式可善加利用。以下即列出幾種常用於準則規範的運算式範例：

範例	說明
Like "?肉乾"	列出字首是任意一個單字，爾後是"肉乾"的資料。例如：「牛肉乾」、「豬肉乾」。
Like "S*"	列出開頭字母為 S 的資料。例如：「Sample」、「Size」、「Sunday」。
Like "*有限公司"	列出以 "有限公司" 字串結束的資料。例如：「中山股份有限公司」、「海洋有限公司」、「開心食品企業股份有限公司」。
Like "[A-D]*"	列出字母開頭為 A 到 D 的資料。例如：「Apple」、「Canada」、「Butter」。
Like "*電子*"	列出欄位資料內包含 "電子" 字串的資料。例如：「福興電子公司」、「台大工學院電子工程系」、「一統電子股份有限公司」。
Between #2010/5/9# And #2011/10/15#	使用此 Between...And 運算，以顯示出某日期欄位資料介於 2010 年 5 月 9 日(含)至 2011 年 10 月 15 日(含)之間的資料記錄。
#1996/5/3#	則顯示出某日期欄位資料為 1996 年 5 月 3 日當日的資料記錄。
In("加拿大","日本")	利用 In 運算，以顯示出加拿大或日本的資料記錄。
Not "韓國"	利用 Not 運算，以顯示除了韓國以外之國家的資料記錄。

7-3-2　細談查詢的連接類型

　　在進行多重資料表的查詢時，會比對各資料表共同欄位裡的值，藉此合併多資料表的資訊，而進行比對與合併的作業則稱之為『連接』。例如：若要顯示員工

所經手的訂單資料,則可以建立一個查詢,連接〔員工基本資料〕資料表和〔訂貨主檔〕資料表的〔經手人〕資料欄位,而查詢結果僅會包含相符資料列的員工資料和訂單資料。

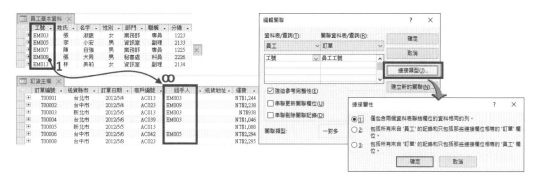

內部聯結(Inner Join)

在可以為每個關聯指定的屬性值中,其中有一個就是連接類型。連接類型會告訴 Access 查詢結果中需要包括哪些記錄。例如:建立一個查詢可以連接〔員工基本資料〕資料表和〔訂貨主檔〕資料表上代表〔工號〕的共同欄位,使得預設的連接類型為『內部聯結』,意即讓查詢結果僅會傳回共同欄位(亦稱為連接欄位)的資料,包含相同的客戶資料列和訂單資料列。

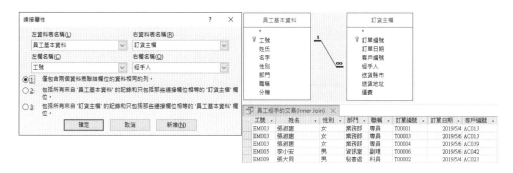

但是,假設無論員工有沒有經手訂單,所有員工都要納入,就必須將連接類型從『內部聯結』變更為『左方外部聯結』。『左方外部聯結』會傳回關聯左端資料表中所有的資料列,以及關聯右端資料表中相符的資料列。

『右方外部聯結』則會傳回右端所有的資料列，以及左端相符的資料列。

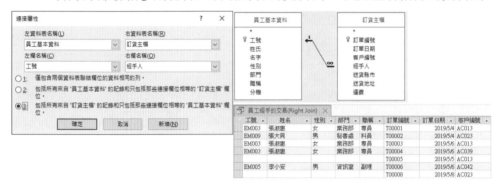

注意：在這種情況下，「左」和「右」就是指資料表在〔編輯關聯〕對話方塊中的相對位置，而非在〔資料庫關聯圖〕文件索引標籤中的相對位置喔！

所以，在建立多資料表的查詢時，必須考量針對關聯中連接的資料表進行查詢時，想要獲得的結果是什麼，再相對應地設定適當的連接類型。

選擇	關聯式連接	左資料表	右資料表
1. 僅包含兩個資料表聯結欄位資料相同的列。	內部聯結	相符的資料列	相符的資料列
2. 包括所有來自 '員工基本資料' 的記錄和只包括那些連接欄位相等的 '訂貨主檔' 欄位。	左方外部聯結	所有的資料列	相符的資料列
3. 包括所有來自 '訂貨主檔' 的記錄和只包括那些連接欄位相等的 '員工基本資料' 欄位。	右方外部聯結	相符的資料列	所有的資料列

7-4 簡單查詢精靈

除了透過查詢設計檢視畫面可以自行定義準則與比對條件外，使用者也可以藉由 Access 所提供的選取查詢精靈，在精靈對話方塊的操作之間，從一個或一個以上的資料表或查詢，擷取所要的資料而建立一個新的選取查詢。

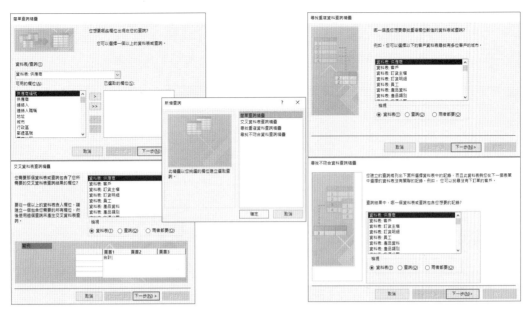

〔查詢精靈〕提供了四種預設的查詢精靈，協助使用者輕鬆建立各種需求的查詢。

　　例如以下的實作演練將利用〔查詢精靈〕建立〔簡單查詢〕，命名為「數量超過 30 的訂單」，其中包括來自〔客戶〕資料表裡的「客戶編號」與「公司名稱」兩資料欄位、來自〔訂貨主檔〕資料表裡的「訂單日期」資料欄位，以及來自〔訂貨明細〕資料表裡的「產品編號」和「數量」兩資料欄位。接著，編輯查詢準則使其僅顯示「數量」大於 30 的資料記錄，並設定查詢輸出時以「數量」遞減排序顯示查詢結果。

❶ 開啟資料庫後點按〔建立〕索引標籤。

❷ 點按〔查詢〕群組裡的〔查詢精靈〕按鈕，開啟〔新增查詢〕對話方塊。

❸ 點選〔簡單查詢精靈〕選項，之後再按〔確定〕按鈕。

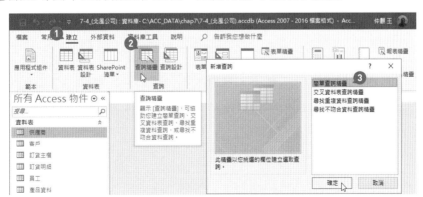

4 進入〔簡單查詢精靈〕對話操作，點選〔資料表/查詢〕的下拉式選項按鈕。

5 從展開的資料表與查詢選單中，點選〔資料表：客戶〕資料表。

6 顯示〔客戶〕資料表裡可用的資料欄位，從中點選「客戶編號」欄位。

7 點按〔＞〕按鈕。

8 點選「公司名稱」欄位，再按〔＞〕鈕。

9 再次點選〔資料表/查詢〕的下拉式選項按鈕。

10 從展開的資料表與查詢選單中，點選〔資料表：訂貨主檔〕資料表。

11 顯示〔訂貨主檔〕資料表裡可用的資料欄位，從中點選「訂單日期」欄位。

12 點按〔＞〕按鈕。

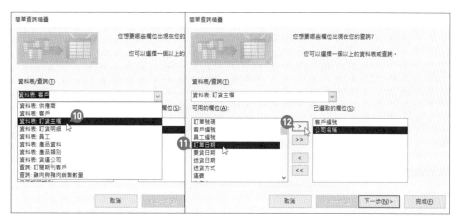

⑬ 再次點選〔資料表/查詢〕的下拉式選項按鈕。

⑭ 從展開的資料表與查詢選單中,點選〔資料表:訂貨明細〕資料表。

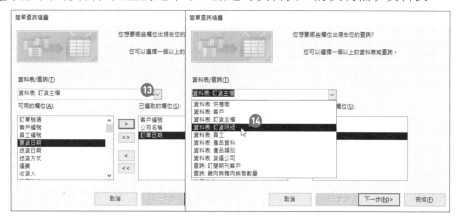

⑮ 顯示〔訂貨明細〕資料表裡可用的資料欄位,從中點選「產品編號」欄位。

⑯ 點按〔>〕按鈕。

⑰ 點選「數量」欄位,再點按〔>〕按鈕。

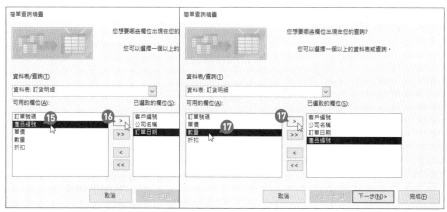

⑱ 點按〔下一步〕按鈕。

⑲ 點選〔詳細 (顯示每筆記錄的每個欄位)〕選項,之後再點按〔下一步〕按鈕。

⑳ 輸入查詢標題為「數量超過 30 的訂單」。

㉑ 點選〔修改查詢的設計〕選項,再點按〔完成〕按鈕。

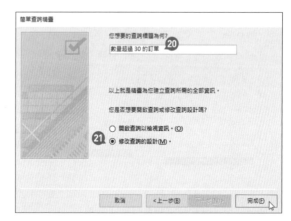

㉒ 進入查詢設計檢視畫面,意即查詢編輯畫面。

㉓ 在工作窗格裡也看到了已經儲存成功的新查詢。

㉔ 在查詢設計檢視畫面下方的查詢定義區裡,點按「數量」資料欄位的排序設定,選擇以此欄位內容〔遞減〕的方式排序此查詢結果。

㉕ 在「數量」資料欄位的〔準則〕資料列，並輸入「>30」。

㉖ 點按快速存取工具列上的〔儲存檔案〕按鈕。

㉗ 點按〔查詢工具〕底下〔設計〕索引標籤裡〔結果〕群組內的〔執行〕命令按鈕。

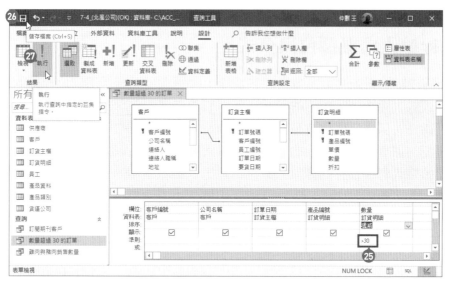

立即顯示查詢結果，此實作範例符合查詢準則的資料有 496 筆。

7-5 | 具備計算能力的虛擬欄位

　　在查詢的設計檢視中，使用者可以建立一個自訂欄位，並設定此自訂欄位是一個計算公式，可處理查詢設計中的其他欄位值，而此新增欄位即是一個具備計算能力的虛擬欄位。

7-5-1　自行輸入虛擬欄位與公式

　　透過查詢設計檢視畫面下方準則定義區域，使用者可以在新的欄位裡輸入虛擬欄位名稱與公式，然後進行查詢的執行。所謂的虛擬欄位就是在原始資料來源的資料表中並不存在，但是又確實有需要的欄位，而此虛擬欄位的內容則可由資料表中其他真實欄位的運算而來。輸入的方式為：輸入虛擬欄位名稱後，再輸入冒號，冒號之後即開始定義想要進行的運算公式。例如，以業績金額的 7%成為獎金的規範下，獎金的公式可輸入為[業績金額]*0.07；再譬如：若營業稅率為 5%，則營業稅的公式為([單價]*[數量])*0.05。

　　注意！在 Access 的查詢設計中，進行公式的建立與編輯時，公式中的真實欄位名稱兩側要有中括號。在以下的實作演練中，將擷取〔訂貨主檔〕資料表裡的「訂單號碼」、「客戶編號」、「訂單日期」、「送貨方式」與「運費」等五個欄位作為查詢的輸出，並新增第六個命名為「運輸稅」的計算欄位，其公式為「運費」*6%。

1 點按〔建立〕索引標籤，再按〔查詢〕群組裡的〔查詢設計〕按鈕。

2 開啟〔顯示資料表〕對話方塊，點按〔資料表〕索引標籤。

3 點選〔訂貨主檔〕資料表。

4 點按〔新增〕按鈕後，再關閉此〔顯示資料表〕對話方塊。

⑤ 進入新查詢的設計檢視畫面，分別點按兩下〔訂貨主檔〕欄位清單裡的訂單號碼、客戶編號、訂單日期、送貨方式、運費等欄位。

⑥ 點選的欄位成為查詢的輸出欄位，針對「運費」欄位右側的空白欄位，往右拖曳此新欄位的寬度，準備以較大的寬度來進行新計算欄位的輸入及公式的編輯。

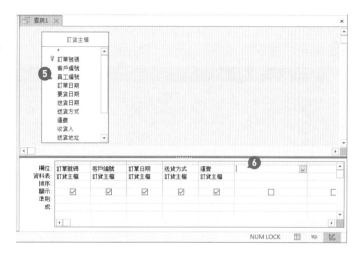

⑦ 在此新欄位儲存格內輸入「稅:[運費]*0.06」。

⑧ 勾選〔顯示〕核取方塊。

⑨ 以滑鼠右鍵點按建立的新虛擬欄位，從展開的快顯功能表中點選〔屬性〕核取方塊。

⑩ 開啟〔屬性表〕可設定數值性的格式。例如：貨幣格式。

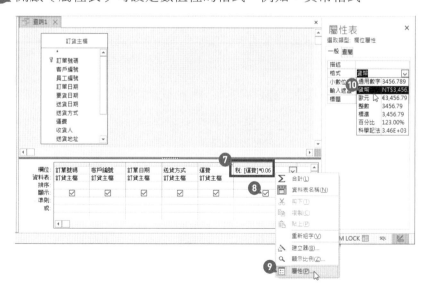

在執行查詢後，即可列出查詢結果與虛擬欄位的輸出結果。這就是〔運輸稅〕欄位的計算結果，列出每一筆產品交易的運輸稅額(運費*0.06)。總共有 831 筆產品交易。

⑪ 點按〔查詢工具〕底下〔設計〕索引標籤裡〔結果〕群組內的〔執行〕命令按鈕。

⑫ 在執行查詢後，即可列出查詢結果與虛擬欄位的輸出結果。

⑬ 點按快速存取工具列上的〔儲存檔案〕。

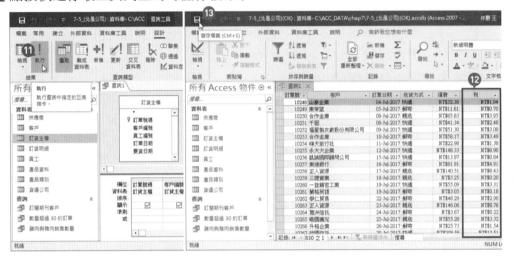

⑭ 開啟〔另存新檔〕對話方塊，輸入此新建立的查詢名稱。

⑮ 在功能窗格裡看到所建立並完成儲存的新查詢。

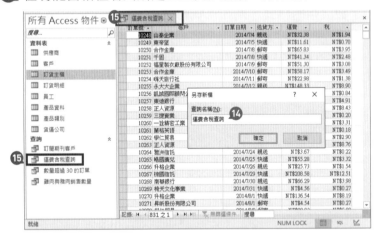

7-5-2　利用運算式建立幫手來輸入公式

除了自行輸入虛擬欄位名稱並設定公式外，也可以透過〔建立幫手〕工具，進行公式的建立。例如：建立查詢時，同時開啟〔訂貨主檔〕、〔訂貨明細〕與〔產品資料〕等三張資料表。建立一個名為〔合計〕的虛擬欄位，而其計算公式為〔數量〕*〔單價〕，計算出交易明細裡的小計金額。

1. 點按〔建立〕索引標籤。

2. 點按〔查詢〕群組裡的〔查詢設計〕命令按鈕。

3. 開啟〔顯示資料表〕對話方塊,點按〔資料表〕索引標籤。

4. 同時點選〔訂貨主檔〕與〔訂貨明細〕兩資料表。

5. 點按〔新增〕按鈕後,再關閉此〔顯示資料表〕對話方塊。

6. 進入新查詢的設計檢視畫面,點按兩下〔訂貨主檔〕清單裡的「訂單號碼」。

7. 再分別點按〔訂貨明細〕欄位清單裡的「產品編號」、「單價」、「數量」與「折扣」等欄位。

8. 點選的欄位成為查詢的輸出欄位。

9. 針對「折扣」欄位右側的空白欄位,往右拖曳此新欄位的寬度,準備以較大的寬度來進行新計算欄位的輸入及公式的編輯。然後,點按此空白欄位讓文字插入游標在此欄位裡。

10. 點按〔設計〕索引標籤裡〔查詢設定〕群組內的〔建立器〕命令按鈕。

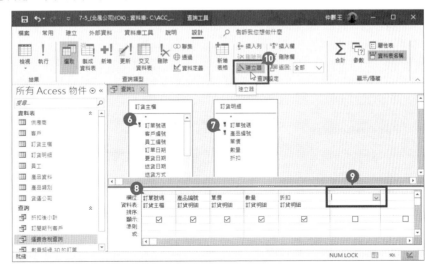

⓫ 開啟〔運算式建立器〕對話方塊,只要透過滑鼠點按與輸入,即可在此建立與編輯所要的公式。

⓬ 點按資料庫名稱前的加號,以展開此資料庫物件清單。

⓭ 點按資料表物件前的符號展開資料表清單。

⓮ 點選〔訂貨明細〕資料表物件。

⓯ 在此展開〔訂貨明細〕資料表物件的欄位清單,點按兩下「單價」欄位。

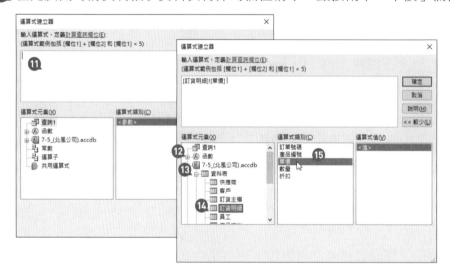

⓰ 點按〔運算子〕。

⓱ 從運算式選項中點按兩下「*」號。

⓲ 點按兩下〔訂貨明細〕資料表物件的欄位清單裡的「數量」欄位。

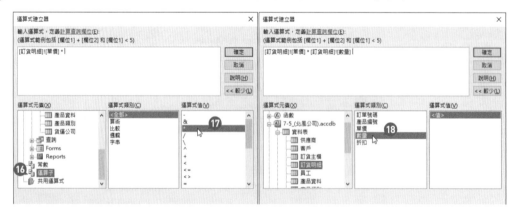

⓳ 亦可親自使用鍵盤輸入運算式。例如:輸入「*(1-」。

⓴ 再點按兩下〔訂貨明細〕資料表物件的欄位清單裡的「折扣」欄位。

㉑ 最後，輸入「)」，結束公式的建立。完成的公式為：

[訂貨明細]![單價]* [訂貨明細]![數量]*(1-[訂貨明細]![折扣])

㉒ 點按〔確定〕按鈕，結束〔運算式建立器〕的操作。

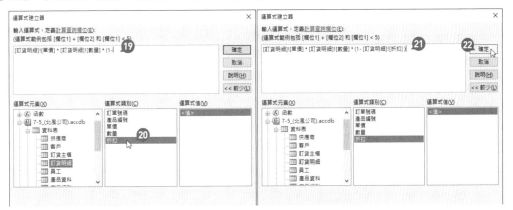

㉓ 回到查詢設計檢視畫面，修改剛剛建立的虛擬欄位公式。

㉔ 輸入自訂的虛擬欄位名稱為「小計」，讓完整的欄位設定為：

小計:[訂貨明細]![單價]* [訂貨明細]![數量]*(1-[訂貨明細]![折扣])

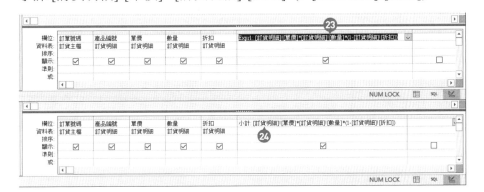

㉕ 以滑鼠右鍵點按建立的新虛擬欄位。

㉖ 從展開的快顯功能表中點選〔屬性〕核取方塊。

㉗ 開啟〔屬性表〕設定欄位的屬性為貨幣、小數位數 2 位。

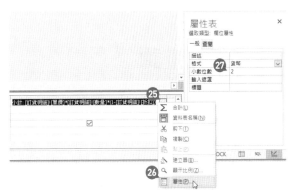

㉘ 點按〔查詢工具〕底下〔設計〕索引標籤裡〔結果〕群組內的〔執行〕命令按鈕。

㉙ 在執行查詢後，即可列出查詢結果與虛擬欄位的輸出結果。這就是小計欄的計算結果，列出每一項產品的交易小計。總共有 2153 項次的產品交易。

㉚ 點按快速存取工具列上的〔儲存檔案〕。

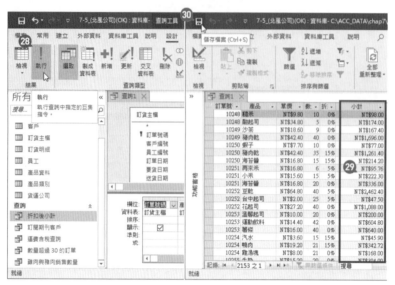

㉛ 開啟〔另存新檔〕對話方塊，輸入此新建立的查詢名稱。

㉜ 在功能窗格裡看到所建立並完成儲存的新查詢。

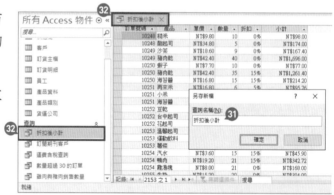

7-6 合計查詢

　　如果查詢的結果有群組小計的需求，透過 Access 查詢的〔合計〕功能，是最適合不過的了！在查詢設計檢視畫面下，提供有〔合計〕功能，可以讓使用者個別定義群組欄位、合計欄位，以進行小計運算的輸出。

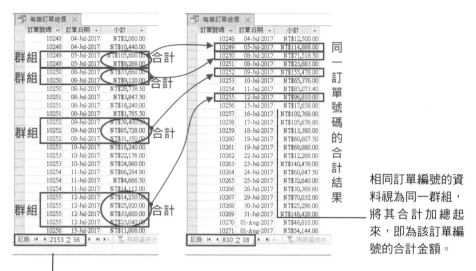

在尚未進行群組的狀態下,逐筆顯示查詢結果,
因此,一共有 2153 項次的產品交易明細。

對於查詢的資料,我們可以透過群組觀念的設定,將同一群組內的資料進行小計、合計運算、平均值計算等操作。以訂單資料為例,每一筆交易記錄的內容明細不一。例如:訂單編號為 10251 的訂單記錄有 3 項產品的交易;訂單編號為 10255 的訂單記錄有 4 項產品的交易。而此實作範例的訂單主檔總共儲存了 830 筆訂單交易記錄,含括了 2153 項內容明細,因此,查詢交易明細時會有 2153 項次的產品交易明細,可不是 2153 筆訂單喔!至於每一筆訂單交易記錄的金額是多少(同一訂單編號的產品交易明細之小計加總)?就得透過合計查詢的幫忙與協助囉!

在以下的範例實作中,資料庫裡有一個名為〔每筆訂單總價〕的查詢,而此查詢參照了〔訂貨主檔〕、〔訂貨明細〕與〔產品資料〕等三張資料表,輸出的欄位僅有兩欄:來自〔訂貨主檔〕資料表裡的「訂單編號」與「訂單日期」。此次將透過虛擬欄位的設計,添增名為「小計」的計算欄位,公式為:

小計 = 單價 * 數量 * (1-折扣)

接著,再藉由〔合計〕功能的操作,根據「訂單編號」為群組欄位、「小計」視為運算式,進行加總計算,以取得每一張訂單編號的總價。

① 以滑鼠右鍵點按〔每筆訂單總價〕查詢。

② 從展開的快顯功能表中點選〔設計檢視〕功能。

❸ 進入查詢設計檢視畫面，直接在最右邊的空白欄位建立虛擬欄位與公式：
「小計:[單價]*[數量]*(1-[折扣])」。

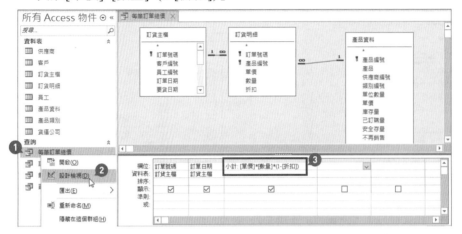

　　請注意，在此範例練習中若是直接以鍵盤輸入虛擬欄位的公式時，要特別顧慮
到真實欄位的識別問題，因為，公式裡有參照到不同資料表卻欄位名稱相同的狀
況。例如：直接鍵入「小計:[單價]*[數量]*(1-[折扣])」將發生以下的錯誤訊息：

❹ 立即顯示警示訊息，表明公式裡的[單價]欄位發生了模稜兩可的現象。點按
〔確定〕按鈕。

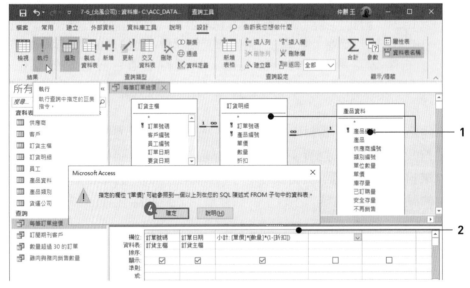

❶ 〔訂貨明細〕資料表與〔產品資料〕資料表裡都有名為「單價」的資料欄位。

❷ 在虛擬欄位的公式建立上，輸入「小計:[單價]*[數量]*(1-[折扣])」時，Access 將無法判別公式
裡的[單價]指的是〔訂貨明細〕資料表裡的「單價」，還是〔產品資料〕資料表裡的「單
價」。

主因在於此次的查詢裡同時開啟的〔訂貨明細〕資料表與〔產品資料〕資料表內都有名為「單價」的資料欄位，所以，在虛擬欄位「合計」右邊所輸入的公式中，「單價」所指的到底是〔訂貨明細〕資料表內的「單價」欄位，還是〔產品資料〕資料表內的「單價」欄位，一定要標明清楚才可以。

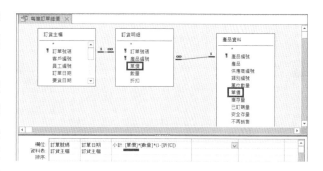

因此，正確的公式應該將：

小計: [單價]*[數量]*(1-[折扣])

改成：

小計: [訂貨明細]![單價]*[數量]*(1-[折扣])

驚嘆號之前即為欄位所在的資料表名稱。此時，就可以感受到當公式冗長又複雜時，利用〔運算式建立器〕的操作來完成公式定義的可愛與便捷之處了！

5 輸入正確的小計公式。

6 點按〔查詢工具〕底下〔設計〕索引標籤裡〔結果〕群組內的〔執行〕命令按鈕。

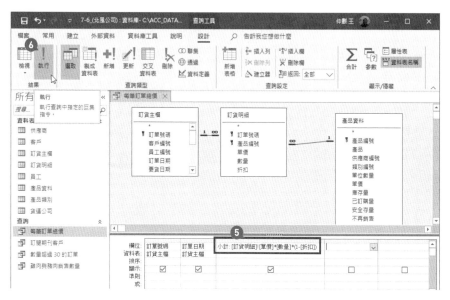

⑦ 在執行查詢後，即可列出查詢結果與虛擬欄位的輸出結果。這就是小計欄的計算結果，列出所有訂單交易的產品明細之小計。總共有 2153 項次的產品交易。

⑧ 點按〔常用〕索引標籤底下〔結果〕群組裡的〔檢視〕命令按鈕。

⑨ 從展開的功能選單中點選〔設計檢視〕。

⑩ 再度進入查詢設計檢視畫面中，點按〔查詢工具〕底下〔設計〕索引標籤裡〔顯示/隱藏〕群組內的〔合計〕命令按鈕。

⑪ 在查詢設計格線區域中立即添增〔合計〕列，而且各欄位均預設內定為合計〔群組〕設定。

⑫ 點按一下〔小計〕欄位下方的〔合計〕列設定選項。

⑬ 從中點選想要計算的方式，並選取要進行〔總計〕運算。

⑭ 點按〔查詢工具〕底下〔設計〕索引標籤裡〔結果〕群組內的〔執行〕命令按鈕。

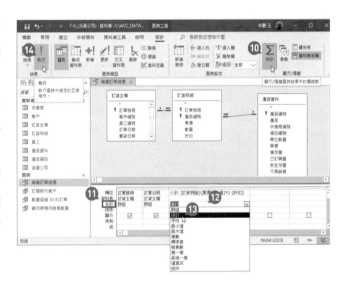

15 執行查詢後，即可列出查詢結果與虛擬欄位的輸出結果。這就是合計查詢的結果，列出 830 筆資料，也就是總共有 830 張訂單交易，每一張訂單的合計金額不一。

16 點按快速存取工具列上的〔儲存檔案〕。

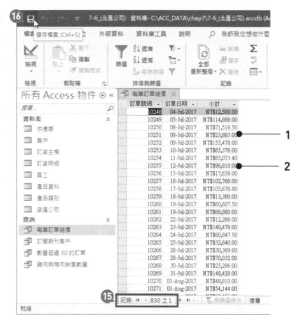

1 從查詢結果可得知，訂單編號為 10251 所含 3 個品項的產品交易金額合計是 654.06。

2 訂單編號為 10255 所含 4 個品項的產品交易金額合計是 2490.5。

7-7 複雜的條件準則設定

建立的查詢若有修改準則的必要，隨時可以再度進入該查詢的設計檢視畫面，在查詢的設計格線區中，輸入對於欄位的其他查詢準則以及排序設定即可，而準則的輸入除了可以是文字、數值、運算式外，也可以設定邏輯的變化，進行較複雜的查詢。

7-7-1 欄位的顯示與否與排序調整

以下的範例中，我們將修改名為〔產品總銷售量〕的查詢，將其〔數量〕欄位查詢準則改為以遞減的排序條件重新排列。

1 開啟〔產品總銷售量〕查詢，目前的查詢輸出結果，數量之總計並未排序。

2 點按〔常用〕索引標籤底下〔檢視〕群組裡的〔檢視〕命令按鈕。

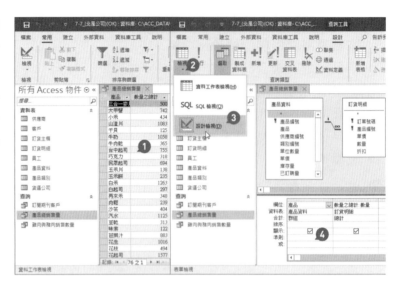

③ 從展開的功能選單中點選〔設計檢視〕。

④ 進入查詢設計檢視畫面中，即可定義新的查詢準則。

⑤ 設定〔數量之總計:數量〕查詢準則欄位的排序方式為〔遞減〕。

⑥ 點按〔查詢工具〕底下〔設計〕索引標籤裡〔結果〕群組內的〔執行〕命令按鈕。

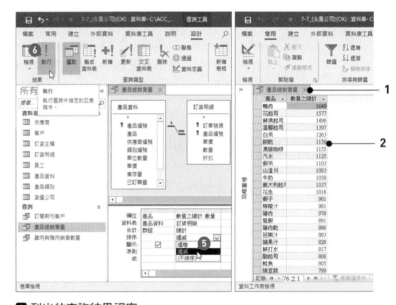

❶ 列出的查詢結果視窗。

❷ 全部總共有 76 項產品的交易資料，現在已經以銷售數量之總計的排列，由大到小地重新排列順序。

7-7-2 利用臨界數值設定找出銷售最佳的前五大商品

繼續延用上一小節的查詢結果，透過 Access 所提供的〔臨界數值〕設定，可以協助我們輕鬆找出特定條件範圍下的結果。例如：找出銷售最佳的前五大商品，或者，前 10%的最佳銷售商品。

1️⃣ 延續前一小節所操作的查詢設計檢視畫面，點按〔查詢工具〕底下〔設計〕索引標籤。

2️⃣ 點按〔查詢設定〕群組裡〔臨界值〕命令按鈕旁邊的三角形按鈕。

3️⃣ 從展開的下拉式選項清單中點選〔5〕。

4️⃣ 點按〔查詢工具〕底下〔設計〕索引標籤裡〔結果〕群組內的〔執行〕命令按鈕。

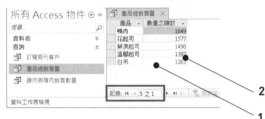

1️⃣ 列出的查詢結果視窗，即銷售量最佳的前五大商品。

2️⃣ 銷售數量之總計的排列，由大到小重新排列順序。

7-8 | 查詢結果的格式化

對於查詢後的結果輸出，可以設定其輸出格式之顯示、列印效果。只要在查詢的設計檢視中，進行欄位屬性的格式設定即可。例如：以〔雞肉與豬肉銷售金額統計〕為例，進行查詢結果的格式化操作演練。

1️⃣ 啟動 Access 開啟此小節的範例資料庫後，點按兩下〔雞肉與豬肉銷售金額統計〕查詢。

2️⃣ 執行並開啟此查詢結果，列出 73 筆資料。

原本的金額欄位是 NT$ 的貨幣格式。

❸ 點按〔常用〕索引標籤底下〔結果〕群組裡的〔檢視〕命令按鈕。

❹ 從展開的功能選單中點選〔設計檢視〕。

❺ 切換至查詢設計檢視畫面,點選「金額」計算欄位。

❻ 點按〔查詢工具〕底下〔設計〕索引標籤。

❼ 點按〔顯示/隱藏〕群組裡的〔屬性表〕命令按鈕。

❽ 開啟〔屬性表〕工作窗格。

❾ 在屬性表裡設定欄位格式為〔歐元〕。

❿ 點選小數位數為「1」。

⓫ 點選〔訂單日期〕欄位。

⓬ 在屬性表裡選擇訂單日期的欄位格式為〔完整日期〕格式。

⓭ 點按〔查詢工具〕底下〔設計〕索引標籤裡〔結果〕群組內的〔執行〕命令按鈕。

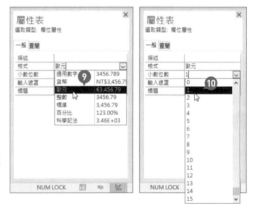

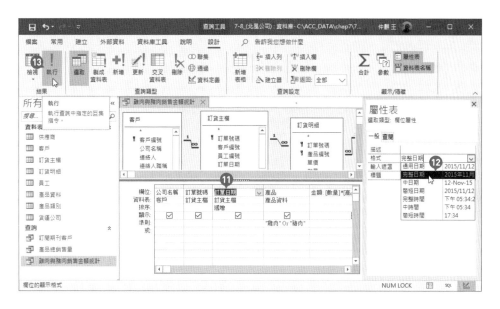

隨即便可以切換到資料工作表檢視畫面，檢閱所進行的查詢結果。

❶ 設定〔訂單日期〕的日期格式為年月日的表現。

❷ 設定〔合計〕的計算格式為歐元貨幣符號的表現。

　　如同資料表的資料工作表檢視畫面一般，查詢結果畫面也是一種資料工作表檢視畫面，因此，可以透過〔常用〕索引標籤裡〔文字格式設定〕群組內的命令按鈕及功能選項，進行查詢結果的格式設定。例如：〔字型顏色〕與〔背景顏色〕的變更，以及〔替代資料列色彩〕和〔格線〕的格式設定等等。

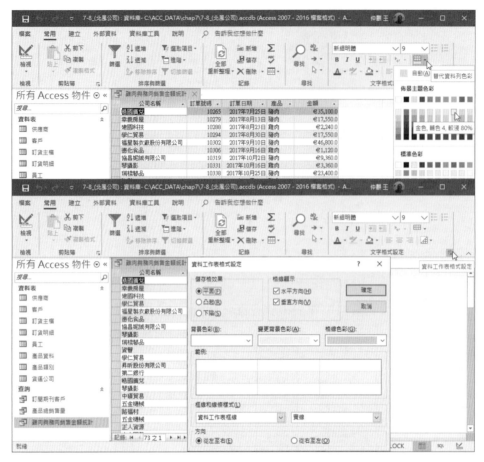

開啟〔資料工作表格式設定〕對話方塊，可以進行完整的格式設定。

7-9 參數查詢

　　參數查詢就是執行查詢時，會顯示對話方塊提示資訊，依據當時所輸入的資料來進行查詢準則的比對。例如，執行查詢後，要輸入客戶名稱才能列出該客戶的交易資料。以下的範例實作中，名為〔客戶年度運費總計〕的查詢物件，可以顯示某一位客戶的年度月份之運費總計，共計「年」、「月份」、「客戶編號」、「公司名稱」、「城市」與「運費之總計」等六個欄位的輸出。

❶ 在〔客戶年度運費總計〕的查詢設計檢視畫面裡，可以看到查詢的輸出欄位共有六個欄位，目前在準則列裡沒有任何篩選準則的定義。

❷ 輸出六個欄位，共計 233 筆資料記錄。

　　在此將透過參數的設計，先自訂一個參數名稱，再將此參數名稱輸入在查詢準則列裡，如此，在執行查詢時，Access 便會自動詢問參數名稱的內容，一旦使用者輸入內容，即可進行查詢準則的比對工作。

① 進入查詢設計檢視畫面，點按〔查詢工具〕底下〔設計〕索引標籤。

② 點按〔顯示/隱藏〕群組裡的〔參數〕命令按鈕。

③ 開啟〔查詢參數〕對話方塊，在參數欄裡的第一個儲存格內輸入「[請輸入客戶編號:]」。此自訂字串必須以中括號框起來，這便是自訂參數名稱。

④ 在資料類型欄裡點選此參數名稱的資料類型為〔簡短文字〕類型。

⑤ 點按〔確定〕按鈕，結束〔查詢參數〕對話方塊的操作。

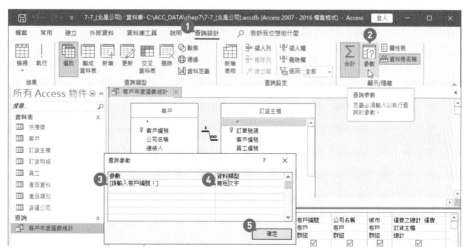

⑥ 回到查詢設計檢視畫面，點按下方窗格〔客戶編號〕欄位的準則列，在此儲存格內輸入剛剛在〔查詢參數〕對話方塊裡所建立的自訂參數名稱，即「[請輸入客戶編號：]」。

⑦ 點按〔查詢工具〕底下〔設計〕索引標籤裡〔結果〕群組內的〔執行〕命令按鈕。

⑧ 開啟〔輸入參數值〕對話方塊，顯示自訂參數名稱字串訊息，展開參數查詢的畫面詢問。

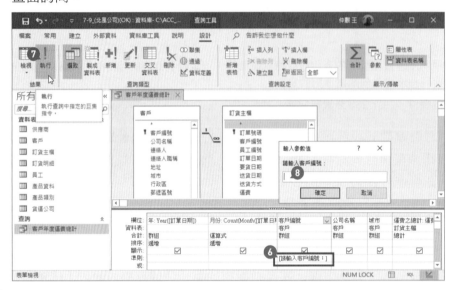

⑨ 請在〔輸入參數值〕對話方塊裡的空白文字方塊內，輸入想要查詢的客戶編號。例如：「SAVEA」。然後，按下〔確定〕按鈕。

⑩ 顯示查詢結果，符合客戶編號為「SAVEA」年度運費總計資料，查詢到的資料筆數共有 3 筆。

如此，爾後每次執行此參數查詢時，都會先顯示輸入參數查詢的畫面詢問，只要輸入不同的客戶編號，即可僅列出該客戶的年度運費總計資料記錄，讓您進行查詢指定客戶的資訊，在添加了參數查詢的設計後，讓查詢工作更具彈性！

進階查詢應用與動作查詢

資料的查詢結果並非僅僅是呈現在畫面上或輸出成報表而已，查詢的結果也可能需要另外獨立儲存成一張新的資料表，或者，將其附加到另一個既有的資料表內；此外，也可以依據查詢結果來更新既有的資料來源，甚至刪除資料來源，上述種種的查詢目的及類型，即統稱為動作式查詢，正是本章節要演練與實作的主題。

8-1 │ 交叉資料表查詢

交叉資料表查詢是從資料表中的一個或多個欄位進行群組設定，並顯示總結另一個數值性資料欄位的統計。猶如 Excel 試算表軟體的樞紐分析表一般。例如：我們想要統計分析每個送貨城市在每一年的運費總計，此運算只要利用 Access 的交叉資料表查詢精靈操作便可立即完成，而必須使用到的資料來源則僅需〔訂貨主檔〕資料表而已。

1 點按〔建立〕索引標籤。

2 點按〔查詢〕群組裡的〔查詢精靈〕命令按鈕。

3 開啟〔新增查詢〕對話方塊，點選〔交叉資料表查詢精靈〕，然後按下〔確定〕按鈕。

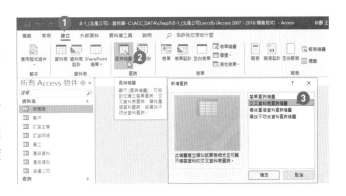

進入〔交叉資料表查詢精靈〕對話方塊的操作，逐步依循精靈的指示，即可完成交叉分析表的建立。第一個步驟為指定要進行交叉運算的資料表或查詢。

④ 開啟〔交叉資料表查詢精靈〕對話方塊，點選〔資料表：訂貨主檔〕作為指定要進行交叉運算的資料表。再按〔下一步〕。

⑤ 點選想要當作列標題的資料欄位，該欄位即成為交叉分析表的左標題。此例請點選〔送貨城市〕資料欄位。

⑥ 點按一下此〔>〕按鈕，設定為已選取的欄位。

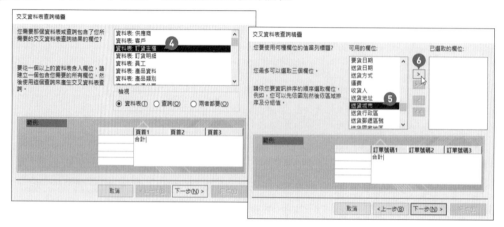

接著，再點選想要當作欄標題的資料欄位，譬如，〔訂單日期〕，即成為交叉分析資料表的上標題。

⑦ 點按〔下一步〕按鈕。

⑧ 點選〔訂單日期〕欄位。再按〔下一步〕。

由於選取的欄標題是日期型態的資料欄位，所以，可以依指定的日期間隔區分來製作交叉分析，譬如，以〔年〕為日期間隔區分，請點選〔年〕選項，上標題即為年。隨後，再選取交叉運算的計算欄位與使用的計算函數。譬如，〔運費〕資料欄位要進行〔合計〕運算。隨即，在完成〔交叉資料表查詢精靈〕對話方塊的操作

後，立即產生此交叉分析資料表查詢，列出每個送貨城市每年的總運費之交叉分析統計結果。

9 點選〔年〕為日期間隔區分，上標題即為年。再按〔下一步〕。

10 點選〔運費〕欄位。

11 點選〔合計〕函數，再按〔下一步〕。

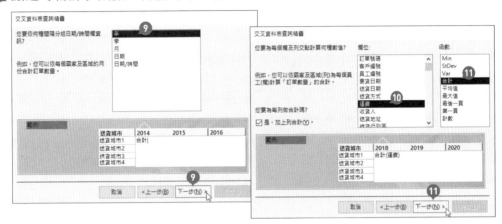

12 可以在此輸入自訂的查詢名稱〔各縣市各年度總運費〕。

13 點按〔完成〕按鈕。

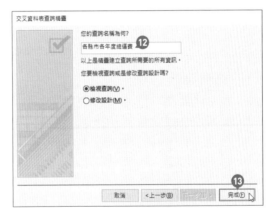

這就是列出每個〔送貨城市〕在每一〔年〕所有的〔運費〕總計，一張二維的資料表格輸出。

8-2 | 進階交叉資料表的操作

　　交叉資料表查詢的資料來源並不僅限於一張資料表，例如：可以選擇兩張以上的關聯性資料表，透過 Access 的查詢操作建立一個新的選取查詢物件，此多資料表的查詢結果便可以做為交叉資料表查詢的資料來源。以下的實作中有一張名為〔交易統計資訊〕的查詢，是由〔訂貨主檔〕、〔訂貨明細〕與〔產品資料〕等三張資料表所架構而成的，查詢的輸出結果為每一張訂單的「訂單號碼」、「客戶編號」、「訂單日期」、「員工編號」、「產品」、「單價」、「數量」、「折扣」以及虛擬計算欄位「合計」等資料欄位。如今我們想利用此查詢建立交叉分析，顯示每位員工每年總業績的交叉分析統計結果。

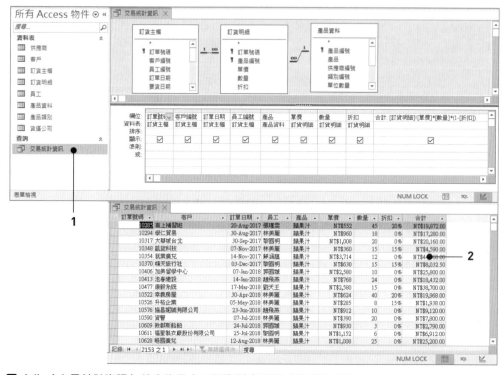

1 名為〔交易統計資訊〕的查詢是由三張資料表所組成的選取查詢。

2 〔交易統計資訊〕查詢的輸出結果。

1 啟動 Access，並開啟資料庫後點按〔建立〕索引標籤。

2 點按〔查詢〕群組裡的〔查詢精靈〕命令按鈕。

③ 開啟〔新增查詢〕對話
方塊，點選〔交叉資料
表查詢精靈〕選項。

④ 點按〔確定〕按鈕。

⑤ 點選〔查詢〕選項。

⑥ 點選〔查詢：交易統計資訊〕，再按〔下一步〕。

⑦ 點選〔員工編號〕欄位，再點按〔>〕按鈕。

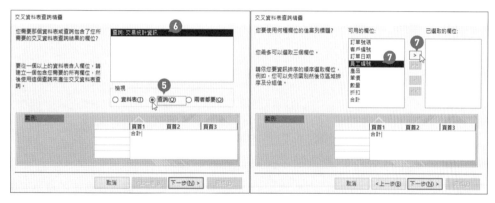

⑧ 設定〔員工編號〕欄位為已選取的欄位，再按〔下一步〕。

⑨ 點選〔訂單日期〕欄位，再按〔下一步〕。

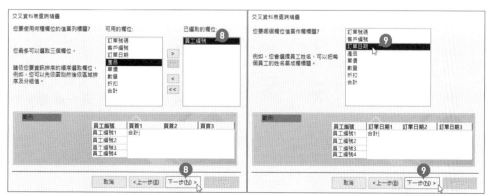

⑩ 點選〔年〕選項，再按〔下一步〕。

⑪ 點選〔合計〕欄位。

⑫ 點選〔合計〕函數,再按〔下一步〕。

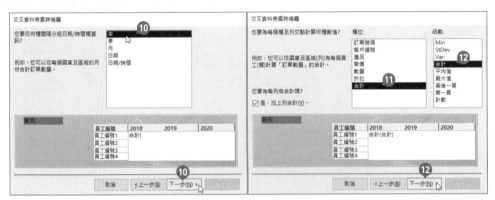

⑬ 可以在此輸入自訂的查詢名稱「各
業務員年度交易統計」,再按〔完
成〕按鈕。

完成〔交叉資料表查詢精靈〕對話方塊的操作後,立即產生此交叉分析資料表
查詢,列出每位員工每年的總業績之交叉分析統計結果。

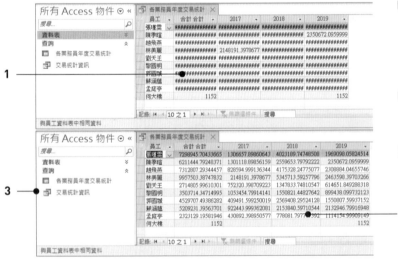

1 輸出畫面的欄位不夠寬,
不足以顯示完整的數值性
資料時,是以#字號呈現
在畫面上,只要調整欄位
寬度就可以解決此問題。

2 這就是列出每一位「員
工」在每一「年」所有的
「總業績」。

3 交叉資料表查詢的圖示
與一般查詢的圖示
略有差異~

至於數值性資料的格式設定,例如:設定數值性資料的顯示格式為小數位數 2
位的貨幣符號,則可以切換到查詢檢視畫面,透過欄位的屬性表進行相關設定。

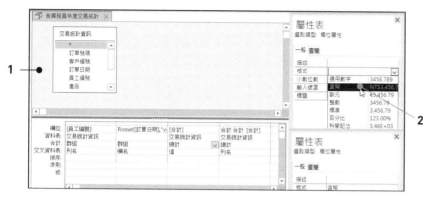

1 進入查詢設計檢視畫面。

2 開啟屬性表進行欄位的屬性設定。

顯示的查詢結果如右：

進行交叉分析的資料來源可以是一張資料表或查詢，也可以是多張資料表或多個查詢。

8-3　多列名的交叉資料表

　　對於交叉資料的建立，並不一定只能選定一個欄位做為列標題，若有需求也可以設定多個列標題欄位，以製作出更進一步分類的交叉分析。例如：可以顯示每個城市每一種商品類別每一年的銷售額。「城市」與「商品類別」都可呈現於左側逐列顯示、「年度」則是逐欄顯示呈現在頂端。

以下的範例演練中將針對名為〔地區年度產品類別銷售金額〕的查詢，進行交叉資料表查詢的操作。在〔地區年度產品類別銷售金額〕查詢中涉獵了〔客戶〕、〔訂貨主檔〕、〔訂貨明細〕、〔產品資料〕與〔產品類別〕等五張資料表，由左而右分別查詢輸出「城市」、「訂單號碼」、「客戶」、「訂單日期」、「類別名稱」、「產品」與「合計」等欄位。

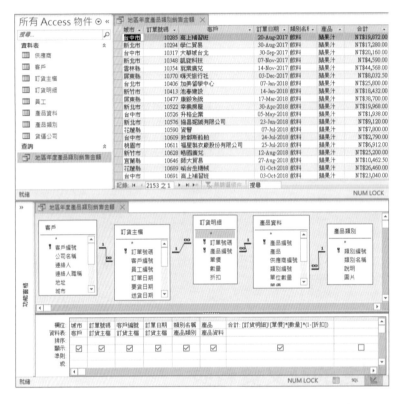

以此查詢為資料來源，進行多列名稱的交叉資料表查詢的建立。

❶ 開啟資料庫後點按〔建立〕索引標籤。

❷ 點按〔查詢〕群組裡的〔查詢精靈〕命令按鈕。

❸ 開啟〔新增查詢〕對話方塊，點選〔交叉資料表查詢精靈〕選項。

❹ 點按〔確定〕按鈕。

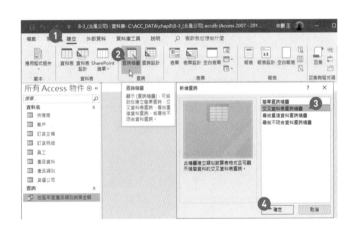

❺ 進入〔交叉資料表查詢精靈〕對話操作，點選〔查詢〕選項。

6 點選〔查詢：地區年度產品類別銷售金額〕，再按〔下一步〕。

7 點選〔城市〕欄位，再按〔＞〕按鈕。

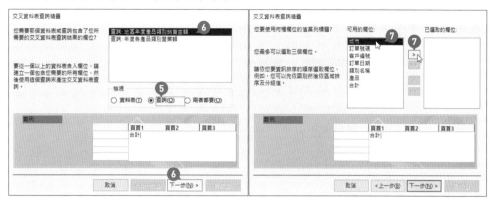

8 設定〔城市〕欄位為已選取的欄位。

9 點選〔類別名稱〕欄位，再按〔＞〕按鈕。

10 設定〔類別名稱〕欄位為第二個已選取的欄位，再按〔下一步〕。

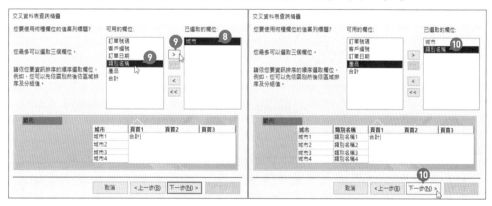

11 點選〔訂單日期〕欄位，再按〔下一步〕。

12 點選〔年〕選項，再按〔下一步〕。

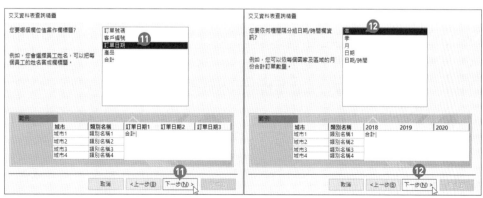

13 點選〔合計〕欄位，再點選〔合計〕函數。

⓮ 點按〔下一步〕按鈕。

⓯ 在此輸入自訂的查詢名稱,再按〔完成〕按鈕。

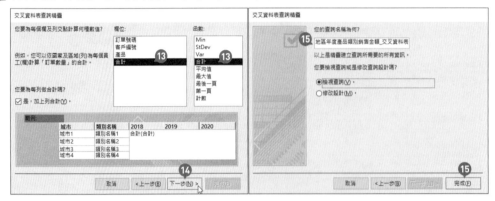

　　完成〔交叉資料表查詢精靈〕對話方塊的操作後,立即產生此交叉分析資料表查詢,列出每個城市與每種商品類別的年度銷售業績統計。不過,還是需要透過設計檢視畫面的操作,針對數值性欄位進行屬性設定,套用適當的數值資料格式,讓查詢結果畫面更完美。

❶ 滑鼠右鍵點按〔地區年度產品類別銷售金額_交叉資料表〕索引標籤,並從展開的功能選單中點選〔設計檢視〕。

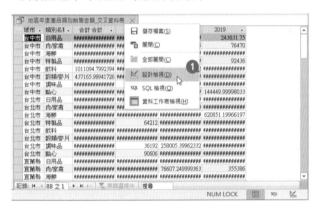

預設的欄位寬度較窄,不足以顯示太多位小數的數值,因此以 # 符號呈現。

❷ 進入查詢設計檢視畫面,點按〔查詢工具〕底下〔設計〕索引標籤裡〔顯示/隱藏〕群組內的〔屬性表〕命令按鈕。

❸ 設定〔合計之總計〕欄位為貨幣格式、小數位數為 2 位。

❹ 同樣的操作方式,亦設定〔三年總計〕欄位也是貨幣格式、小數位數為 2 位。

⑤ 點按〔查詢工具〕底下〔設計〕索引標籤裡〔結果〕群組內的〔執行〕命令按鈕。

完成的交叉資料表查詢即可列出各「城市」、各「商品類別」三年來每一「年」的銷售金額。

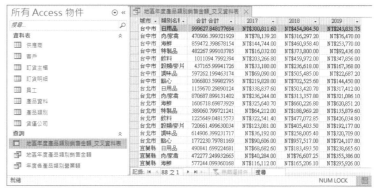

經過上述的說明與實例演練，我們可以整理交叉分析查詢的特色如下：

- 交叉資料表查詢的資料來源可以是資料表或查詢裡的資料欄位。
- 在交叉資料表查詢的設計檢視畫面裡必須設定〔群組：欄名〕以及〔群組：列名〕，以及〔值〕的運算(摘要)方式。
- 交叉資料表查詢可以透過查詢精靈的對話操作完成，亦可進入查詢設計檢視畫面透過〔交叉資料表〕命令的點按進行設定。

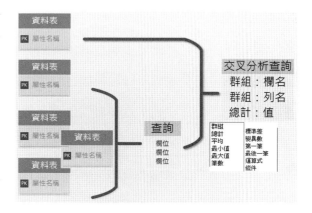

8-4 製成資料表查詢

　　透過產生資料表查詢的操作，我們可以將指定的資料篩選出來，形成一張新的資料表，而此資料表可以存放在目前使用中的資料庫內，或是存放在另一特定的資料庫內。這就是動作式查詢中的〔製成資料表查詢〕。以下的範例演練中我們將建立一個名為〔東遠銀行的交易數量〕的新查詢，此新查詢的查詢類型為〔製成資料表〕，查詢的資料來源為〔客戶〕、〔訂貨主檔〕與〔訂貨明細〕等三張資料表，可以找出〔東遠銀行〕的「訂單編號」與「產品編號」與「數量」等欄位資料，並將查詢結果複製儲存在同一資料庫裡，此新的資料表命名為「東遠銀行」。

1 點按〔建立〕索引標籤。

2 點按〔查詢〕群組裡的〔查詢設計〕命令按鈕。

3 開啟〔顯示資料表〕對話方塊，點選〔資料表〕索引標籤。

4 同時選取〔客戶〕、〔訂貨主檔〕與〔訂貨明細〕等三張資料表。

5 點按〔新增〕按鈕後再按下〔關閉〕按鈕。

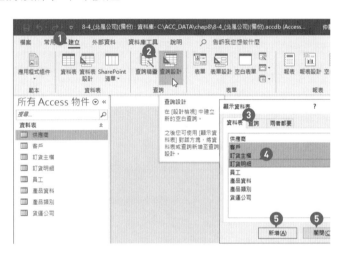

　　進入查詢設計檢視畫面後，即可設定查詢的輸出欄位與查詢的準則規範，以及選擇查詢類型。

6 點按兩下〔客戶〕資料表欄位清單裡的「公司名稱」欄位。

7 點按兩下〔訂貨主檔〕資料表欄位清單裡的「訂單號碼」欄位。

8 點按兩下〔訂貨明細〕資料表欄位清單裡的「產品編號」欄位。

9 點按兩下〔訂貨明細〕資料表欄位清單裡的「數量」欄位。

10 在「公司名稱」欄位下方的〔準則〕方格內輸入「東遠銀行」。

11 取消〔顯示〕核取方塊的勾選。

⑫ 點按〔查詢工具〕底下〔設計〕索引標籤裡〔查詢類型〕群組內的〔製成資料表〕命令按鈕。

⑬ 開啟〔製成資料表〕查詢對話方塊，輸入要產生的新資料表名稱。例如：「東遠銀行」。

⑭ 點選〔目前資料庫〕選項，再按〔確定〕鈕。

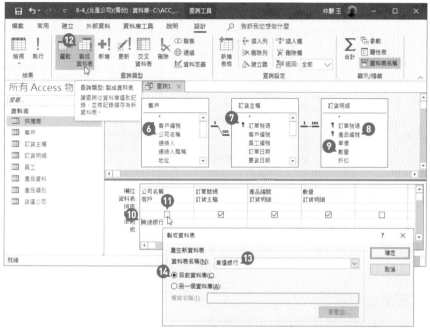

⑮ 點按〔查詢工具〕底下〔設計〕索引標籤裡〔結果〕群組內的〔執行〕命令按鈕。

⑯ 產生的新查詢共有 45 筆資料合乎查詢準則的規範，點按〔是〕按鈕，將這些資料都複製存放在所建立的新資料表〔東遠銀行〕裡。

⑰ 回到資料庫功能窗格，點按兩下剛建立的新資料表〔東遠銀行〕。

⑱ 開啟〔東遠銀行〕資料表裡看到 45 筆資料。

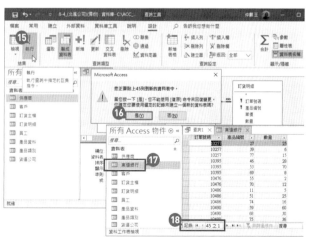

完成查詢的建立與執行後，即可將此查詢命名儲存，譬如，取名為〔東遠銀行的交易數量〕。

19 以滑鼠右鍵點按〔東遠銀行〕資料表索引標籤，並從展開的功能選單中點選〔關閉〕以關閉此資料表。

20 點按快速存取工具列上的〔儲存檔案〕按鈕以儲存此次建立的查詢。

21 開啟〔另存新檔〕對話方塊，輸入查詢名稱為「東遠銀行的交易數量」。

22 點按〔確定〕按鈕。

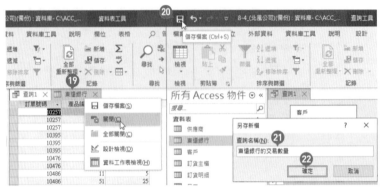

回到資料庫功能窗格後，也可以從〔查詢〕物件清單中看到這個查詢圖示符號與眾不同的製成資料表查詢物件。

〔製成資料表查詢〕的圖示符號為 ▦🔧。

延伸學習：複製既有的查詢

建立一個查詢，不外乎是選取相關的資料表與資料欄位後，訂定所要套用的條件規範與準則，並決定查詢類型等等。若有建立類似查詢的需求，也並不需要從無到有的進行所有相關設定與操作，只要複製既有的查詢，再開啟此查詢的複本進行局部修改或調整即可。

1 以滑鼠右鍵點選想要複製的查詢，從展開的快顯功能表中點選〔複製〕功能。

2 以滑鼠右鍵點按功能窗格裡的空白處，從展開的快顯功能表中點選〔貼上〕功能。

❸ 開啟〔貼上成為〕對話方塊，輸入查詢複本名稱，並點按〔確定〕按鈕。

❹ 立刻產生查詢的複本。

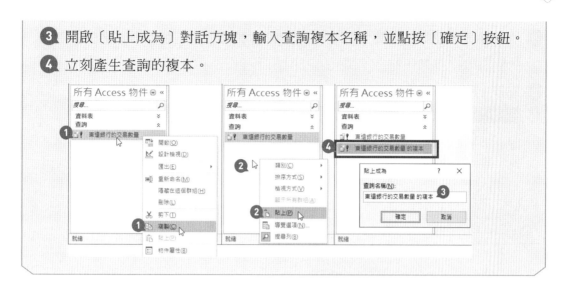

另一種製成資料表查詢

如果想要將查獲的資料儲存在另一個既有的資料庫裡面，則可以在〔製成資料表〕的對話方塊中，點選〔另一個資料庫〕選項，並輸入該資料庫的檔案名稱與儲存位置，不過，也一定要真的有這個資料庫檔案喔！以下的實作演練中，〔8_4(東遠銀行)〕資料庫裡並無任何資料庫物件。

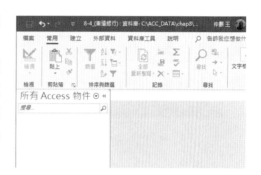

透過在〔8_4(北風公司)〕資料庫裡的製成資料表查詢，將查詢後的新資料表儲存在〔8_4(東遠銀行)〕資料庫中。

❶ 進入〔東遠銀行的交易數量〕查詢設計檢視畫面，這是一個製成資料表類型的查詢。

❷ 點按〔查詢工具〕底下〔設計〕索引標籤裡〔查詢類型〕群組內的〔製成資料表〕。

❸ 開啟〔製成資料表〕查詢對話方塊，輸入要產生的新資料表名稱。例如：東遠銀行。

❹ 點選〔另一個資料庫〕選項。

⑤ 直接輸入或點按〔瀏覽〕以選取資料庫檔案的所在路徑與檔案名稱。例如：
8-4(東遠銀行).accdb。

⑥ 點按〔確定〕按鈕。

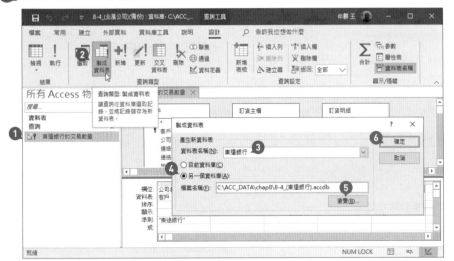

⑦ 點按〔設計〕索引標籤裡〔結果〕群組內的〔執行〕命令按鈕。

⑧ 共有 45 筆資料合乎查詢準則的規範，點按〔是〕按鈕。

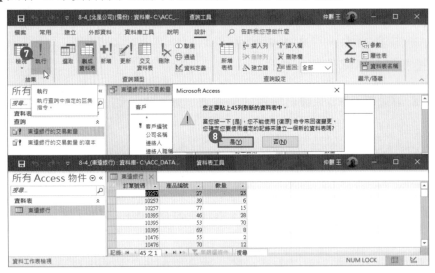

　　查詢的結果儲存在另一個資料庫〔8_4(東遠銀行)〕資料庫內，開啟此資料庫裡
的新資料表「東遠銀行」即可看到合乎準則的 45 筆資料記錄。

　　產生新的資料表後，新資料表中的資料並不會繼承原始資料表欄位的主
索引設定。

8-5 | 刪除資料查詢

　　如果經常會想要將指定的資料表或查詢特定準則條件下的資料記錄刪除，卻又不想要每次都得輸入準則條件、指定欄位、…則建立刪除式的動作查詢，將是不錯的選擇。可以協助使用者針對常態性、大量、特定條件的資料進行刪除，此外，若能配合參數查詢的對話方塊設定，將使得刪除資料的操作更靈活。以下的實作演練中，原本的〔訂貨主檔〕資料表內記載了 830 筆交易資料，此次我們想要將「學仁貿易」這位客戶在 2018 年上半年的交易資料全數刪除。

1 〔訂貨主檔〕資料表內記載了 830 筆交易資料。

2 刪除了「學仁貿易」在 2018 年上半年的交易後，只剩 826 筆交易記錄。

　　首先，開啟資料庫後建立一個查詢，並決定要刪除資料記錄的資料表，以及定義刪除的準則。

1 開啟資料庫後點按〔建立〕索引標籤。

2 點按〔查詢〕群組裡的〔查詢設計〕命令按鈕。

3 開啟〔顯示資料表〕對話方塊，點選〔資料表〕索引標籤。

4 同時選取〔客戶〕、〔訂貨主檔〕這兩張資料表。

5 點按〔新增〕按鈕後再按下〔關閉〕鈕。

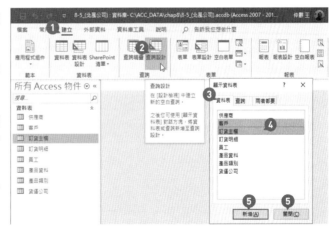

進入查詢設計檢視畫面後，再進行資料欄位的選取與準則的規範。

6 進入查詢設計檢視畫面點按兩下〔客戶〕裡面的〔公司名稱〕欄位名稱。

7 點按兩下〔訂貨主檔〕資料表欄位清單裡的〔＊〕，表示選取此資料表的所有欄位，在執行刪除查詢時即可刪除此資料表裡合乎準則的資料記錄。

8 在〔公司名稱〕欄位下方的準則方格裡輸入「學仁貿易」。

9 建立「年」計算欄位，公式為 Year([訂單日期])，並輸入準則為「2018」。

10 再建立「月」計算欄位，公式為 Month([訂單日期])，並輸入準則為「Between 1 And 6」。

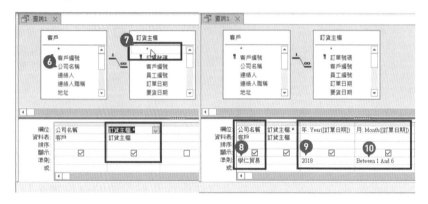

接著選擇〔查詢類型〕為〔刪除〕，並進行準則區裡〔刪除〕列上的〔由〕與〔條件〕的設定。

11 點按〔查詢工具〕底下〔設計〕索引標籤裡〔查詢類型〕群組內的〔刪除〕命令按鈕。

⑫ 在查詢設計檢視的下方窗格裡增加了刪除列。

⑬ 預設狀態下〔公司名稱〕欄位的〔刪除〕列設定為〔條件〕；〔訂貨主檔〕欄位的〔刪除〕列設定為〔由〕。意為：根據〔公司名稱〕欄位準則的條件設定（「學仁貿易」），將來自〔訂貨主檔〕資料表中符合準則的每一筆資料記錄都刪除。

⑭ 先前建立的「年」與「月」計算欄位的〔刪除〕列設定亦為〔條件〕。

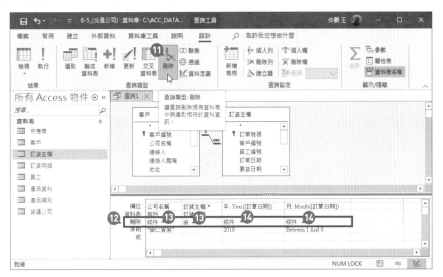

在〔查詢類型〕為〔刪除〕的查詢設計檢視畫面中會有〔刪除〕列的定義，其中，〔條件〕猶如 SQL 查詢敘述中的(Where)，表示準則條件的訂定；〔由〕則猶如 SQL 查詢敘述中的(From)，表示刪除記錄的資料表來源。

🔦 延伸學習：為什麼刪除查詢要點選「＊」欄位

刪除資料記錄的動作一定是刪除整筆資料記錄的每一個資料欄位，絕對不可能刪除一筆資料記錄時，僅刪除某些資料欄位，而保留其他資料欄位。因此，在刪除的設定上，對於要刪除的資料表，其中的每一個欄位都要一併選取，因此，才有＊符號的使用，讓使用者可以快速選取資料表內的所有資料欄位，而無須一個個資料欄位的點按或選取。

最後，即可執行此刪除查詢並儲存查詢。

⓯ 點按〔查詢工具〕底下〔設計〕索引標籤裡〔結果〕群組內的〔執行〕命令按鈕。

⓰ 共有 4 筆資料合乎查詢準則的規範，點按〔是〕按鈕。

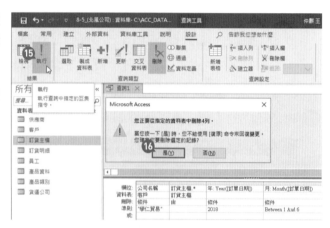

完成刪除查詢的建立與執行後，即可將此查詢命名儲存，譬如，取名為〔刪除學仁貿易的交易記錄〕，回到資料庫視窗後，也可以從功能窗格裡的〔查詢〕物件清單中看到這個查詢圖示符號與其它的查詢圖示並不相同。

在資料庫功能窗格裡可以看到剛剛完成的〔刪除學仁貿易交易資料〕查詢物件，此刪除資料的查詢圖示符號不同於一般選取查詢的圖示符號。

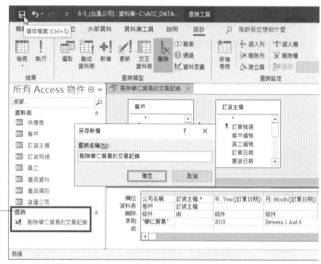

〔刪除查詢〕的圖示符號為 ✕↓。

當然，每次都點按兩下所建立的刪除查詢物件，都是刪除同一準則規範定義下的資料記錄，因此，如果能配合參數查詢的對話設定，將使得刪除資料的操作更加靈活。

延伸學習

在一對多關聯中的「一」資料表上執行一個刪除查詢時，若已經啟動此關聯的〔重疊顯示刪除相關記錄〕，則 Access 也會刪除「多」關聯資料表中的相關記錄。

8-6 │ 更新資料查詢

經由運算式的設定，也可以對特定的資料欄位進行更新。例如：訂貨主檔資料表裡面記載了每筆交易記錄，其中包含了〔運費〕欄位，而此次為了因應成本需求，必須將大台北地區（包括台北市與新北市）的運費漲價 1 成，因此，透過 Access 的更新資料表查詢，將可輕而易舉地輕鬆完成這項繁複的差事。

1️⃣ 點按〔建立〕索引標籤。

2️⃣ 點按〔查詢〕群組裡的〔查詢設計〕命令按鈕。

3️⃣ 開啟〔顯示資料表〕對話方塊，點選〔資料表〕索引標籤。

4️⃣ 點選〔訂貨主檔〕資料表。

5️⃣ 點按〔新增〕按鈕後再按下〔關閉〕按鈕。

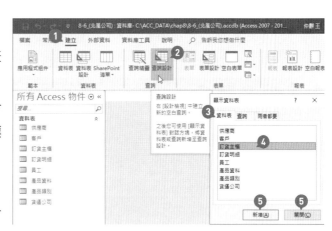

6️⃣ 進入查詢設計檢視畫面，點按兩下〔訂貨主檔〕資料表欄位清單裡的「送貨城市」欄位。

7️⃣ 再點按兩下〔訂貨主檔〕資料表欄位清單裡的「運費」欄位。

8️⃣ 在「送貨城市」欄位下方的〔準則〕方格內輸入「"台北市"」。

9️⃣ 在「送貨城市」欄位下方的〔或〕方格內輸入「"新北市"」。如此前後設定的準則在邏輯上意為「"台北市" Or "新北市"」。

⑩ 點按〔設計〕索引標籤裡〔查詢類型〕群組內的〔更新〕命令按鈕。

⑪ 在查詢設計檢視的下方窗格裡增加了〔更新至〕這一列，讓我們可以在此定義
更新公式。

⑫ 在查詢窗格裡〔運費〕欄位底下的〔更新至〕儲存格中輸入「[運費]*1.1」，訂
定此更新查詢的更新公式。

⑬ 點按〔設計〕索引標籤裡〔結果〕群組內的〔執行〕命令。

⑭ 完成此查詢的執行將更新 358 列(筆)資料記錄的確認對話，點按〔是〕按鈕(合
乎送貨城市為台北市或新北市的資料記錄共有 358 筆)。

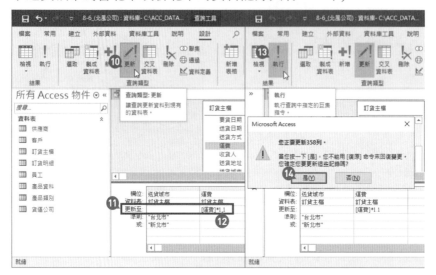

⑮ 點按快速存取工具列
上的〔儲存檔案〕按
鈕以儲存此次建立的
更新查詢。

⑯ 開啟〔另存新檔〕對
話方塊，輸入查詢名
稱為「雙北運費漲價
一成」。再按〔確
定〕按鈕。

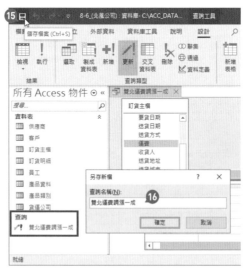

在資料庫視窗的功能窗格裡可以從〔查詢〕物件清單中看到這個
更新查詢的圖示符號為　，這與其它的查詢圖示不太一樣喔！

完成資料表的更新查詢後，可以看到〔訂貨主檔〕資料表裡的運費欄位中，只要〔送貨城市〕是屬於「台北市」以及「新北市」的運費都已經漲價 10%。當然，這個更新資料查詢物件的執行，可不能因為您的好奇或者想要勤於練習，而一直重複執行喔！因為，每執行一次，符合準則的資料記錄其運費可又要再調漲 1.1 倍呢！

❶ 調漲前的運費價格。

❷ 調漲後的運費價格。

在更新查詢的查詢設計檢視畫面中，更新欄位的〔更新至〕儲存格裡，可以鍵入要用來改變該欄位的運算式或數值。所謂的運算式是指任何運算元、常數、文字、數值、函數、和欄位名稱、控制項、及屬性等的組合。

8-7　新增資料查詢

透過新增資料查詢的操作，我們可以將指定的資料篩選出來後，附加在目前使用中的資料庫裡的另一資料表內，或是附加至另一特定資料庫內的指定資料表中。例如：在資料庫裡名為〔年度業務風雲人物〕的資料表原有 4 筆資料記錄，而名為〔添增業績前五名〕的查詢其查詢類型原本是一般的選擇性查詢，可以查詢〔員工業績統計〕資料表(原有 14 筆資料記錄)裡的資料。在以下的實作演練中，我們將修改〔添增業績前五名〕查詢，將其查詢類型變更為〔新增〕查詢，然後，指定篩選準則為找出業績前五名的資料記錄，並將此查詢結果新增(Append)至〔年度業務風雲人物〕資料表裡，讓此資料表的內容由原本的 4 筆資料記錄增長為 9 筆資料記錄。

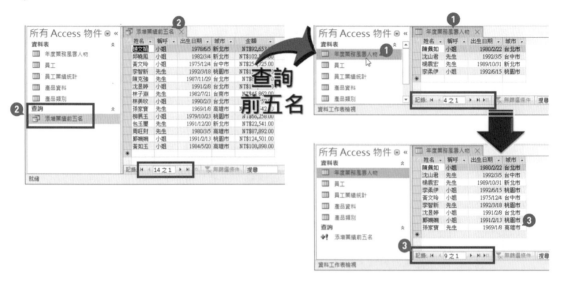

■1 〔年度業務風雲人物〕資料表裡原有 4 筆資料記錄。

■2 修改〔添增業績前五名〕選擇性查詢，找出前五名的業務員。

■3 將查詢結果附加(Append)至〔年度業務風雲人物〕資料表裡形成 9 筆資料記錄。

① 以滑鼠右鍵點按〔功能窗格〕裡〔查詢〕物件底下的〔添增業績前五名〕
查詢。

② 從展開的快顯功能表中，點選〔設計檢視〕功能選項。進入查詢設計檢視畫
面裡，可以看到〔員工業績統計〕資料表的五個資料欄位已經逐一設定為查
詢欄位。

③ 設定〔金額〕欄位的排序方式為〔遞減〕。

④ 點按〔查詢工具〕底下〔設計〕索引標籤裡〔查詢設定〕群組內〔返回：〕右
側的文字方塊，在此輸入或選取臨界數值為「5」。

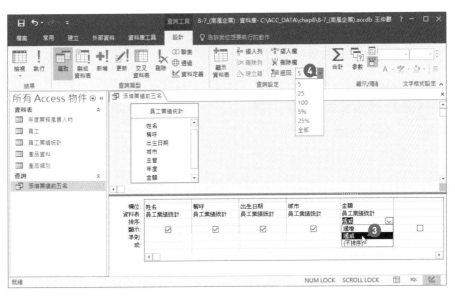

⑤ 點按〔設計〕索引標籤裡〔查詢類型〕群組內的〔新增〕命令按鈕。

⑥ 開啟〔附加〕對話方塊,點選〔目前資料庫〕選項。

⑦ 在附加至資料表名稱的下拉式方塊中選擇〔年度業務風雲人物〕資料表,再按〔確定〕按鈕。

⑧ 查詢設計檢視畫面下方將會顯示〔附加至〕,將查詢輸出欄位對應到〔年度業務風雲人物〕資料表裡的各個資料欄位。

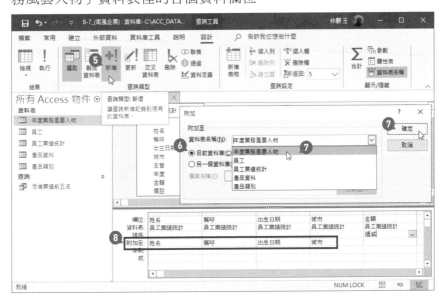

⑨ 點按〔設計〕索引標籤裡〔結果〕群組內的〔執行〕命令。

⑩ 完成此查詢的執行將附加 5 列 (筆)資料記錄的確認對話方塊,請點按〔是〕按鈕。

⑪ 點按快速存取工具列上的〔儲存檔案〕工具按鈕。

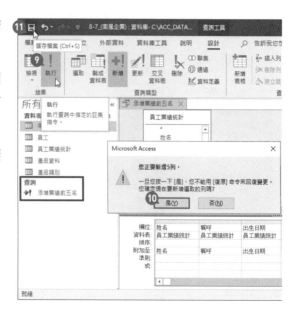

完成新增查詢的執行與存檔後,可以開啟〔年度業務風雲人物〕資料表,看看查詢結果的 5 筆資料記錄是否已經附加成功!

❶ 在資料庫功能窗格裡可以看到剛剛完成的〔添增業績前五名〕查詢物件,此新增查詢 (附加資料)的圖示符號 ➕ 不同於一般選取查詢的圖示符號。

❷ 開啟〔年度業務風雲人物〕資料表,此實作範例所產生的新查詢結果共有 5 筆資料記錄將自動附加至指定的〔年度業務風雲人物〕資料表,使得該資料表內原有 4 筆資料記錄,瞬間即變成生 9 筆資料記錄。

在查詢設計檢視畫面中,〔查詢類型〕群組裡的命令按鈕即代表著各種不同類型與功能的查詢,其不同的圖示符號也都很容易識別。

查詢類型	名稱	查詢類型	名稱
選取	選擇性查詢	刪除	刪除查詢
交叉資料表	交叉資料表查詢	更新	更新查詢
製成資料表	製成資料表查詢	新增	新增查詢

8-8 | 查詢的 SQL 語法

其實在 Access 裡的『查詢』功能操作，就是 SQL 語言的 Select 指令，也就是說，透過 Access 所提供的查詢精靈對話方塊操作，或者親自在查詢設計檢視畫面裡進行功能選項操作，背後都是 SQL 指令的下達與執行，使用者根本就不需要背誦與記憶『SQL 語言指令』。不過，畢竟學習基本的『SQL 語言指令』仍是資料庫系統管理員或資料庫使用者不能避諱的一項傳統技能。至少，基本的、簡單的 Select 指令要學會看得懂、學會臨摹仿照。

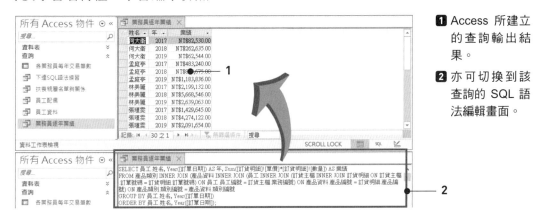

1 Access 所建立的查詢輸出結果。

2 亦可切換到該查詢的 SQL 語法編輯畫面。

在 Access 的查詢檢視畫面中，使用者隨時可以切換到 SQL 檢視畫面進行 SQL 語法的編輯與學習。例如：建立一個沒有任何作為的新查詢時，在查詢設計檢視畫面下，即可切換到 SQL 檢視畫面，進行 Select 指令的下達。

1 點按〔建立〕索引標籤，再按〔查詢〕群組裡的〔查詢設計〕命令按鈕。

2 開啟〔顯示資料表〕對話方塊，不須點選任何選項，直接點按〔關閉〕按鈕。

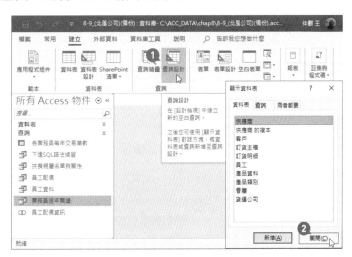

3 點按〔查詢工具〕底下〔設計〕索引標籤裡的〔檢視〕命令按鈕。

4 從展開的選單中點選〔SQL 檢視〕。進入 SQL 檢視畫面。

5 預設已經填入 SELECT 指令。

6 輸入 SQL 指令為「SELECT * from 訂貨主檔」。

7 點按〔查詢工具〕底下〔設計〕索引標籤裡〔結果〕群組內的〔執行〕按鈕。

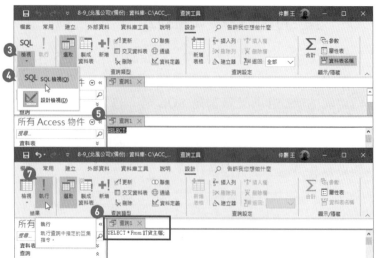

8 立即執行 SQL 指令，顯示如下圖訂貨主檔資料表裡的所有欄位、所有資料記錄。

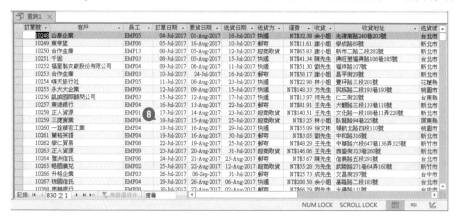

我們再試試另一個設定了條件式的 SQL 指令，多練習一下 SQL 指令的操作與語法的認識：

9 再次點按〔設計〕索引標籤裡〔結果〕群組內的〔檢視〕命令按鈕。

10 從展開的選單中點選〔SQL 檢視〕。

11 再度進入 SQL 檢視畫面，在此將 SQL 語法修改為「SELECT * From 訂貨主檔 where 客戶編號="QUICK" and Year(訂單日期)=2018」。

12 點按〔查詢工具〕底下〔設計〕索引標籤裡〔結果〕群組內的〔執行〕命令按鈕。

13 上述的 SQL 指令執行後，將在訂貨主檔資料表中查詢客戶編號為「QUICK」(高上補習班)的客戶在 2018 年的訂單交易記錄。

　　若是開啟一個既有(舊有)的 Access 查詢，在查詢設計檢視畫面下，切換到 SQL 檢視畫面時，即可看到該查詢的正確 SQL 語法。

1 以滑鼠右鍵點按〔查詢〕物件底下的〔各業務員每年交易筆數〕查詢。

2 從展開的快顯功能表中，點選〔設計檢視〕功能選項。

3 進入查詢設計檢視畫面，點按〔查詢工具〕底下〔設計〕索引標籤裡〔結果〕群組內的〔檢視〕命令按鈕。

4 從展開的選單中點選〔SQL 檢視〕。

立刻看到這個〔各業務員每年交易筆數〕查詢的複雜 SQL 語法。

 延伸學習

8-4 節所介紹的製成資料表查詢

下達的 SQL 指令是 Select ....Into....From.... Where...

8-5 節所介紹的刪除查詢

下達的 SQL 指令是 Delete ....From.... Where...

8-6 節所介紹的更新查詢

下達的 SQL 指令是 Update ....From.... Where...

8-7 節所介紹的新增查詢

下達的 SQL 指令是 Insert Into ....Select....From....Order By....

```
SELECT 訂貨主檔.訂單號碼, 訂貨明細.產品編號, 訂貨明細.數量 INTO 東達銀行
FROM (客戶 INNER JOIN 訂貨主檔 ON 客戶.客戶編號 = 訂貨主檔.客戶編號) INNER JOIN 訂貨明細 ON 訂貨主檔.訂單號碼 = 訂貨明細.訂單號碼
WHERE (((客戶.公司名稱)="東達銀行"));
```

```
DELETE 客戶.公司名稱, 訂貨主檔.*, Year([訂單日期]) AS 年, Month([訂單日期]) AS 月
FROM 客戶 INNER JOIN 訂貨主檔 ON 客戶.客戶編號 = 訂貨主檔.客戶編號
WHERE (((客戶.公司名稱)="學仁貿易") AND ((Year([訂單日期]))=2018) AND ((Month([訂單日期])) Between 1 And 6));
```

```
UPDATE 訂貨主檔 SET 訂貨主檔.運費 = [運費]*1.1
WHERE (((訂貨主檔.送貨城市)="台北市" Or (訂貨主檔.送貨城市)="新北市"));
```

```
INSERT INTO 年度業務風雲人物 ( 姓名, 稱呼, 出生日期, 城市 )
SELECT TOP 5 員工業績統計.姓名, 員工業績統計.稱呼, 員工業績統計.出生日期, 員工業績統計.城市
FROM 員工業績統計
ORDER BY 員工業績統計.金額 DESC;
```

8-9 │ 聯集查詢

　　所謂的聯集查詢指的是合併數個選取查詢的結果。例如：〔員工〕資料表儲存了員工基本資料、〔眷屬〕資料表儲存員工的眷屬資料。只要透過查詢指令，或是 Access 建立查詢的操作，就可以分別為這兩個資料表進行相關的聯集查詢。

　　以〔員工〕資料表為例，可以建立一個顯示「員工編號」、「姓名」、「年齡」與「職稱」等四個欄位的員工基本資訊之選取查詢。

```
SELECT 員工編號, 姓名, Year(Date())-Year([出生日期]) AS 年齡, 職稱
FROM 員工;
```

　　以〔眷屬〕資料表為例，可以建立一個顯示「員工編號」、「扶養者姓名」、「年齡」與「職業」等四個欄位的員工配偶資訊之選取查詢。

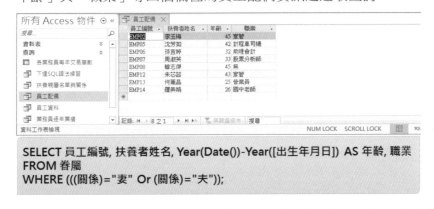

```
SELECT 員工編號, 扶養者姓名, Year(Date())-Year([出生年月日]) AS 年齡, 職業
FROM 眷屬
WHERE (((關係)="妻" Or (關係)="夫"));
```

　　由於這兩個資料查詢都儲存有「員工編號」欄位，因此，可以藉由聯集查詢指令，同時檢視這兩個二個選取查詢的結果，將其合併為一個結果集。

SELECT * from 員工資料 UNION select * from 員工配偶;

或

SELECT 員工編號, 姓名, Year(Date())-Year([出生日期]) AS 年齡, 職稱
FROM 員工
UNION SELECT 員工編號, 扶養者姓名, Year(Date())-Year([出生年月日]) AS
年齡, 職業
FROM 眷屬
WHERE (((關係)="妻" Or (關係)="夫"));

注意：對於建立聯集查詢，必須先瞭解以下事項：

在聯集查詢中合併的選取查詢必須擁有相同數目的輸出欄位，其順序必須相同，而且其資料類型也必須相同或相容。在執行聯集查詢時，每一組相對應欄位的資料都會合併到一個輸出欄位，因此查詢輸出的欄位數目等於每一個 Select 陳述式的欄位數目。聯集查詢是 SQL 專有的，因此必須切換到〔SQL 檢視〕畫面，直接以 SQL 指令撰寫。

CHAPTER 09

建立與管理表單

表單是屬於資料來源的輸入與輸出介面，也可是設計系統操控介面的最佳工具。本章節將介紹建立表單的種種方式，以及表單的各種檢視方式。此外，表單最重要的內容是各種控制項，因此，如何使用控制項、設定控制項屬性，也是此章節的重點。最後，將探討表單的格式化、佈景主題的套用，以及格式化條件的設定。

9-1 表單的觀念與設計

雖然我們可以在資料表與查詢的環境下進行資料的新增、更改、刪除、排序、篩選等操作，不過這樣子的畫面與環境僅適用於資料的維護與編輯，對於一個設計完善的資料庫系統而言，並不是一個很安全與美觀的操作介面。此時，在資料的輸入上，表單(Form)的設計就更顯得活潑與親切了。至於建立與設計表單的方式，除了可以利用 Access 所提供的表單精靈自動完成外，也可以自行規劃表單的設計版面與內容。基本上可以：

- 僅使用一個按鍵按鈕就完成表單的建立。
- 建立一個空白表單，然後，在表單設計檢視畫面中，再透過欄位控制項的拖曳與定義，完成表單的建置。
- 使用表單精靈，逐步完成表單製作。
- 利用表單版面配置完成表單設計。

表單的建立方式很多元，使用者可以根據自己的習慣與需求，快速建立表單，或自行精心規劃表單版面的設計。此外，也有許多自動表單格式可以挑選，可以快速獲得最專業的表單。

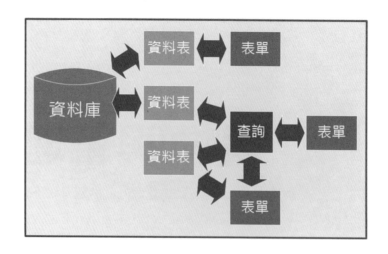

9-2 各種建立表單的方式

此小節將介紹各種建立表單的方式，讓您可以逐一遵循實作，徹底了解表單的製作過程。

9-2-1 一指神功快速建立新表單

建立用戶端資料庫系統的表單，最快、最簡便的方法便是一指神功建立新表單。也就是說，只要事先點選了資料表(Table)或查詢(Query)，然後，按一下〔表單〕命令按鈕，Access 便會將資料表或查詢裡的每一個欄位，視為表單的資料來源，自動建立新表單。爾後，便可以利用此表單進行逐筆資料記錄的輸入與編輯。例如：以下的操作將名為〔員工名冊〕的資料表，迅速建立一個表單物件。

❶ 點選或開啟資料表。例如：〔員工名冊〕資料表。

❷ 點按〔建立〕索引標籤。

❸ 點按〔表單〕群組裡的〔表單〕命令按鈕。

❹ 立即完成表單的建立，並進入表單的〔版面配置檢視〕畫面。

❺ 表單版面配置工具底下提供有〔設計〕、〔排列〕、〔格式〕等索引標籤的操作選項。

❻ 點按快速存取工具列上的〔儲存檔案〕工具按鈕。

7 開啟〔另存新檔〕對話方塊,在〔表單名稱〕文字方塊裡輸入自訂的表單名稱,再按〔確定〕鈕。完成表單的命名與儲存,在功能窗格裡即可看到已經建立完成的表單物件。

雖然這只是一個陽春卻實用的表單,若有需要,使用者也可以透過表單的版面配置檢視畫面,進行控制項的添增與屬性設定,來強化更多的表單功能與特性。

另一種快速建立表單的方式:只要已經建立了資料表,就可以直接將資料表另存新檔而形成一個最簡便又美觀實用的表單。操作方式是:開啟了資料庫裡的資料表或查詢物件後,點按功能區裡的〔檔案〕索引標籤,進入後台管理頁面後,點按〔另存新檔〕,進入〔另存新檔〕操作頁面,在〔檔案類型〕底下點按〔另存物件為〕選項,再點按兩下〔儲存目前的資料庫物件〕底下的〔另存物件為〕選項,待開啟〔另存新檔〕對話方塊後,在〔另存成〕下拉式選單中選擇〔表單〕,輸入自行命名的表單名稱,即可建立一個最簡便又美觀實用的表單。

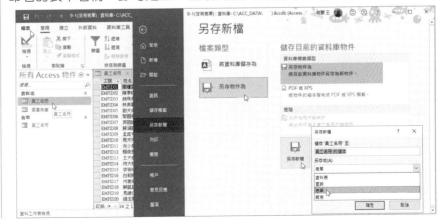

延伸學習：各種不同版面配置與需求的表單

　　除了上述的方式可以迅速建立簡單、陽春的表單外，使用者也可以根據不同的需求，選擇不同版面配置的表單，或者特定功能與用途的表單。

1 點選或開啟資料表或查詢物件。例如：點選〔圖書典藏〕資料表。

2 點按〔建立〕索引標籤。

3 點按〔表單〕群組裡的〔其他表單〕命令按鈕，然後，從展開的選項中，點選所要建立的表單類型。例如：點選〔多個項目〕表單。

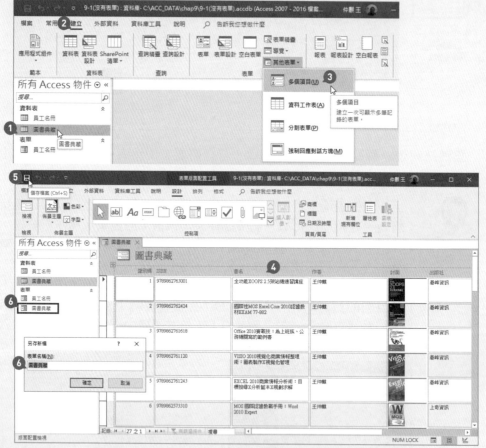

4 立即完成表單的建立，並進入表單的〔版面配置檢視〕畫面。

5 點按快速存取工具列上的〔儲存檔案〕工具按鈕。

6 開啟〔另存新檔〕對話方塊，在〔表單名稱〕文字方塊裡輸入自訂的表單名稱，再按〔確定〕鈕。完成表單的命名與儲存，在功能窗格裡即可看到已經建立完成的表單物件。

在〔其他表單〕命令按鈕裡所提供的各種表單類型與說明如下表所示：

快速建立表單	功能說明
多個項目	建立一次可顯示多筆記錄的表單。
資料工作表	建立可顯示資料工作表中多筆記錄且每列均顯示一筆記錄的表單。其猶如試算表、工作表一般，是一種行列式的表格。
分割表單	建立分割表單，此分割表單在上方區段顯示資料工作表，並在下方區段顯示可輸入資料工作表中選取記錄的相關資訊之表單。通常比較多見於多資料來源的呈現，尤其是一對多的主、從資料關聯，其中，上方區段可呈現主資料表的逐筆資料記錄，下方區段則顯示主資料表裡其資料記錄所對應的多筆資料內容。
強制回應對話方塊	建立一種視窗或對話方塊，這是一種需要使用者採取某種動作，才能將焦點切換到其他表單或對話方塊，而此對話方塊及訊息通常是強制回應的。
樞紐分析圖	建立顯示資料工作表或表單中資料之圖形分析的檢視。透過拖曳欄位及項目，或者顯示及隱藏下拉清單中欄位的項目，就可以看到不同層級的詳細資料或指定版面配置。
樞紐分析表	建立樞紐分析表檢視，提供互動式功能，讓使用者輕鬆地將資料排列為最適用的格式、檢視摘要資料或查看更詳細的資料。

9-2-2　使用表單精靈建立新表單

除了一指神功建立表單外，藉由〔表單精靈〕的逐步對話操作，亦可引領使用者挑選表單的資料來源、所需的資料欄位，以及表單的版面配置，透過更有彈性的選項操作而輕鬆建立所要的表單。進入〔表單精靈〕對話方塊的操作，逐步依循精靈的指示，即可完成表單的建立。以下的實作範例中我們將以〔員工名冊〕資料表為資料來源，選擇除了「附註」以外的所有資料欄位，迅速建立單欄式的表單。

❶ 開啟資料庫後，不須開啟或選取任何資料表或查詢，直接點按〔建立〕索引標籤。

❷ 點按〔表單〕群組裡的〔表單精靈〕命令按鈕。

❸ 開啟〔表單精靈〕對話方塊，第一個步驟即為點選指定要進行表單設計的資料來源，也就是選取要出現在表單上的各資料欄位。點選〔資料表/查詢〕選項，從中點選資料庫裡的資料表或查詢物件，例如：〔資料表：員工名冊〕。

④ 顯示〔員工名冊〕資料表
裡的所有資料欄位。

⑤ 點按〔>>〕按鈕,選取資
料表內的所有資料欄位。

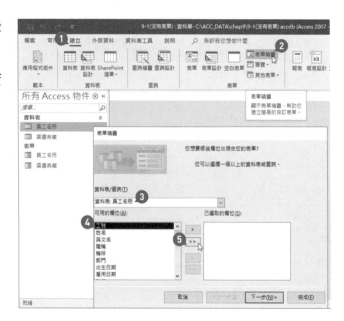

⑥ 點選〔附註〕欄位,再按〔＜〕按鈕。

⑦ 點按〔下一步〕按鈕。

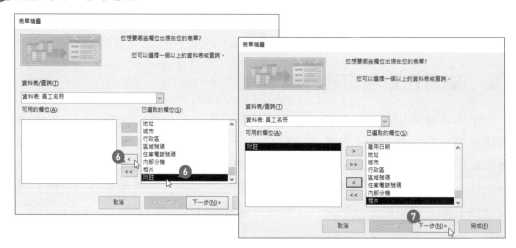

　　精靈裡提供了四個表單版面配置的選項,包含:單欄式、表格式、資料工作表
與對齊等四種表單配置格式選項可選擇並預覽。

⑧ 點選表單版面配置,例如:選擇〔單欄式〕版面配置,再按〔下一步〕按鈕。

⑨ 輸入表單的標題文字,也就是表單的命名。

⑩ 點選〔開啟表單來檢視或是輸入資訊〕選項,再按〔完成〕鈕,結束表單精靈
操作。

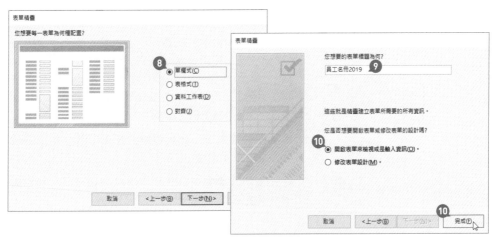

⑪ 完成新表單的建立。

⑫ 結束表單精靈操作，這是
完成的表單畫面。

表單中的欄位可以來自一張以上的資料表或查詢。若表單製作的資料來
源是來自於多張資料表，則利用表單精靈來建立表單時，Access 會在表
單的背後建立一個 SQL 敘述。在 SQL 敘述裡則包含了關於要使用哪一
些資料表及欄位的資訊。

表單(Form)的檢視畫面共有三種：〔表單檢視〕畫面、〔版面配置檢
視〕畫面和〔設計檢視〕畫面。

表單檢視	表單的輸出成果
版面配置檢視	變更表單設計的檢視畫面，極佳的視覺導向畫面，在此，每個控制項都會顯示實際資料。因此，在設定控制項大小，或者執行影響表單視覺外觀和可用性的工作方面，都非常便利。

表單檢視	表單的輸出成果
設計檢視	這也是變更表單設計的檢視畫面，在此檢視畫面會提供表單結構的詳細檢視，使用者可以查看表單的〔頁首〕、〔詳細資料〕和〔頁尾〕等三大區段。雖然在變更設計時無法查看基本資料，但是，有些工作在〔設計檢視〕中會比在〔版面配置檢視〕中更容易執行。例如： · 新增諸如：標籤、影像、直線及矩形等各式各樣的控制項至表單時更加方便。 · 直接在文字方塊中編輯文字方塊控制項來源，而省去使用屬性表的不便。 · 更容易調整各表單區段的大小，例如表單首或詳細資料等區段。 · 變更無法在〔版面配置檢視〕中才能變更的某些表單屬性，例如：預設檢視方法或允許表單檢視。

9-2-3　使用空白表單建立新表單

若希望一切自主，自行選擇表單所需的規劃與欄位時，使用者也可以從一張白紙般的空白表單開始著手，在表單版面配置檢視畫面下，製作一個沒有表單欄位或控制項目的表單，例如：功能選單；或者，搭配欄位清單的使用，自行勾勒出所需的表單結構。

1️⃣ 開啟資料庫後，點按〔建立〕索引標籤。

2️⃣ 點按〔表單〕群組裡的〔空白表單〕命令按鈕。

3️⃣ 進入表單版面配置檢視畫面，這是一張空白的版面，就是在此規劃表單的內容。

4️⃣ 畫面右側為〔欄位清單〕窗格，目前沒有可用的欄位可新增至表單中，因此，點按〔顯示所有資料表〕超連結，可展開資料表欄位的選擇。

5 點按〔員工名冊〕資料表名稱左側的展開鈕,顯示該資料表所含括的所有資料欄位。

6 以滑鼠拖曳〔工號〕資料欄位名稱至表單裡面,將〔工號〕資料欄位添增至表單中。

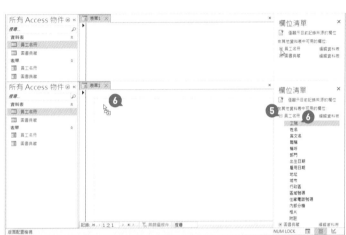

7 完成欄位的添增。一個資料欄位包含了標籤控制項以及文字方塊控制項。

8 〔欄位清單〕窗格將劃分成兩個部份:〔此檢視可用的欄位〕及〔在其他資料表中可用的欄位〕。

9 以滑鼠拖曳〔姓名〕資料欄位名稱至表單裡〔工號〕資料欄位的下方,此時可以看到橘色的插入點指標。

10 以滑鼠拖曳〔英文名〕資料欄位名稱至表單裡面〔姓名〕資料欄位的右側,此時可以看到橘色的插入點指標。

11 完成〔英文名〕資料欄位的添增與佈置。

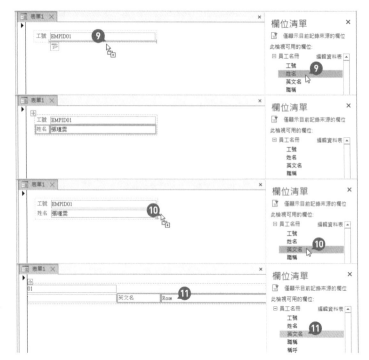

12 透過相同的操作方式將資料欄位插入或填入表單的版面配置之中。

13 利用滑鼠點選資料欄位控制項,藉由拖曳控制項至其他位置,即可調整控制項在表單版面上的配置。

14 利用滑鼠點選資料欄位控制項(不論是標籤控制項或是文字方塊控制項)後,藉由拖曳控制項的邊框,可以改變控制項的寬度。

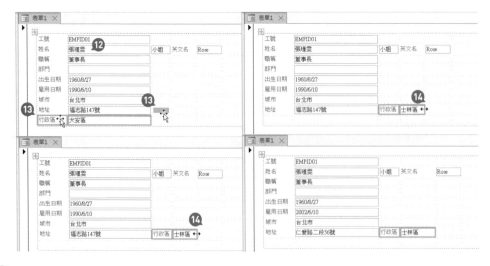

15 完成表單的建立後即可點按快速存取工具列上的〔儲存檔案〕工具按鈕。

⓰ 開啟〔另存新檔〕對話方塊，在〔表單名稱〕文字方塊裡輸入自訂的表單名稱。然後，點按〔確定〕按鈕。

⓱ 完成表單的命名與儲存，在功能窗格裡即可看到已經建立完成的表單物件。

將資料表裡的資料欄位添增至表單後，〔欄位清單〕窗格的顯示有以下兩種選擇：

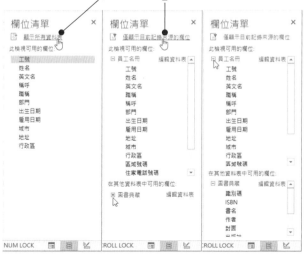

❶ 點按〔顯示所有資料表〕超連結，可將〔欄位清單〕窗格將劃分成兩個部份：〔此檢視可用的欄位〕以及〔在其他資料表中可用的欄位〕。

❷ 點按〔僅顯示目前記錄來源的欄位〕超連結，在〔欄位清單〕窗格裡將僅顯示目前表單中所使用到的資料欄位清單。

9-2-4　使用表單設計工具建立與編輯表單

除了前一節所述的使用空白表單(版面配置檢視畫面)可無中生有地建立表單外，透過表單設計檢視畫面所提供的工具，也是自行建立自訂表單的最佳環境。

1 點按〔建立〕索引標籤。

2 點按〔表單〕群組裡的〔表單設計〕命令按鈕。

3 進入表單設計檢視畫面，首先進入眼簾的就是〔詳細資料〕區段的編輯面積，點按〔表單設計工具〕底下的〔設計〕索引標籤。

4 點按〔工具〕群組裡的〔新增現有欄位〕命令按鈕。

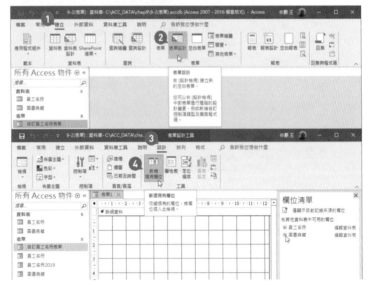

5 畫面右側開啟〔欄位清單〕窗格，點按〔圖書典藏〕資料表前的按鈕，以展開此資料表裡的可用欄位。

6 以滑鼠拖曳〔識別碼〕資料欄位名稱，拖放至表單裡面。

7 完成欄位的添增，包含了〔識別碼〕資料欄位的標籤控制項及文字方塊控制項。

8 將滑鼠游標停在〔識別碼〕資料欄位文字方塊控制項左上方的控制點(灰色的正方形控制點)上，滑鼠指標將呈現四箭頭狀。

9 透過拖曳操作可以移動〔識別碼〕資料欄位文字方塊控制項的位置。例如：讓〔識別碼〕資料欄位的標籤控制項及文字方塊控制項之間的距離可以拉近一點。

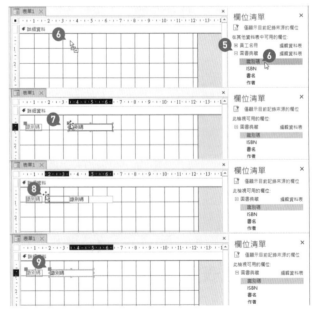

⑩ 也可以同時選取多個資料欄位，例如，先點選〔ISBN〕資料欄位，按住 Shift 按鍵不放後再點按〔出版日期〕資料欄位。

⑪ 然後再一併拖曳至表單的〔詳細資料〕區段內。

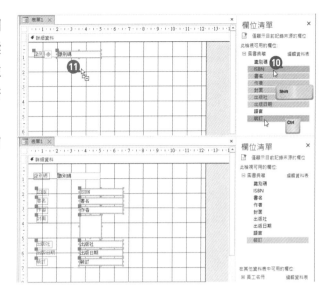

　　接著，可以透過拖曳資料欄位控制項的操作，安排、調整各資料欄位控制項在表單上的位置。不過，雖然可以透過滑鼠的拖曳操作，針對所選取的控制項進行移動、改變大小、或對齊操控，但是，這都是屬於純粹手控操作，若有更精確排列與對齊各控制項的需求時，則〔表單設計工具〕底下的〔排列〕索引標籤裡，提供有控制項物件在表單設計畫面上的對齊、排列順序、間距調整、…等等操作，將是編排表單控制項物件時的最佳幫手。

⑫ 選取表單上的控制項物件。

⑬ 設定一起靠左對齊。

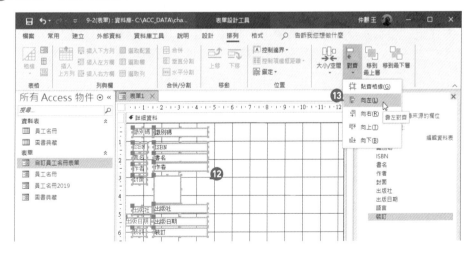

⓮ 增加垂直高度並設定垂直等距排列。

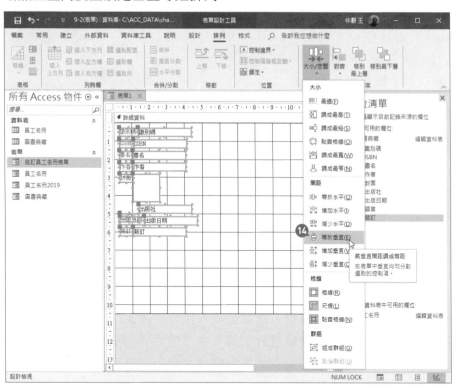

🔦 **延伸學習：表單內容的排列**

　　Access 提供了許多工具與技術讓使用者調整、排列表單裡的控制項及諸如影像等其他物件。例如：在表單的設計檢視畫面，使用者可以透過拖曳控制項等物件的操作方式來調整與排列它們在表單上的陳設位置，也可以精準地透過大小的設定、對齊、均分、...等功能操作，來設定高度、寬度、頂端位置、靠左邊緣位置等屬性。

● 在表單設計檢視中調整控制項的大小、間距、順序、對齊、邊界

● 在表單版面配置檢視中調整控制項的版面配置

延伸學習：表單控制項的位移調整

　　資料欄位在表單上的呈現，是由一個標籤控制項(Label)與文字方塊控制項(Text Box)所組成的，每一個控制項被點選時，外框將呈現橘色細線，外圍皆有八個控制點所圍繞，其中，左上方的控制點為灰色且面積較大的正方形，稱之為移動控點，其餘的七個控制點則是橘色的小正方形，稱之為縮放控點。

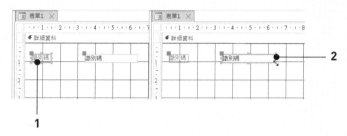

1 左上方的控制點是灰色正方形且特別的大，是屬於移動控制項位置的控制點。

2 在點選控制項後，將滑鼠游標移至控制項的橘色控制點時，滑鼠指標將呈現雙箭頭狀，此時透過拖曳操作可以改變控制項的大小。

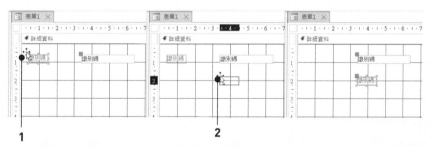

1 在點選控制項後，將滑鼠游標移至控制項左上方較大的灰色正方形控制點時，滑鼠指標將呈現四箭頭狀。

2 透過拖曳操作可以將該控制項移動至新的位置。

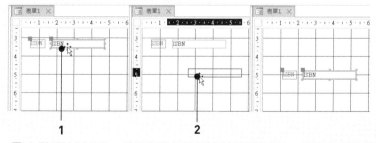

1 在點選控制項後，將滑鼠游標移至控制項的邊框上，滑鼠指標將呈現四箭頭狀。

2 透過拖曳操作可以移動整個資料欄位，也就是兩個控制項一起位移。

9-3 建立導覽功能表單

　　表單的功能不僅僅是應用在資料表的內容呈現或資料登入，在較為複雜與多元的資料庫系統中，表單也經常被應用在諸如對話方塊或功能選單等溝通介面的建立。往往這方面的需求都必須藉由更專業的資料庫設計與程式開發才能完成。不過，在 Access 中新增了功能強大的導覽功能表單，讓初學資料庫設計的使用者也能夠在這個領域如魚得水、得心應手！

　　例如：在資料庫系統中，我們經常會建立包含一組導覽控制項，並可連結數種不同資料來源與報表的表單，以協助我們輕鬆地在各表單與報表之間進行切換。以下的範例實作，將建立加入了導覽控制項的表單，讓此表單猶如切換表單一般，可成為資料庫的首頁。

1 開啟資料庫後，點按〔建立〕索引標籤。

2 點按〔表單〕群組裡的〔導覽〕命令按鈕。

3 從展開的功能選項中點選要建立的導覽式表單類型。例如：〔水平索引標籤〕。

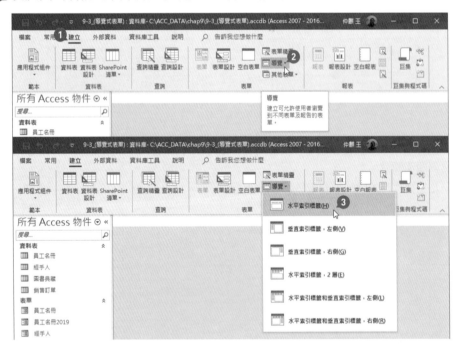

　　導覽控制項是由一系列諸如索引標籤所建構而成的導覽按鈕，以及顯示表單或報表的物件窗格所組成。

4 立即建立包含索引標籤列的導覽式表單。

❺ 直接點按索引標籤，在索引標籤上輸入想要在此呈現的物件名稱。例如〔經手人〕。

❻ 按下 Enter 鍵後即可看到〔經手人〕資料表已成為此索引標籤的內容。

　　另一種將資料庫物件新增至索引標籤的方式，便是透過滑鼠拖放操作，將物件從功能窗格中拖曳至索引標籤上。

7 點選功能窗格裡的資料庫物件。例如：〔圖書典藏〕表單，並拖曳此物件。

8 拖曳至導覽表單的〔新增〕索引標籤旁，為該物件新建索引標籤。

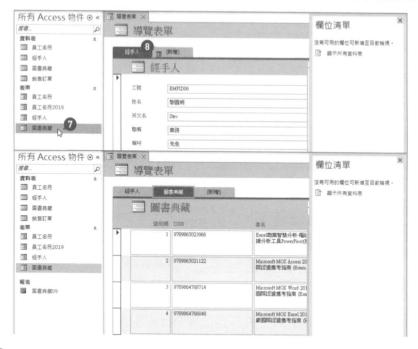

9 若要添增空白的索引標籤，則可以滑鼠右鍵點按導覽列上的索引標籤，然後，從展開的快顯功能表中點選〔插入巡覽按鈕〕功能選項。

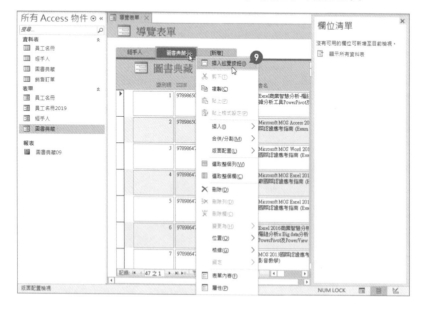

⑩ 立即在導覽列上新增空白的索引標籤。

⑪ 點按〔設計〕索引標籤裡〔工具〕群組內的〔屬性表〕命令按鈕。

⑫ 畫面右側開啟此表單的〔屬性表〕窗格。

⑬ 在〔標題〕屬性中輸入「2019圖書典藏」。

⑭ 在〔導覽目標名稱〕屬性中輸入〔圖書典藏09〕報表。

⑮ 〔圖書典藏09〕報表的內容立即呈現在索引標籤底下的窗格裡。

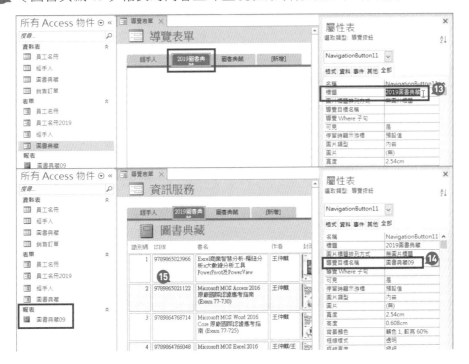

當然，從上面的操作步驟中可得知，索引標籤的名稱可以自行命名，不一定與開啟的表單或報表同名。此外，若是自訂的索引標籤名稱太長，也可以透過滑鼠拖曳操作，調整索引標籤的寬度以顯示全部的索引標籤名稱。

16 滑鼠游標停在索引標籤名稱側邊，滑鼠游標將呈現雙箭頭狀。往右拖曳來調整索引標籤的寬度。

17 原本以兩列文字呈現的索引標籤名稱已經變成一列文字了。

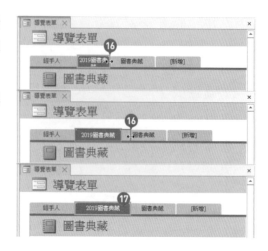

　　而導覽表單的表單首(Form Header)名稱亦可自行變更。例如：從原本預設的「導覽表單」文字改成自訂的「資訊服務」文字。

18 滑鼠點選導覽表單的表單首標籤控制項，再點按一下標籤控制項以進入文字編輯狀態。

19 刪除既有的文字後即可輸入自訂文字內容。

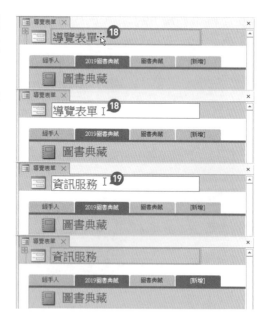

　　當然，建立並編輯完成的導覽式表單，也是必須命名儲存才得以永久保留。

20 完成表單的建立後即可點按快速存取工具列上的〔儲存檔案〕工具按鈕。

21 開啟〔另存新檔〕對話方塊，在〔表單名稱〕文字方塊裡輸入自訂的表單名稱。然後，點按〔確定〕按鈕。

22 完成表單的命名與儲存，在功能窗格裡即可看到已經建立完成的導覽表單物件。

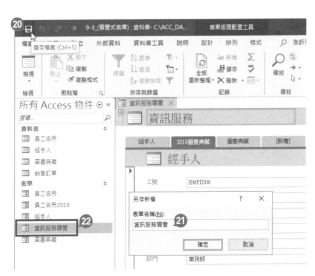

在使用者端的桌上型資料庫系統，使用者可以在設計檢視畫面或版面配置檢視畫面，建立與修改表單；在 Web 類型資料庫系統，則僅能於版面配置檢視畫面來建立與修改表單。

9-4 │ 表單的設計檢視與版面配置

在 Access 資料庫中建立、編輯資料表(Table)時，提供有資料表〔設計檢視〕畫面、〔資料表工作檢視〕畫面；在建立與編輯查詢(Query)時，則有查詢〔設計檢視〕畫面、〔資料表工作檢視〕畫面，以及〔SQL 檢視〕畫面。而在建立與編輯表單(Form)時，也同樣提供了不同需求與目的的操作畫面。

在開啟表單後，即可透過〔常用〕索引標籤裡〔檢視〕群組內的〔檢視〕命令按鈕進行各種不同的表單檢視畫面之切換，其中包含了表單〔設計〕檢視畫面、〔表單檢視〕畫面，以及表單〔版面配置檢視〕畫面。

● **表單檢視**

這是表單的結果呈現與實務的表單操作畫面。在表單設計完成後，便可以透過此檢視畫面進行一筆筆資料記錄的新增、編輯與輸出。若是要修改表單的設計，則應該切換到表單的〔版面配置檢視〕畫面或表單〔設計檢視〕畫面。

在功能窗格裡點按兩下想
要開啟的表單時,進入的
是〔表單檢視〕畫面。

- **版面配置檢視**

    這是 Access 2007 以後新增的檢視畫面,提供了堆疊式與表格式的版面配置。在
    此檢視畫面下可以輕鬆設定文字格式、重新排列欄位與資料記錄,亦可調整版面
    配置、設定控制項的格式,對於表格式的表單設計、欄列的控制與格式設定都較
    為便捷。

這是表單的〔版面配置檢
視〕畫面,可以進行表單
的設計、控制項的新增與
編輯、版面配置的設定等
等。

- **設計檢視**

    這是最傳統也最細緻的表單設計畫面,不論是表格式、堆疊式、單欄式的各種表
    單,都很容易在這個檢視畫面下進行操控。在此新增、編輯與管理表單控制項,設
    定控制項的屬性及格式,設定表單首、表單尾,都是輕而易舉的常態作業。

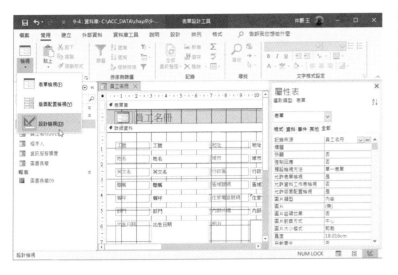

這是表單的〔設計檢視〕畫面，最常在此進行表單控制項的編輯、表單首、表單尾的設計。

在表單的〔設計檢視〕畫面中，提供的是〔表單設計工具〕，底下包含〔設計〕、〔排列〕與〔格式〕索引標籤。

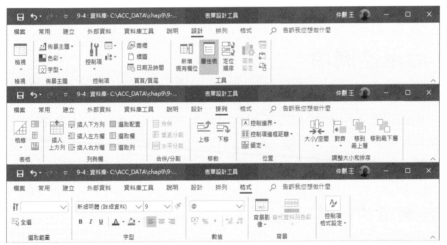

索引標籤	功能說明
設計	透過〔設計〕索引標籤，在設計與編輯表單時，可以輕鬆強化表單的視覺效果、表單內容與版面排列，在此包含了〔佈景主題〕、〔控制項〕、〔頁首/頁尾〕與〔工具〕等群組命令按鈕。
排列	提供了〔表格〕、〔列與欄〕、〔合併/分割〕、〔移動〕、〔位置〕與〔調整大小和排序〕等群組命令按鈕，可以進行表單欄列的增減與調整、表格內儲存格的合併與分割。
格式	包含了〔選取範圍〕、〔字型〕、〔數值〕、〔背景〕及〔控制項格式設定〕等群組命令按鈕，可以設定字體、字型、字的大小及顏色，以及數值性資料的格式設定、背景色彩的設定與控制項的格式化。

在表單的〔版面配置檢視〕畫面中，提供的是〔表單版面配置工具〕，底下也包含了〔設計〕、〔排列〕與〔格式〕索引標籤，功能與操作與〔表單設計工具〕大同小異。

9-5 活用控制項

當使用者在表單的設計檢視畫面或版面配置檢視畫面時，都可以設計新增：文字方塊、標籤、按鈕、核取方塊等控制項至表單裡。只要點按一下控制項命令按鈕，再到表單上點按一下想要顯示該控制項的位置，則控制項即可立即新增並呈現於所在位置。

9-5-1　控制項的新增與設定

不論是在表單〔設計檢視〕畫面或是〔版面配置檢視〕畫面，都可以進行表單控制項的新增與編輯。若要新增控制項至表單，滑鼠點按〔控制項〕群組裡的控制項按鈕，然後，再點按一下表單位置，即可將控制項添增至表單中。不過，有些控制項的運用需要事先進行預設值的設定，因此，在點選這些控制項至表單時，可以透過〔使用控制項精靈〕選項的設定，即可自動開啟相關的對話方塊或精靈操作來建立控制項。

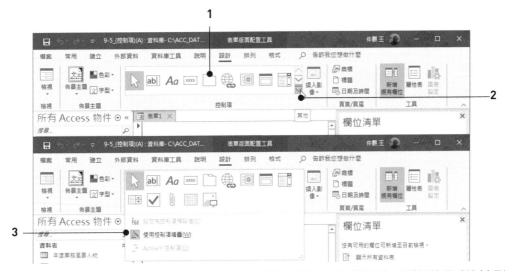

1 在〔表單版面配置〕檢視畫面中,〔表單版面配置工具〕底下〔設計〕索引標籤的〔控制項〕群組裡,提供了各種控制項命令按鈕,可供點選插入至表單中。

2 點按〔其他〕按鈕可顯示完整的控制項清單。

3 若是維持〔使用控制項精靈〕選項的點選,使用者可以在新增〔按鈕〕、〔下拉式方塊〕或〔清單方塊〕等控制項時,自動開啟相關的精靈操作。

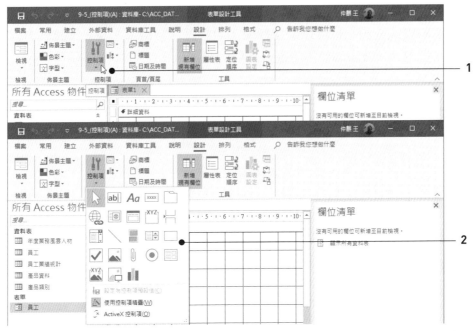

1 在〔表單設計〕檢視畫面中,〔表單設計工具〕底下〔設計〕索引標籤的〔控制項〕群組裡,也提供了各種控制項命令按鈕,可供點選插入至表單中。

2 在表單設計檢視畫面中所提供的控制項更多元,並提供有 ActiveX 控制項。

例如:透過以下的操作即可輕鬆添增標籤控制項至表單中。

❶ 點選〔控制項〕群組裡的〔標籤〕控制項命令按鈕。

❷ 點按一下表單版面配置裡的空白處(想要擺放控制項的地方)。

❸ 選取的〔標籤〕控制項立即新增在表單之中,並處於內容編輯狀態。

❹ 直接在〔標籤〕控制項裡輸入內容文字「基本資料」。

9-5-2　使用控制項精靈

在預設狀態下,新增〔按鈕〕、〔下拉式方塊〕、〔清單方塊〕等控制項時,Access 將會自動開啟相關的控制項精靈操作,引導使用者逐步完成該控制項的建立與部份屬性的設定。以〔下拉式方塊〕控制項為例,下拉式方塊的內容可以是來自指定的資料表或查詢,也可以是自行輸入的自訂文字清單。在〔下拉式方塊精靈〕的對話過程中,便會引導使用者進行相關的選擇以迅速建立所要的控制項。

❶ 點選〔控制項〕群組裡的〔下拉式方塊〕控制項命令按鈕。

❷ 點按一下表單版面配置裡想要擺放控制項的地方。例如:原先〔基本資料〕標籤控制項的下方。

❸ 自動開啟〔下拉式方塊精靈〕對話操作,點選〔我將輸入我要的值〕選項,再按〔下一步〕按鈕。

❹ 維持欄位為「1」,點按第 1 欄底下的空白儲存格,開始逐格輸入下拉式方塊控制項的內容。

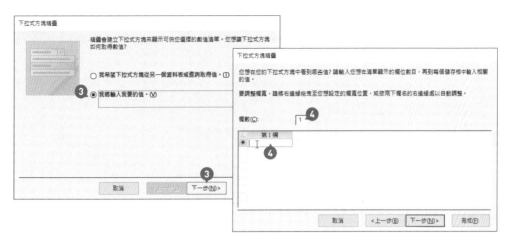

⑤ 逐格輸入「內部員工」、「派遣員工」、「約聘雇員」、「實習生」與「鐘點工讀生」。然後，點按〔下一步〕按鈕

⑥ 自訂此下拉式方塊控制項的標籤名稱，例如：輸入文字「員工編制類型」，然後，點按〔完成〕按鈕。

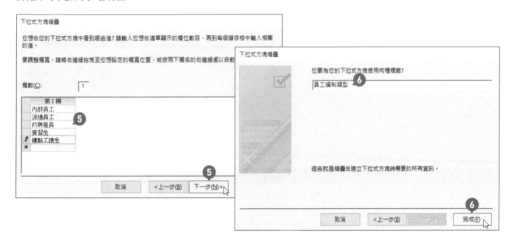

⑦ 完成下拉式方塊控制項的建立，但是，版面配置檢視畫面中看不到此下拉式方塊控制項的成果。

8 點按〔常用〕索引標籤。

9 點按〔檢視〕群組裡的〔檢視〕命令按鈕，並從展開的功能選單中點選〔表單檢視〕。

10 在表單檢視畫面中，即可點選拉式方塊控制項，看到所建立的下拉式方塊成果。

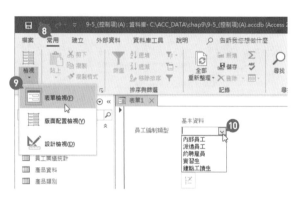

9-5-3　控制項的屬性設定

在表單設計中，不論是〔版面配置檢視〕畫面還是〔設計檢視〕畫面，都可以針對所點選的控制項進行格式設定或更進階的屬性設定，完整的規範該控制項的外觀面貌與功能特性。

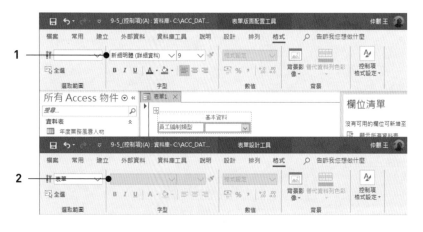

1 在表單版面配置檢視畫面的操作環境下，〔格式〕索引標籤裡的〔字型〕群組與〔數值〕群組裡的命令按鈕，可協助使用者進行控制項的格式設定。

2 在表單設計檢視畫面的操作環境下，〔格式〕索引標籤裡的〔字型〕群組與〔數值〕群組裡的命令按鈕，可協助使用者進行控制項的格式設定。

開啟控制項的〔屬性表〕則可以進行更豐富、更多元的設定。基本上，不論任何類型的控制項，皆可區分為〔格式〕、〔資料〕、〔事件〕與〔其他〕等四大類別的屬性，因此，在控制項的〔屬性表〕窗格頂端，除了顯示目前所點選的控制項名稱外，便分區成〔格式〕、〔資料〕、〔事件〕、〔其他〕與〔全部〕等索引標籤，讓使用者輕鬆切換至各類別的屬性清單，進行各屬性值的設定與編輯。以下拉式方塊控制項為例，其屬性設定包含如下：

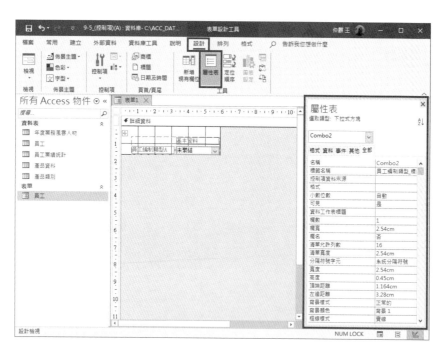

　　在以下的實作演練，將透過屬性表的操作來設定表單中的〔標籤〕控制項之字體字型與色彩等格式設定。

1 點選表單裡的〔標籤〕控制項，再往左拖曳搬移至版面配置裡的第一個儲存格。

2 點按〔表單版面配置工具〕之〔設計〕索引標籤，並點按〔工具〕群組裡的〔屬性表〕命令按鈕。

3 開啟〔標籤〕控制項的屬性表窗格，可進行該控制項的各種屬性設定。

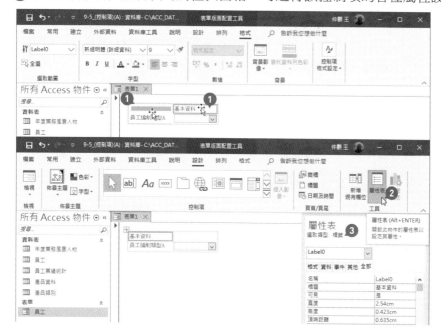

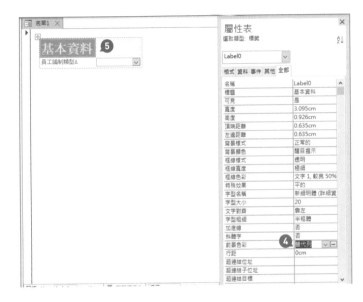

④ 例如：設定〔字型大小〕屬性為「20」；〔背景顏色〕屬性為「醒目提示」；〔字型粗細〕屬性為「半粗體」；〔前景色彩〕屬性為「替代列」。

⑤ 完成屬性設定的標籤控項。

9-6 客製化表單(格式化表單)

　　表單的格式化包含了整體視覺化的佈景主題之套用，以及表單首/表單尾、頁首/頁尾的格式設定，透過表單〔設計檢視〕畫面或表單〔版面配置檢視〕畫面裡的格式化工具，針對表單裡的控制項物件，進行諸如字型、色彩、背景、數值格式等格式化與屬性的設定。

9-6-1 使用佈景主題

　　在 Access 中，佈景主題控制了色彩與字型，所影響的是頁首/頁尾裡的字型，以及文字標籤與文字方塊控制項的字型設定。

❶ 開啟資料庫後，以滑鼠右鍵點按功能窗格裡的 Access 物件：〔名冊〕表單。

❷ 從展開的快顯功能表中點選〔版面配置檢視〕功能選項。

❸ 開啟〔名冊〕表單的版面配置檢視畫面。

❹ 點按〔設計〕索引標籤，再按〔佈景主題〕群組裡的〔佈景主題〕命令按鈕。

❺ 從展開的〔佈景主題〕圖庫清單中點選想要套用的佈景主題樣式。例如：〔多面向〕。

滑鼠指標停在佈景主題樣式上，便會在版面配置檢視畫面中自動預覽該佈景主題的格式效果。若是滑鼠指標停在佈景主題樣式上卻並未在版面配置檢視畫面中自動預覽該佈景主題的格式效果，則可以開啟〔Access 選項〕對話方塊，勾選〔一般〕索引標籤裡〔使用者介面選項〕底下的〔啟用即時預覽〕核取方塊。

佈景主題影響所及的元素含括了〔色彩〕與〔字型〕兩大類，因此，在〔佈景主題〕群組裡除了提供〔佈景主題〕命令按鈕可以輕鬆點選所要套用的佈景主題樣式外，亦可點按〔色彩〕命令按鈕僅變更目前佈景主題的色彩。或者，點按〔字型〕命令按鈕僅變更目前佈景主題的字型。

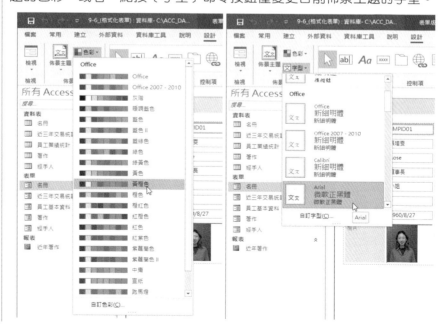

9-6-2　指定資料庫物件套用指定的佈景主題

　　在變更或修改佈景主題時，所有使用該佈景主題的 Access 物件會自動更新。至於我們是否可以在 Access 資料庫中使用一種以上的 Office 佈景主題呢？答案是肯定的！使用者可以在 Access 資料庫中使用多種 Office 佈景主題。例如：使用者可以讓所有表單使用同一種 Office 佈景主題，而讓報表使用另一種佈景主題。若要將 Office 佈景主題套用至選定的表單或報表，而不會去影響其他資料庫物件所套用的佈景主題，則可以進行以下的操作：

❶ 開啟資料庫後以滑鼠右鍵點按功能窗格裡的 Access 物件，例如：〔著作〕表單。

❷ 從展開的快顯功能表中點選〔版面配置檢視〕選項，切換版面配置檢視畫面。

❸ 點按〔報表版面配置工具〕底下〔設計〕索引標籤裡的〔佈景主題〕命令按鈕。

❹ 從展開的佈景主題清單選項中，以滑鼠右鍵點按想要套用的佈景主題，例如：〔離子會議室〕。

❺ 再從展開的快顯功能表中點選〔僅套用佈景主題至此物件〕功能選項。立即讓此物件套用了選取的佈景主題。

不論是在表單的設計檢視畫面，還是在版面配置檢視畫面時，所提供的佈景主題功能都是一樣的。但是，若要在表單中使用控制項，則表單設計檢視面和版面配置檢視畫面，所提供的控制項功能是有些許不同的喔！

9-6-3 在表單中插入圖像控制項

在表單中，透過圖像的插入可以為表單添加商標圖案，例如：置放公司的標誌於〔表單首〕區域裡。

1 以滑鼠右鍵點按功能窗格裡想要編輯的表單，例如：〔員工基本資料〕，再從展開的快顯功能表中點選〔設計檢視〕。

2 進入表單的〔設計檢視〕畫面，點按〔表單設計工具〕底下的〔設計〕索引標籤。

3 點按〔控制項〕群組裡的〔控制項〕命令按鈕，並從展開的功能選單中點選〔圖像〕功能選項。

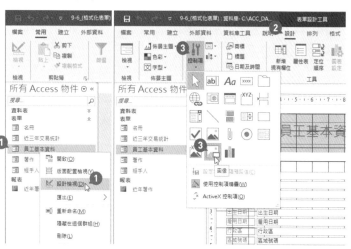

4 滑鼠游標在〔表單首〕區域裡呈現小十字與插圖的圖示。

5 在此點按並拖曳一個矩形面積做為插入圖像的位置與大小。

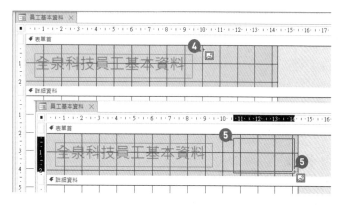

6 此時會彈跳出開啟
　〔插入圖片〕對話方
　塊，點選想要插入的
　圖形檔案，再按〔確
　定〕按鈕。

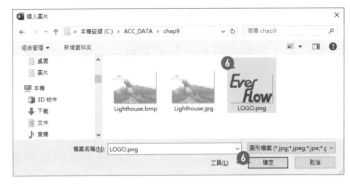

7 完成公司商標圖案的插入。

8 點選表單裡的圖像時，若開啟〔屬性表〕，則可以在此進行圖像的格式設定

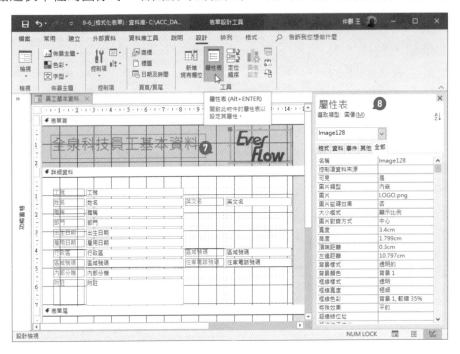

9-6-4　設定表單索引標籤順序

　　表單設計檢視中的〔Tab 鍵順序〕命令按鈕是設計表單時較常用的功能。由於
表單的各區段裡會插入適當的各種控制項，而當使用者在使用表單裡的控制項進行
資料的輸入時，鍵盤上的 Tab 按鍵可以協助使用者讓輸入游標自動移至下一個控制
項，因此，藉由此〔Tab 鍵順序〕命令按鈕，將可以協助表單設計人員輕鬆調整、
設定表單裡的各控制項在使用 Tab 按鍵時的順序。

❶ 點按〔設計〕索引標籤裡〔工具〕群組內的〔定位順序〕命令按鈕。

❷ 開啟〔Tab 鍵順序〕對話方塊,先在此選擇表單裡的區段,例如:〔詳細資料〕。

❸ 區段裡的各控制項清單立即呈現在此,即可透過選取欄位名稱及拖曳操作來調整其順序。

❹ 或者點按〔自動排序〕按鈕讓 Access 自動排列順序。

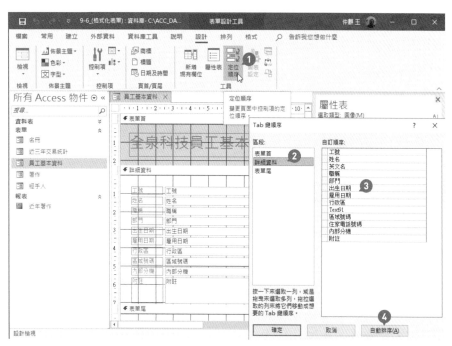

9-6-5 格式化表單控制項

正如同編輯文書處理文件進行文字、段落的格式化設定一般,我們也可以在選取表單裡的控制項後,設定其字體、字型、字的大小、字的顏色等標準的格式化設定。或者,利用〔複製格式〕命令按鈕的點按,複製某控制項的格式設定,並套用至另一個控制項中。如果控制項本身所連接的資料是數值性的資料,也可以藉由〔數值〕群組裡的命令按鈕,進行貨幣符號、百分比符號或小數位數等格式的設定。

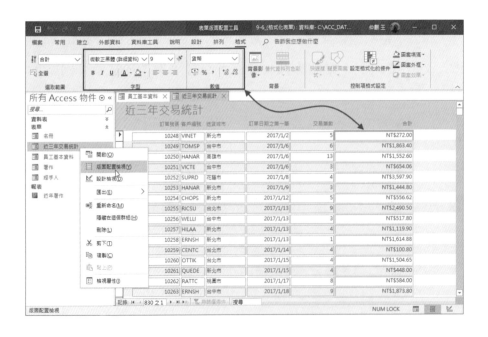

9-7 | 表單的屬性設定與格式化

不只是表單裡的各個控制項有其專有的屬性設定,整個表單、各個表單區段,也都有其專屬的屬性表,控制其格式、資料、事件、...等屬性設定。

❶ 點按〔設計〕索引標籤裡〔工具〕群組內的〔屬性表〕命令按鈕。

❷ 畫面右側即開啟屬性表窗格,在表單上點選不同的物件、區段時,屬性表窗格便顯示該物件、區段的屬性資料。

例如：在表單設計檢視畫面中，可以改變表單的背景色彩，也可以設定表單各區段的背景顏色或將背景填滿影像或交替色彩效果。只要先點選整個表單或表單裡的某個區段，便可透過屬性表的操作來設定其背景色彩的屬性。

1 點選整個區段。例如：〔表單首〕區段。

2 開啟屬性表，點按背景顏色屬性來設定該區段的背景顏色。

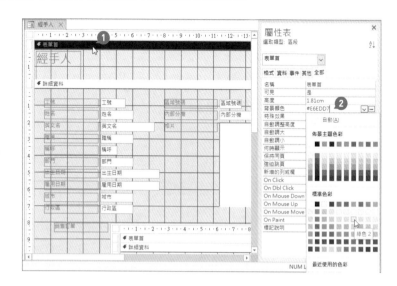

　　或者，在點選整個表單或選取某個區段後，點按〔表單設計工具〕底下〔格式〕索引標籤裡〔控制項格式設定〕群組裡的〔圖案填滿〕命令按鈕，亦可從展開的色盤選單中點選所要套用的背景色彩。

1 點選整個區段。例如：〔詳細資料〕區段。

2 透過〔圖案填滿〕命令按鈕的點按，展開色盤選擇所要套用的背景顏色。

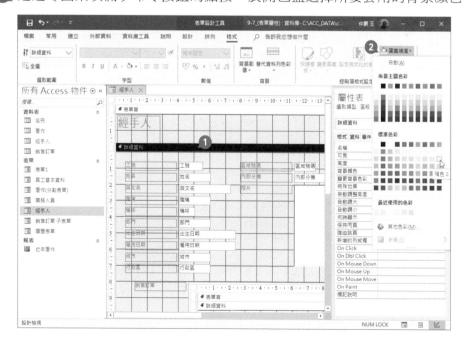

延伸學習：背景圖像

　　如果希望表單或表單區段裡所套用的背景色彩不是單一的純色，而是選定的圖像(圖片)，則請參考以下的操作範例。

1 開啟表單並進入表單版面配置檢視畫面後，點按〔表單設計工具〕底下的〔格式〕索引標籤。

2 點按〔背景〕群組裡的〔背景圖像〕命令按鈕，並從展開的選單中點選〔瀏覽〕。

3 開啟〔插入圖片〕對話方塊，選擇所要套用的圖片檔案並按下〔確定〕鈕。

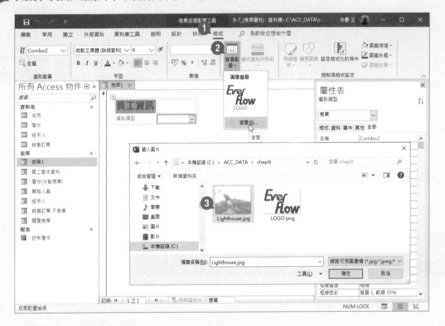

所選擇的影像圖片已經變成表單的背景了。

> **延伸學習：替代資料列色彩**
>
> 　　如果所建立的是資料工作表配置的表單，則開啟表單並切換到該表單的資料工作表檢視畫面後，可以利用〔替代資料列色彩〕命令按鈕，選擇資料工作表配置表單裡每一筆資料記錄的交錯色彩，讓表格式的表單視覺效果更加美觀與專業。

9-8　表單首尾與頁首和頁尾的設定

9-8-1　表單首與表單尾

　　每一份表單都可以設定「表單首」與「表單尾」。所謂的「表單首」就是出現在整份表單最前面的訊息，對於多頁的表單，即位於表單第一頁首頁的前面；「表單尾」則是出現在整份表單的最後一頁其尾端的訊息，對於多頁的表單，即位於表單最後一頁之頁尾的後面。一個內容豐富的多頁表單，可以有多個頁首、多個頁尾，但僅會有一個表單首、一個表單尾。以下即說明並演練表單首/表單尾的編輯過程。

1. 進入表單設計檢視畫面後，以滑鼠右鍵點按表單內部，從展開的快顯功能表中點選〔表單首/尾〕功能選項。

2. 原本既有的〔詳細資料〕上方立即顯示〔表單首〕編輯區域；下方立即顯示〔表單尾〕編輯區域。

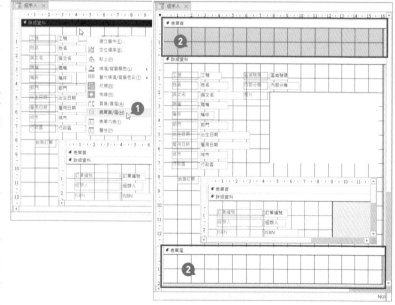

③ 點按〔標籤〕控制項工具按鈕。

④ 在〔表單首〕區域裡拖曳一個矩形大小的面積。

⑤ 在〔表單首〕區域裡產生一個矩形文字方塊。

⑥ 再於方塊內輸入「經手人基本資料」。

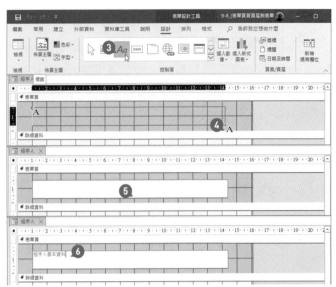

⑦ 選取表單首裡的文字方塊後，透過〔屬性表〕窗格的操作或者功能區裡的命令按鈕，設定標籤控制項的字型、字的大小、與字的顏色等設定，以順利改變標題文字的外觀。

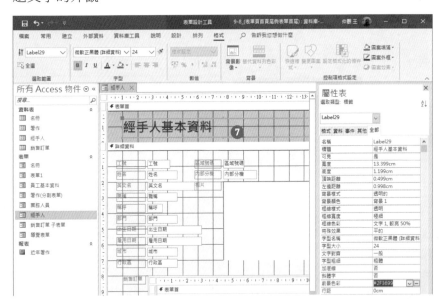

9-8-2　表單首的格式設定

若有需要調整〔表單首〕的面積，則只要以滑鼠拖曳〔詳細資料〕區域上緣的邊界即可輕鬆完成。但是，在點選表單首後，透過屬性表裡的高度設定，則可以更精準的規劃表單首的高度。甚至，在屬性表裡也可以設定表單首的顏色。

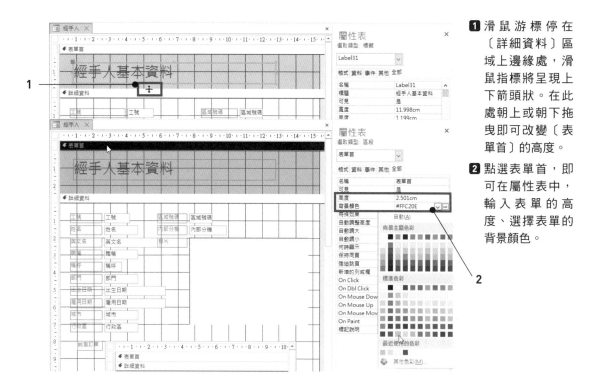

❶ 滑鼠游標停在〔詳細資料〕區域上邊緣處,滑鼠指標將呈現上下箭頭狀。在此處朝上或朝下拖曳即可改變〔表單首〕的高度。

❷ 點選表單首,即可在屬性表中,輸入表單的高度、選擇表單的背景顏色。

　　而在表單設計工具底下的〔設計〕索引標籤〔頁首/頁尾〕群組裡,也提供有〔標題〕命令按鈕,只要點按它便可以立即在〔表單首〕區段裡添增一個文字標籤控制項,輕鬆進行表單標題文字的建立與編輯。

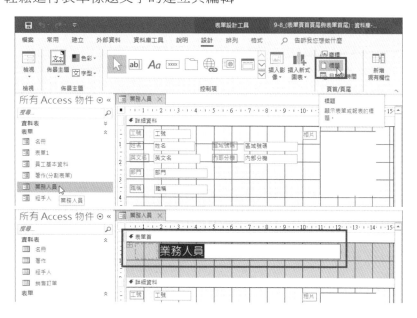

使用者可以經由增加一個或一個以上區段來增加表單的成效。大部分的表單設計只有〔詳細資料〕區段，但是表單也能包含〔表單首〕、〔頁首〕、〔頁尾〕及〔表單尾〕等區段。若將滑鼠指標置於區段的底部或右邊界，藉由拖曳操作可以變更高度或寬度，其中，向上或向下拖曳滑鼠指標可以更改區段的高度。向左或向右拖曳滑鼠指標則可以更改區段的寬度，當使用者變更區段的寬度時，整個表單畫面的寬度都會跟著改變。

9-8-3　表單的頁首與頁尾

篇幅較長的表單內容或許並不只有一頁，因此，如同文書處理的頁首/頁尾功能一般，不管 Access 的表單有幾頁，也都具備有頁首/頁尾的功能設定。出現在每一頁上方的訊息即稱之為「頁首」；出現在每一頁下方的訊息即稱之為「頁尾」。通常可以在此設定公司的全銜抬頭、作者姓名、頁碼或是系統日期時間等資訊。

❶ 回到表單設計檢視畫面後，以滑鼠右鍵點按表單內部，然後，從展開的快顯功能表中點選〔頁首/頁尾〕功能選項。

❷ 原本既有的〔詳細資料〕與〔表單首〕之間立即顯示〔頁首〕編輯區域；〔詳細資料〕與〔表單尾〕之間立即顯示〔頁尾〕編輯區域。

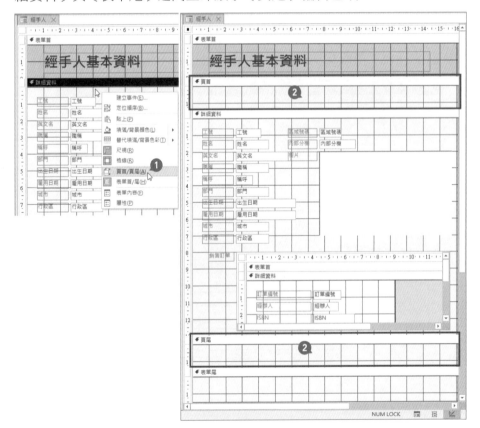

- 表單頁首通常用來顯示如標題、圖、欄名、或任何想要列印在每一頁上方的資訊，不同於表單首只顯示在第一頁上方。

- 表單頁尾通常用來顯示如日期、頁碼、或任何想要列印在每一頁下方的資訊，不同於表單尾只顯示在最後一頁的最後詳細資料區段之後。

延伸學習：工具群組的使用

在表單的設計檢視畫面或是表單的版面配置檢視畫面，其〔表單設計工具〕或〔表單版面配置工具〕底下皆提供有〔設計〕索引標籤，讓使用者在設計與編輯表單時，可以輕鬆強化表單的視覺效果、表單內容與版面排列。不過，在表單版面配置檢視畫面，以及表單設計檢視畫面中，所提供的表單控制項不但不太一樣，其中的工具也是有些許差異的。

例如：在表單版面配置檢視畫面的〔工具〕群組裡，僅有〔新增現有欄位〕與〔屬性表〕；在表單設計檢視畫面的〔工具〕群組裡，除了〔新增現有欄位〕與〔屬性表〕外，還提供有〔定位順序〕與〔檢視程式碼〕、〔轉換表單的巨集至 Visual Basic〕等命令按鈕。

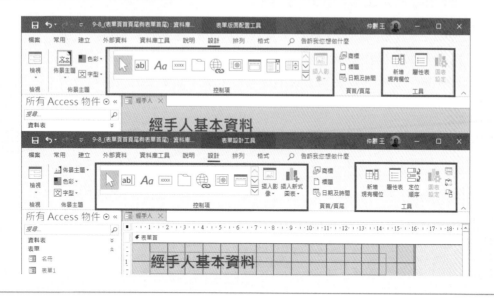

9-9 │ 製作主表單與子表單

　　針對一個資料表，當然可以迅速製作出以該資料表為資料來源的表單，若是針對一對多的關聯性資料表，Access 亦會自動識別出一對多關聯裡，兩個資料表之間的主、從關係，而快速建立主表單與子表單。

　　例如：在資料庫中，〔客戶〕資料表與〔訂貨主檔〕資料表，彼此之間是一對多的關聯，而串聯的關鍵欄位是〔客戶〕資料表(一方)的「客戶編號」(PK, 主索引鍵)欄位，對應到〔訂貨主檔〕資料表(多方)的「客戶編號」(FK, 外來鍵)欄位。

9-9-1　快速製作主表單與子表單

　　以下即以一對多關聯的〔客戶〕資料表與〔訂貨主檔〕資料表，進行快速建立主表單與子表單的操作演練。此刻，只要以一方的〔客戶〕資料表進行表單的建立，Access 會自動將其設定為主表單的資料來源，而多方的〔訂貨主檔〕資料表將自動設定為子表單。

❶ 點選一對多關聯的資料表。例如：一方的〔客戶〕資料表。

❷ 點按〔建立〕索引標籤。

❸ 點按〔表單〕群組裡的〔表單〕命令按鈕。

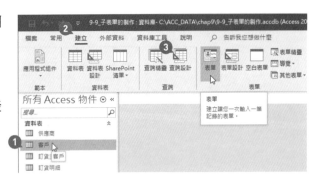

❹ 立即建立〔客戶〕表單，此為主表單。

❺ 在主表單下方包含了以一對多關聯的多方資料表〔訂貨主檔〕為資料來源的子表單。

此範例的〔客戶〕主表單共有 92 筆資料記錄。

6 點按主表單的〔下一筆記錄〕按鈕。下方包含了以一對多關聯的多方資料表〔訂貨主檔〕為資料來源的子表單。

7 顯示〔客戶〕主表單之第 2 筆資料記錄〔訂貨主檔〕子表單，顯示此客戶所有的交易記錄。

❽ 點按快速存取工具列上的〔儲存檔案〕工具按鈕。

❾ 開啟〔另存新檔〕對話方塊，在此可輸入自訂或使用預設的表單名稱。然後按〔確定〕鈕。

❿ 完成含有子表單的表單。

在關聯式資料庫中，主表單和子表單是互相連結的，因此，子表單只會顯示與主表單中與目前記錄相關的資料記錄。以下圖為例，當主表單顯示「坦森行貿易」這筆資料記錄時，子表單裡便只會顯示與「坦森行貿易」相關的訂單資料記錄。

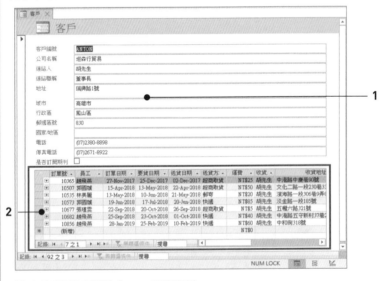

❶ 主表單顯示關聯「一」端的資料。

❷ 子表單顯示關聯「多」端的資料。

在主表單與子表單的定義上，部分相關的專有術語是學習主表單與子表單架構中不可或缺的知識，對於瞭解主表單與子表單背後運作原理將有很大的幫助。逐一說明於后。

專有詞彙	定義
子表單控制項	此控制項可將表單內嵌至表單。資料庫設計人員可以將子表單控制項視為資料庫中其他物件的「檢視」，而該物件可以是另一個表單、資料表或查詢。子表單控制項提供的屬性可讓使用者將控制項中顯示的資料連結到主表單上的資料。
〔來源物件〕屬性	子表單控制項的這個屬性會決定控制項中顯示什麼物件。
資料工作表	就像試算表一般，以資料列及資料欄簡單地顯示資料。子表單控制項會在其來源物件為資料表或查詢時，或是其來源物件為表單且〔預設檢視〕屬性設定為〔資料工作表〕時，顯示資料工作表。在此情況下，子表單有時也稱之為資料工作表或子資料工作表，而並非是子表單的形式。
〔連結子欄位〕屬性	子表單控制項的這個屬性會指定要連結至主表單的子表單欄位。
〔連結主欄位〕屬性	子表單控制項的這個屬性會指定要連結至子表單的主表單欄位。

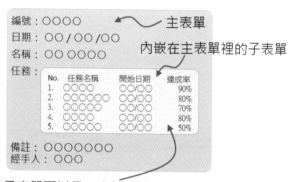

☑子表單可以是：表單物件、資料表物件、或查詢物件
☑子表單的顯示可以是：表單或資料工作表檢視

　　若要檢視或編輯子表單的屬性，可以進入表單的設計檢視畫面，點選內嵌在主表單裡的子表單物件後，開啟其屬性表窗格，即可進行子表單的相關設定。

❶ 以滑鼠右鍵點按開啟中的主表單之表單索引標籤。

❷ 從展開的快顯功能表中〔設計檢視〕。

❸ 進入表單設計檢視畫面後，點選內嵌的子表單物件。

④ 點按〔設計〕索引標籤，再點按〔工具〕群組裡的〔屬性表〕命令按鈕。

⑤ 開啟子表單的〔屬性表〕窗格。此子表單是資料表物件：〔訂貨主檔〕資料表。

⑥ 連結的主欄位與子欄位為「客戶編號」。

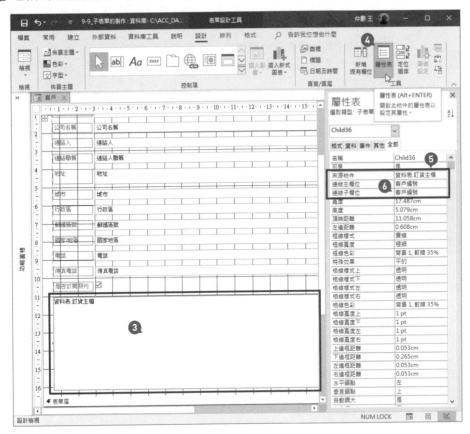

9-9-2　利用表單精靈建立子表單

　　前一小節所介紹的主表單與表單建立方式雖然快速，但使用的表單內容是預設資料來源的所有欄位，並無法指定主表單或子表單的欄位內容，而且，內嵌在主表單裡的子表單是資料表，並非真正的子表單物件。以下即演練如何使用表單精靈的操作，為關聯性資料表建立可自選表單欄位內容的主表單與子表單。

① 點按〔建立〕索引標籤。

② 點按〔表單〕群組裡的〔表單精靈〕命令按鈕。

③ 開啟〔表單精靈〕對話方塊，第一個步驟即為點選指定要進行表單設計的資料來源，也就是選取要出現在表單上的各資料欄位。點選〔資料表/查詢〕選項，從中點選資料庫裡的資料表或查詢物件，例如：〔資料表：客戶〕。

④ 顯示〔客戶〕資料表裡的所有資料欄位，點選資料表內的「客戶編號」。

⑤ 點按〔＞〕按鈕。

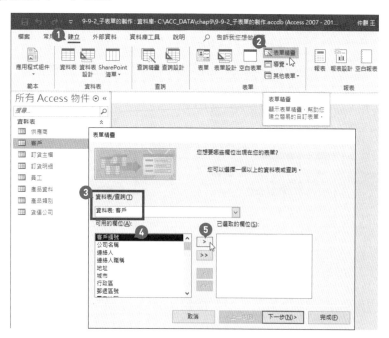

⑥ 依此類推，點選〔客戶〕資料表裡其他需要成為表單內容的資料欄位。

⑦ 點選關聯性資料的另一資料表，以此例而言，也就是多方的資料表：〔資料表：訂貨主檔〕。

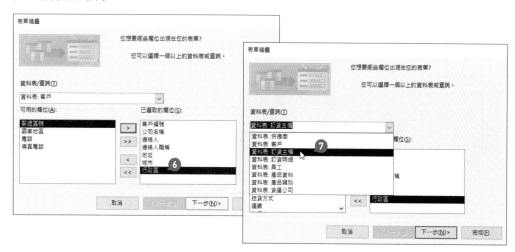

8 顯示〔訂貨主檔〕資料表裡的所有資料欄位，點選資料表內的「訂單編號」。

9 點按〔＞〕按鈕。

10 依此類推，點選〔訂貨主檔〕資料表裡其他需要成為子表單內容的資料欄位。

11 點按〔下一步〕按鈕。

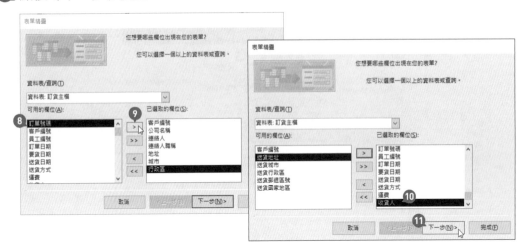

12 在〔您要如何檢視資料？〕的選項裡，點選〔以 客戶〕選項，意為以〔客戶〕資料來源為主表單內容。

13 點選〔有子表單的表單〕，再按〔下一步〕按鈕。

14 點選子表單所要使用的版面配置。例如：選擇〔表格式〕。再按〔下一步〕按鈕。

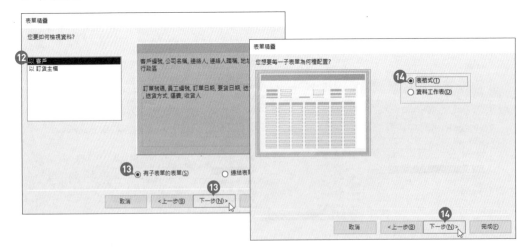

15 輸入表單的標題文字，也就是表
單的命名；子表單的標題文字，
也就是子表單的命名。

16 點選〔開啟表單來檢視或是輸入
資訊〕選項。

17 點按〔完成〕按鈕，結束表單精
靈操作。完成新的主表單與子表
單的建立。

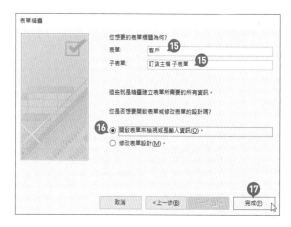

1 這是主表單畫面，
資料來源來自〔客
戶〕資料表裡自行
選定的欄位內容。

2 這是內嵌在主表單
裡的子表單畫面，
資料來源來自〔訂
貨主檔〕資料表裡
自行選定的欄位內
容。

延伸學習：子表單的建立

- 在關聯式資料表的一對多關聯中，表單的呈現經常可以採用子母表單的形式，
一的那一方通常為主表單，多的那一方通常為子表單。若使用者尚未建立任何
相關的主表單與子表單，使用表單精靈(Form Wizard)可以協助使用者輕鬆建立
主表單及子表單。

- 由於子表單的來源可是一個資料表、查詢、或已經事先建立好的表單。因此，
若使用者原本就已經建立了兩個表單，而且這兩個表單也符合資料來源關聯以
及欄位的連結，則透過表單設計畫面的子表單控項，即可開啟其屬性表，進行
〔來源物件〕屬性的設定。

CHAPTER 10

報表的應用

報表是資料來源經過處理、摘要後僅供輸出的作品,本章將學習建立報表的種種方式,以及報表的各種檢視方式。此外,報表內容的設計、排列、格式化、版面配置、子報表的製作、報表內容的篩選與排序,以及控制項的屬性設定也是各小節的重點。

10-1 報表的觀念與設計

不同於表單大都應用於資料的登錄或查詢,報表通常是以列印格式呈現資料。因為使用者可以控制報表中所有項目的大小及外觀,所以也可以決定資訊顯示與統計的方式。而資料庫中大多數的報表都與一個或多個資料表或查詢結合。報表的記錄來源是參照資料表及查詢的欄位。當然,在報表的設計中並不需要包含資料表或查詢中的所有資料欄位,而是根據使用者的需求指定特定的資料欄位並結合諸如標題、日期及頁碼等其他資訊,建立有意義的報表。

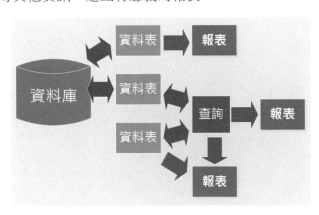

10-2 各種建立報表的方式

在 Access 中，使用者可以利用以下方式建立報表：

- 僅使用一個按鍵按鈕就完成報表的建立。意即以單一資料表或查詢為基礎，迅速建立一個報表，而此報表會顯示在資料表或查詢中的全部欄位與記錄。

- 在報表的〔設計檢視〕畫面下，自行建立並定義符合自己需求的報表。

- 使用精靈以一個或多個資料表或查詢為基礎來建立報表。精靈會詢問有關希望使用的記錄來源、欄位、版面配置和格式等詳細問題，並根據使用者的答案來建立報表。

10-2-1　快速建立新報表

正如同建立表單時可以使用〔表單〕命令按鈕，瞬間建立表單，在報表的應用中，使用者也可以僅按下一個按鈕，就快速建立基本報表。

❶ 點選功能窗格內資料表清單裡的〔客戶〕資料表。

❷ 點按〔建立〕索引標籤。

❸ 點按〔報表〕群組裡的〔報表〕命令按鈕，即可根據目前選取的資料表物件或查詢物件建立基本報表。

❹ 立即建立報表並切換至報表版面配置檢視畫面，隨即啟用〔報表版面配置工具〕。

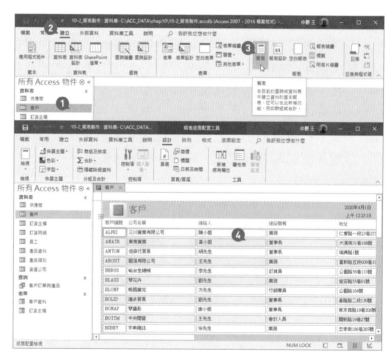

5 〔報表版面配置工具〕底下提供有〔設計〕、〔排列〕、〔格式〕與〔版面設定〕等四個索引標籤的操作。

6 點按快速存取工具列上的〔儲存檔案〕工具按鈕。

7 開啟〔另存新檔〕對話方塊，輸入自訂的報表物件名稱。

8 在功能窗格內報表清單裡即可看到剛建立並儲存完成的〔客戶基本資料〕報表物件。

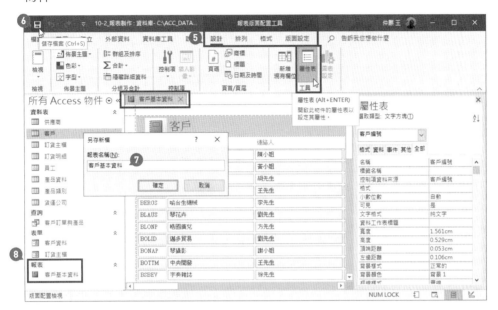

10-2-2　在報表的版面配置環境下建立報表

透過〔空白報表〕的操作，使用者可以在報表的版面配置檢視畫面下，徒手操控自行規劃報表格式，以各種報表控制元件來設計報表，雖然操作程序複雜些，但是可以自由發揮來建立所要的報表，其實，操作的規則都如同表單的製作一般。

1 點按〔建立〕索引標籤。

2 點按〔報表〕群組裡的〔空白報表〕命令按鈕，可進入報表版面配置檢視畫面，在此空白的報表版面裡自行插入欄位與控制項來設計報表。

3 立即建立報表並切換至報表版面配置檢視畫面。

4 隨即啟用〔報表版面配置工具〕，點按〔設計〕索引標籤裡〔工具〕群組內的〔新增現有欄位〕命令按鈕。

⑤ 開啟〔欄位清單〕窗格，目前沒有可用的欄位可新增至報表中，因此，點按〔顯示所有資料表〕超連結，可展開資料表欄位的選擇。

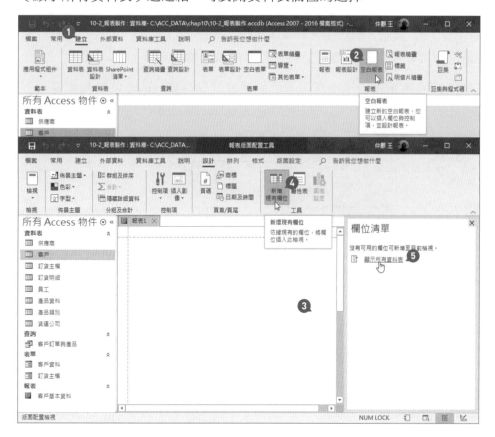

⑥ 點按〔員工〕資料表名稱左側的展開按鈕，顯示該資料表所含括的所有資料欄位。

⑦ 以滑鼠拖曳〔員工編號〕資料欄位名稱至報表裡，即可將〔員工編號〕資料欄位添增至報表中。

⑧ 完成欄位的添增。顯示整個資料欄位的每一筆記錄內容。剛完成拖曳時，拖曳的欄位上自動顯示智慧標籤按鈕，可以選擇要〔以表格式版面配置顯示〕或〔以堆疊式版面配置顯示〕來改變此報表的版面配置。

⑨ 〔欄位清單〕窗格將劃分成三個部份：〔此檢視可用的欄位〕、〔在關聯資料表中可用的欄位〕以及〔在其他資料表中可用的欄位〕。

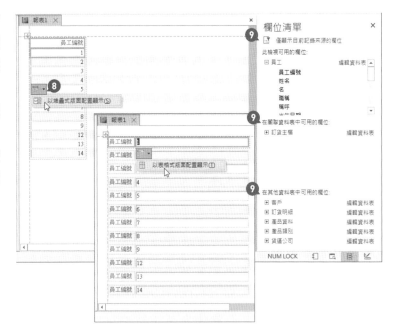

⑩ 以滑鼠拖曳〔姓名〕資料欄位至報表裡〔員工編號〕的右側，此時可以看到橘色的插入點指標。

⑪ 以滑鼠拖曳〔出生日期〕資料欄位至報表裡〔姓名〕的右側，此時可以看到橘色的插入點指標。

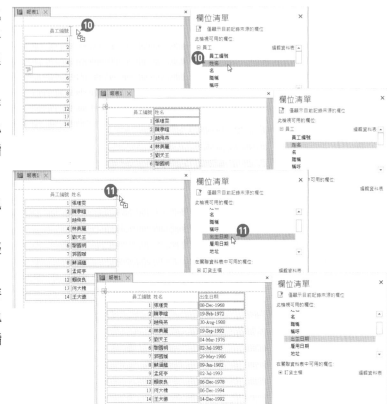

12 透過相同的操作方式將資料欄位插入或填入報表的版面配置之中。

13 利用滑鼠點選資料欄位控制項(不論是標籤控制項或是文字方塊控制項)後,藉由拖曳控制項的邊框,可以改變控制項的寬度。

14 完成各資料欄位的添增與佈置。

15 完成報表的建立後即可點按快速存取工具列上的〔儲存檔案〕工具按鈕。

16 開啟〔另存新檔〕對話方塊,在〔報表名稱〕文字方塊裡輸入自訂的報表名稱。然後按〔確定〕鈕

17 完成報表的命名與儲存,在功能窗格裡即可看到已經建立完成的報表物件。

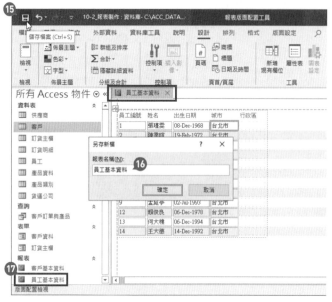

10-2-3 使用報表精靈建立報表

透過報表精靈的對話操作，可以迅速地經由資料與格式的選擇，不費吹灰之力的完成報表製作。

1 點按〔建立〕索引標籤。

2 點按〔報表〕群組裡的〔報表精靈〕命令鈕，透過精靈的對話方塊操作，建立簡單的自訂化報表。

3 進入〔報表精靈〕對話方塊的操作。

4 點選要進行報表設計的資料來源，例如：〔查詢：客戶訂單與產品〕。

5 可用的欄位裡隨即列出〔訂單與產品〕查詢的所有欄位。

6 點按〔＞＞〕按鈕，將可用的欄位全部變成已經選用的欄位，意即要出現在報表上的資料欄位。

7 點按〔下一步〕按鈕。

由於此範例的資料來源是查詢物件，而且此查詢物件包含了多張資料表的關聯，因此，必須在精靈的操作步驟中選擇要如何檢視資料，意即點選要以哪一個資料表的資料欄位為主軸來製作以其主要檢視並關聯至其他資料的報表。

8 點選〔以客戶〕作為檢視資料的方式，即〔公司〕資料表裡的〔公司名稱〕欄位。

9 點按〔下一步〕按鈕。

10 選取要以哪一個資料欄位做為分組層次，也就是可以進行分組小計的操作，譬如，可以點選〔年度〕設定以此欄位分組，然後，點按〔＞〕按鈕。

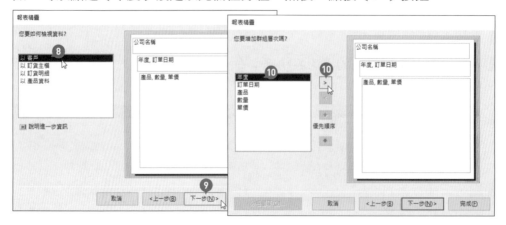

　　在完成分組設定後，再決定報表內的細部資料要以何種順序排列。緊跟著，選取報表所要套用的配置格式與列印方向。共計有「分層式」、「區塊」及「大綱」等報表配置格式可以挑選。

11 點按〔下一步〕按鈕。

12 點選主要排序關鍵為〔數量〕資料欄位。

13 點按〔遞增〕按鈕，以由小到大的順序來排列資料。再點按〔下一步〕按鈕。

1 選擇〔年度〕資料欄位為增加群組層次的依據。

2 若有需要，可以點按〔摘要選項〕按鈕，進行計算法則的設定。例如：設定同一群組的資料，要以何種計算方式進行統計。

14 點選〔分層式〕報表配置格式。

15 點按〔直印〕的列印方向，再點按〔下一步〕按鈕。

⑯ 輸入自訂的報表標題,在此也是報表的命名。

⑰ 點按〔完成〕按鈕,結束報表精靈操作。

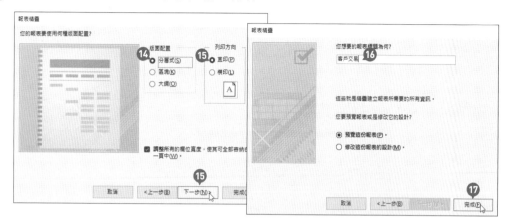

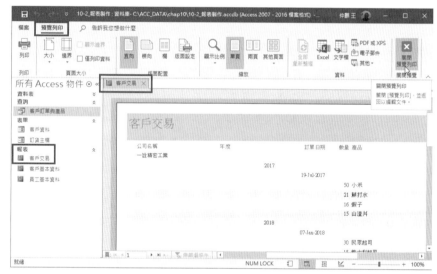

這是報表全頁預
覽列印畫面。

10-3 標籤精靈

經由 Access 標籤精靈的對話操作,可以點選一個資料表或查詢為資料來源,製
作出郵遞標籤或其他類型的資料標籤。在標籤精靈的對話操作中,第一個操作程序
是選取或自訂標籤的大小規格。

❶ 開啟〔10-3_(報表製作).accdb〕資料庫視窗。

❷ 點選欲產生報表的資料來源。譬如:點選〔客戶〕資料表。

❸ 點按〔建立〕索引標籤〔報表〕群組裡的〔標籤〕命令按鈕。

④ 開啟〔標籤精靈〕對話方塊，點選所需的〔度量單位〕與〔標籤類型〕選項。

⑤ 點選所要套用的標籤規格，再點按〔下一步〕按鈕。

不同的供應商提供有不同的標籤規格。

接著，進行標籤內容的設定，也就是指定可用的資料欄位至標籤原型區域內。

⑥ 點選所要套用的標籤文字外觀，其中包括了字型、字體、字的大小、粗細等設定。

⑦ 點按文字色彩可以決定標籤的文字顏色，再按〔下一步〕鈕。

⑧ 點按〔客戶編號〕再點按〔>〕按鈕。

⑨ 點按〔公司名稱〕，
再點按〔>〕按鈕。

⑩ 按一下 Enter 鍵，
進行換行並繼續點
選下一行的標籤資
料欄位。

⑪ 繼續點選〔連絡
人〕，再點按〔>〕
按鈕。

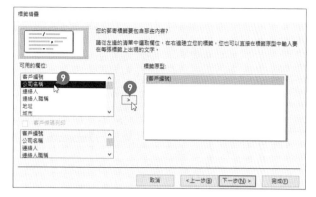

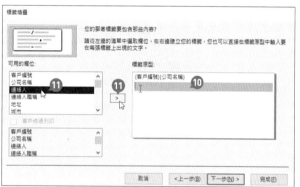

⑫ 繼續點選〔城市〕、
〔行政區〕、〔地
址 〕 與 〔 郵 遞 區
號〕等資料欄位，
總共分成四行。

⑬ 最後點按〔下一
步〕按鈕。

⑭ 在排序的設定上，
點選〔郵遞區號〕
資料欄位。

⑮ 點按〔>〕按鈕。

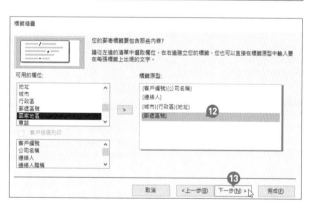

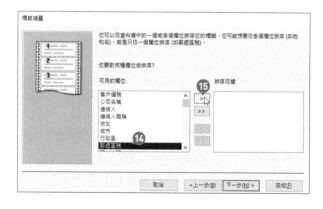

⓰ 再點按〔下一步〕
按鈕

⓱ 輸入此次的報表名
稱。

⓲ 點按〔完成〕按鈕，
結束此次標籤精靈
的操作。

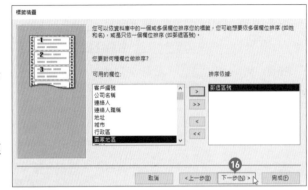

❶ 產生〔標籤 客戶〕
報表。

❷ 這是多頁標籤報表
的預覽列印畫面。

❸ 報表的〔預覽列
印〕功能選項，這
是單頁標籤報表的
預覽列印畫面。

- 要建立能列印在點矩陣或自動送紙的印表機上的標籤，通常需要對使用者
列印紙張之尺寸進行某些調整，所以，在對此類型印表機建立標籤報表之
前，必須先在 Windows 控制台中設定預設印表機及紙張的尺寸。

- Access 也提供有明信片精靈協助使用者製作明信片報表，它猶如標籤報表
一般，都很類似 Word 文書處理的合併列印操作觀念，直接以 Access 的資
料庫為資源，透過精靈的操作對話方塊，快速的產生合併列印效果。

10-4 報表的設計檢視與工具

報表設計的環境與工具，也分成報表〔設計檢視〕、〔版面配置檢視〕畫面。均提供有〔設計〕、〔排列〕、〔格式〕與〔版面設定〕等四個索引標籤具。

- 報表設計檢視

  在報表〔設計檢視〕畫面中提供了較多的控制項，也將報表區分成報表首、報表尾、頁首、頁尾與詳細資料等報表區段，協助使用者進行諸如頁首、頁尾與報表頭尾的版面設定與格式化。

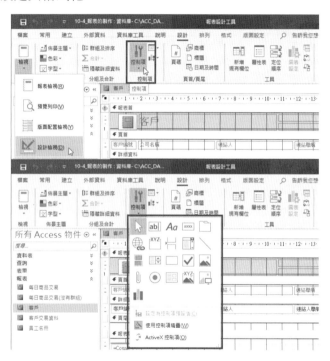

- 版面配置檢視

  在報表〔版面配置檢視〕的操作環境下，瀏覽資料時更容易變更設計，例如：可以整體調整控制項群組，重新調整資料行、資料列或整個版面配置，也更容易移除欄位或新增格式。不過，在此檢視畫面下可供運用的控制項較少。

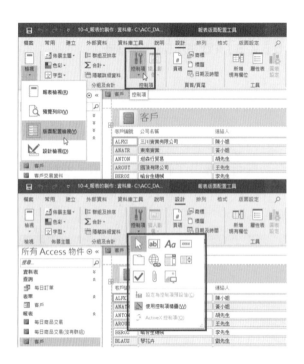

至於報表設計工具底下的〔排列〕、〔格式〕與〔版面設定〕等索引標籤的功能說明摘要如下：

- 排列工具

  報表的內容盡是控制項，而這些控制項要如何排列、對齊，便是製作報表的人員必須花費心力去構思與設計。在報表〔設計檢視〕畫面與報表〔版面配置檢視〕畫面中，皆提供有〔排列〕索引標籤，可協助迅速調整控制項的位置、對齊方式與欄列的設定。

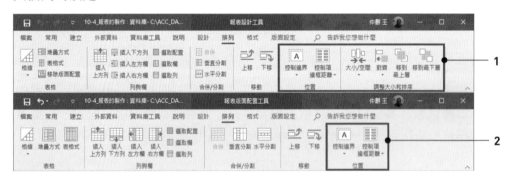

❶ 這是報表〔設計檢視〕畫面中〔排列〕索引標籤裡所提供的命令按鈕。

❷ 這是報表〔版面配置檢視〕畫面中〔排列〕索引標籤裡所提供的命令按鈕。

　〔設計檢視〕畫面中的〔排列〕索引標籤與〔版面配置檢視〕畫面中〔排列〕索引標籤，其功能選項略有不同：

群組	命令按鈕	功能說明	〔設計檢視〕畫面	〔版面配置檢視〕畫面
關於報表版面配置工具底下的〔排列〕索引標籤的〔位置〕與〔調整大小和排序〕群組				
〔位置〕群組	〔控制邊界〕	可控制邊界為〔無〕、〔窄〕、〔中〕或〔寬〕。	有	有
	〔控制項邊框距離〕	來調整控制項與邊框的距離為〔無〕、〔窄〕、〔中〕或〔寬〕。	有	有
〔調整大小和排序〕群組	〔大小/空間〕	可以設定所選取的控制項其大小、彼此的間距，以及是否顯示格線、尺規，是否具備貼齊格線的功能。	有	無
	〔對齊〕	提供了〔貼齊格線〕與〔向左〕、〔向右〕、〔向上〕與〔向下〕等選項。	有	無
	〔移到最上層〕	可將選取的控制項物件上移到其他所有物件的上層。	有	無
	〔移到最下層〕	可以將選取的控制項物件移到最底層。	有	無

- 格式工具

  若要為報表添增背景色彩，或者套用背景影像，亦可個別為報表裡的控制項進行格式化，或者設定格式化條件。這一切的需求都可以在報表〔設計檢視〕畫面或〔版面配置檢視〕畫面裡的〔格式〕索引標籤中找得到！

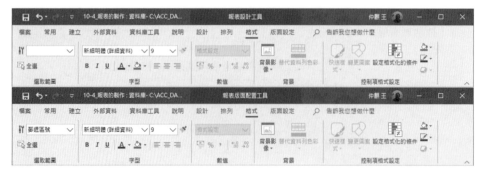

  報表〔設計檢視〕畫面中〔排列〕索引標籤，以及報表〔版面配置檢視〕畫面中〔排列〕索引標籤裡所提供的命令按鈕皆相同。

- 版面設定工具

  文件的版面設定通常指的是文件所使用的紙張大小與紙張列印邊界、紙張列印方向、...等等。在 Access 的報表物件也具備了這方面的設定，只要透過報表〔設計檢視〕畫面或報表〔版面配置檢視〕畫面下所提供的〔版面設定〕索引標籤，即可進行這方面的相關操控。例如：在〔報表版面配置工具〕或〔報表設計工具〕底下的〔版面設定〕索引標籤裡包含有〔頁面大小〕群組與〔版面配置〕群組，其功能摘要如下：

  - 在〔頁面大小〕群組內包含有〔大小〕命令按鈕可設定報表所需的紙張大小；〔邊界〕命令按鈕則可以挑選整份文件章節區段的邊界；若是勾選〔顯示邊界〕核取方塊，可以在畫面上顯示虛線狀的邊界線；若是勾選〔僅列印資料〕核取方塊，則可以避免列印諸如格線等報表中的版面配置特性。

  - 在〔版面配置〕群組內則包含有〔直向〕、〔橫向〕等紙張列印方向的調整命令按鈕，以及可以設定多欄列印的〔欄〕命令按鈕。而所有的版面設定選項設定，也都可以藉由〔版面設定〕命令按鈕的點按來開啟〔版面設定〕對話方塊，分別針對〔列印選項〕、〔頁〕與〔欄〕等進行相關的設定。

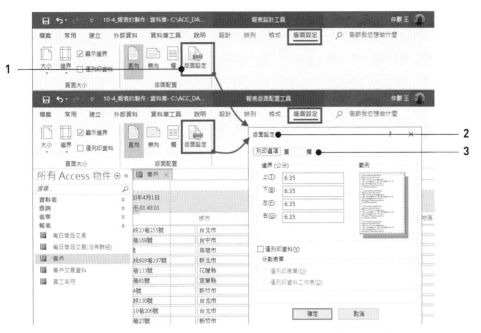

1 〔版面配置〕索引標籤裡掌管報表的紙張頁面大小、邊界與方向等種種設定。

2 點按〔版面設定〕命令按鈕可以開啟〔版面設定〕對話方塊。

3 〔版面設定〕對話方塊裡包含〔列印選項〕、〔頁〕與〔欄〕等索引標籤操作也正是〔版面配置〕索引標籤裡的所有功能選項操作。

 延伸學習：在報表中使用控制項

- 報表的設計主要是在於資料的輸出，不像表單或資料表都還具備了資料的輸入、編輯與刪除等功能。因此，報表控制項的使用相較於表單與資料表，就相對比較單純，大都僅運用到標籤控制項與文字方塊控制項。例如：在報表的〔訂單日期群組尾〕區段內，可以添增一個標籤控制項，做為同一訂單日期的合計運算欄位之標題文字。

- 通常標籤控制項在報表的設計上，可做為欄位的標題文字或報表的表頭標題文字；而文字方塊控制項除了可以連結至資料表物件或查詢物件的資料欄位外，亦可建立公式與運算式。當然，使用者也可以添增圖像控制項至報表區段中，做為商標、圖騰等資訊的顯示位置。

- 控制項的格式設定也都可以透過控制項的屬性表來完成，操作的方式與前一章所提及的表單製作相同。

10-5 報表的群組與排序

對於報表裡的明細資料，可以透過群組的設計，進行分類、排序、小計等操作，讓報表資訊的呈現更具邏輯與可讀性。

10-5-1 群組報表欄位與計算加總

報表設計的操作方式及功能與表單設計大同小異，但與表單設計最大的不同之處在於報表的設計上，提供了特有的分組與合計功能，可以讓報表細部內的資料（即詳細區段裡的內容）可以藉著對使用相同資料值的資料記錄加以分組，並透過計算小計而使得報表更容易閱讀。 例如：在報表之中，相同日期的送貨訂單會被分在同一個群組裡、相同的客戶資料也可以歸類為同一群組。

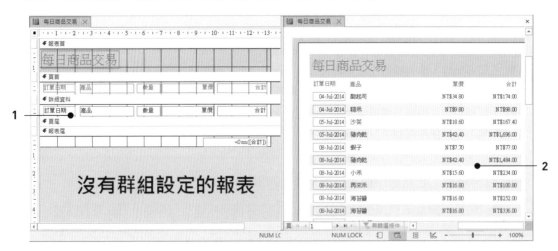

1 這是一個沒有設定群組與合計功能的報表其設計檢視畫面。

2 預覽報表後的成果，僅逐筆顯示每項商品的名稱、數量、單價與合計。

以下的操作演練中，我們將透過欄位群組與合計運算功能，將上述的報表輸出為以每日群組商品資料並統計其合計金額的報表。

1 以滑鼠右鍵點按〔每日商品交易〕報表物件。

2 從展開的快顯功能表中點選〔設計檢視〕。

3 切換至報表的〔設計檢視〕畫面後，點按〔報表設計工具〕底下〔設計〕索引標籤。

4 點按〔分組及合計〕群組裡的〔群組及排序〕命令按鈕。

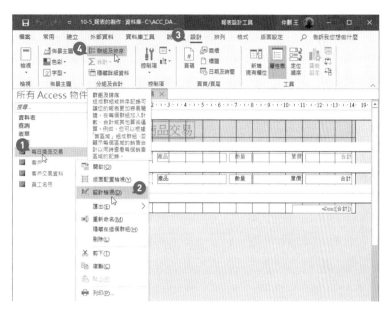

5 檢視畫面下方開啟〔群組、排序與合計〕窗格，目前尚未有任何群組與合計的設定，點按〔新增群組〕按鈕。

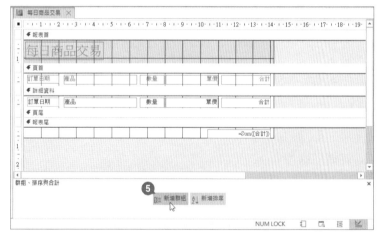

6 點選〔訂單日期〕為群組對象。

7 點選原本的〔依季〕下拉選項按鈕，改選為〔依日〕。

8 點按〔較多〕下拉式選項按鈕。

9 展開合計運算的選項操作，點按〔具有合計的合計〕選項。

10 從展開的功能選單中點選總數為〔合計〕欄位；並點選計算類型為〔總計〕。

11 最後再勾選〔顯示總計〕核取方塊。

12 將原本為〔沒有頁尾區段〕的選項，改選為〔具有頁尾區段〕。

13 完成群組與合計欄位的設定。

14 點按〔設計〕索引標籤裡〔工具〕群組內的〔新增現有欄位〕命令按鈕。

15 開啟〔欄位清單〕窗格後，點選〔訂單日期〕欄位，拖曳此欄位至〔訂單日期群組首〕區段裡。

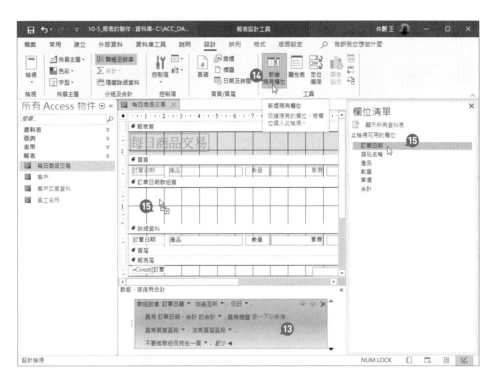

⑯ 拖曳〔訂單日期群組首〕區段裡的〔訂單日期〕控制項至此區段的左上方。

⑰ 適度調整〔訂單日期群組首〕區段的高度。

⑱ 再次點按〔設計〕索引標籤裡〔工具〕群組內的〔新增現有欄位〕命令按鈕，
關閉畫面右側的〔欄位清單〕窗格。

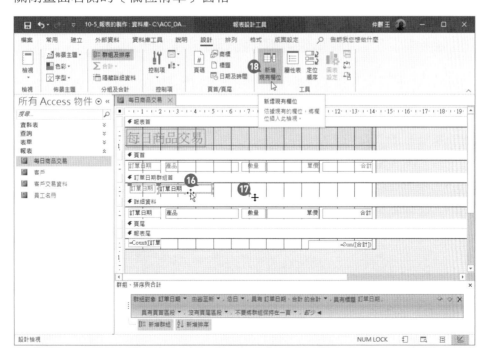

⑲ 點選〔詳細資料〕群組裡的〔合計〕欄位控制項。

⑳ 點按〔設計〕索引標籤裡〔分組及合計〕群組內的〔合計〕命令按鈕。

㉑ 從展開的運算方式下拉式選單中點選〔加總〕運算。

㉒ 在報表設計檢視畫面裡的〔訂單日期群組尾〕區段內自動插 Sum([合計])運算的控制項。

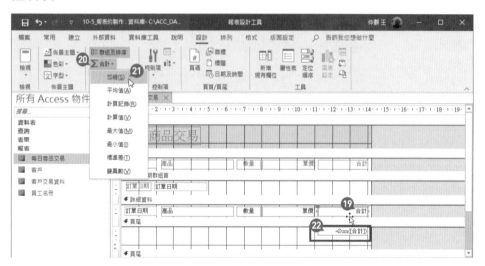

㉓ 點按〔設計〕索引標籤裡〔控制項〕群組內的〔標籤〕命令按鈕。

㉔ 在報表設計檢視畫面裡的〔訂單日期群組尾〕區段內的 Sum([合計])運算控制項之前拖曳矩形方框。

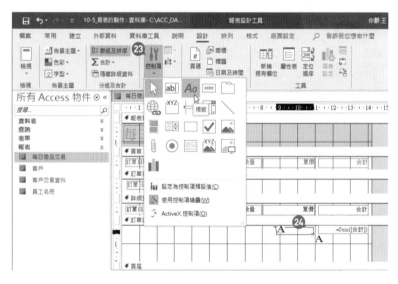

㉕ 產生標籤控制項，以滑鼠拖曳搬移至適當位置。

㉖ 輸入文字「小計：」。

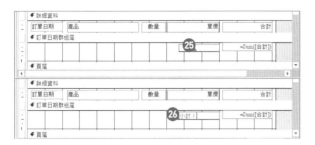

27 點選〔訂單日期群組尾〕區段內的 Sum([合計])運算控制項。

28 點按〔設計〕索引標籤裡〔工具〕群組內的〔屬性表〕命令按鈕,以開啟控制項的屬性表。

29 在 Sum([合計])運算控制項的屬性表上,設定〔格式〕屬性為〔貨幣〕符號格式。

30 點按〔設計〕索引標籤裡〔檢視〕群組內的〔檢視〕命令按鈕,並從展開的功能選單中點選〔預覽列印〕。

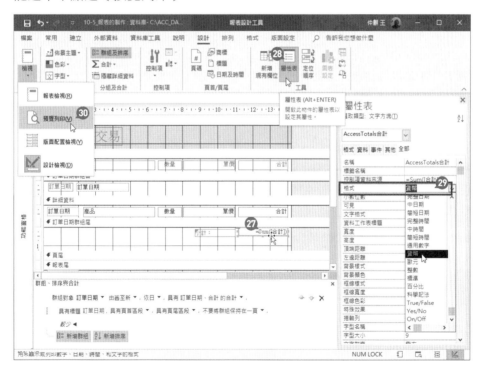

31 預覽完成群組設定與合計運算的報表輸出。

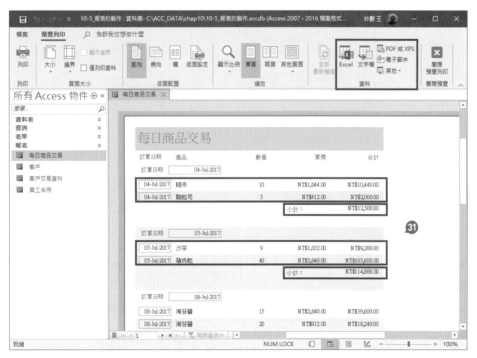

在報表預覽環境下提供有〔預覽列印〕索引標籤，可進行報表的列印、版面大小的調整、版面配置的設定與輸出各種不同報表檔案格式的選擇。

　　切換到報表的〔預覽列印〕檢視畫面時，將進入預覽列印模式，並開啟〔預覽列印〕索引標籤，提供變更頁面大小、版面配置、顯示比例的預覽。此外，在〔資料〕群組還提供有〔Excel〕、〔文字檔〕、〔PDF/XPS〕與〔電子郵件〕等命令按鈕，可以將目前開啟或選取的報表物件，匯出成試算表檔案格式、純文字檔案、PDF 檔案，或以指定的輸出格式為電子郵件附件來傳遞。而〔其他〕命令按鈕按則可以選擇將開啟或選取的報表物件匯出成 Word 的 RTF 檔案或 HTML 檔案格式。

 在建立了一個具備群組與合計功能的摘要報表後，若是點按〔設計〕索引標籤裡〔分組及合計〕群組內的〔隱藏詳細資料〕命令按鈕，則報表的輸出將隱藏詳細資料區段裡的資訊，僅保留群組首區段與群組尾區段，顯示出僅有群組標題與合計資訊的摘要報表。

10-5-2 在報表檢視中篩選或排序資料記錄

報表的製作過程中經常會切換到各種不同的檢視畫面，除了可以進行控制項的編輯與格式化外，亦可進行排序、篩選等操作。例如：在報表檢視畫面或報表版面配置檢視畫面中，都可以看到報表的輸出結果，同時，也可以在這兩種檢視畫面中進行資料的篩選。只要在報表檢視畫面中，透過滑鼠拖曳資料欄位裡的局部資料，便可以依此篩選含有局部資料的相同資料記錄。

以下的範例中，即以此操作方式篩選出報告中〔行政區〕欄位內容包含有「北投」的每一筆資料記錄。

1 在報表檢視畫面中以滑鼠選取某一筆資料〔行政區〕欄位裡的文字「北投區」。

2 以滑鼠右鍵點按選取的文字後，從展開的快顯功能表中點選〔等於"北投區"〕。

3 立即篩選出「北投區」地區的資料記錄。

4 點按〔切換篩選〕命令按鈕可以恢復檢視所有的資料記錄，或再度執行相同的篩選條件。

若有排序的需求，也可以在報表設計檢視畫面、報表版配置檢視畫面或報表檢視畫面中，透過滑鼠右鍵點按欲排序的資料欄位後，從展開的快顯功能表中選擇由小到大或由大到小的排序依據。

1 在報表的〔版面配置檢視〕畫面中，以滑鼠右鍵點按控制項，即可從展開的快顯功能表中選擇排序的方式，完成排序時，即可在版面配置檢視畫面中看到排序成果。

2 在報表的〔設計檢視〕畫面中，也可以利用滑鼠右鍵點按詳細資料區段裡的控制項，從展開的快顯功能表中選擇排序的方式，但是，若要檢視排序後的結果，必須切換到報表檢視畫面或報表的版面配置檢視畫面，才能看到排序結果。

滑鼠右鍵點選資料欄位時，可進行資料篩選的操作，並且，篩選的選單將根據資料欄位的型態而有所差異。例如：日期時間型態的資料將提供〔從最舊排序到最新〕或〔從最新排序到最舊〕的排序選項；文字型態的資料將提供〔從 A 排序到 Z〕或〔從 Z 排序到 A〕的排序選項；數值型態的資料將提供〔從最小排序到最大〕或〔從最大排序到最小〕的排序選項。

10-6 版面配置與格式化條件

報表的內容除了逐筆資料欄位的詳細輸出外,如同前一章所介紹的表單製作般,也會有報表首與報表尾、頁首與頁尾的設定。而經由群組的設定,自然也會有群組首與群組尾的設定。除此之外,報表的版面配置、報表背景圖像、報表裡各資料欄位與控制項的屬性設定,以及條件格式化與佈景主題的套用,都是針對報表進行格式化設定時的重要元素。

10-6-1 堆疊方式與表格式的版面配置

在報表版面配置的應用上,經常會使用〔堆疊方式〕版面配置或〔表格式〕版面配置,其區別如下:

- 〔堆疊方式〕版面配置是建立類似書面表單的版面配置,標籤控制項在每個欄位的左側。

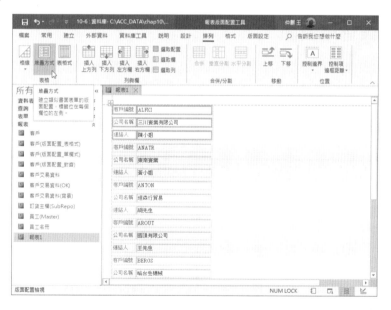

- 〔表格式〕版面配置是建立類似試算表的版面配置,標籤將橫跨於頁面的頂端,而欄位資料則位於標籤的下方。

1 欄位名稱為標籤控制項，位於頂端列。

2 欄位內容為文字方塊控制項，逐筆資料記錄位於標籤控制項下方。

10-6-2　報表首尾資訊

在報表的設計中，頁首與頁尾是存放頁碼與商標圖騰和報表標題的重要區域，不論是在報表版面配置檢視畫面還是報表設計檢視畫面中，〔設計〕索引標籤裡皆提供有〔頁首/頁尾〕群組，包含了〔頁碼〕、〔商標〕、〔標題〕與〔日期及時間〕等命令按鈕，協助使用者迅速在報表中添增這些控制項目元件。

- 頁碼：開啟〔頁碼〕對話方塊，讓使用者選擇頁碼的格式與位置，在報表文件中加入頁碼。

- 商標：開啟〔插入圖片〕對話方塊，讓使用者選擇指定的圖片檔案做為報表的商標圖騰。

- 標題：讓使用者添加報表標題文字。

- 日期及時間：開啟〔日期及時間〕對話方塊，讓使用者選擇日期的格式與時間的格式，將目前的系統日期與時間加入報表文件中。

1 以滑鼠右鍵點按功能窗格裡的報表物件。例如：〔客戶交易資料〕報表。

2 從展開的快顯功能表中點選〔設計檢視〕可立即切換至該報表物件的報表設計檢視畫面。

③ 點按〔報表設計工具〕底下〔設計〕索引標籤裡〔頁首/頁尾〕群組內的〔頁碼〕命令按鈕。

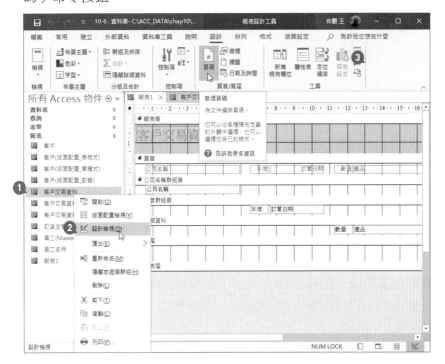

④ 開啟〔頁碼〕對話方塊,點選所需的頁碼格式。例如:〔第 N 頁,共 M 頁〕。

⑤ 點選頁碼的顯示位置,例如:〔頁的底端[頁尾]〕。

⑥ 點選頁碼的對齊方式,例如:〔靠右〕。再按〔確定〕。

⑦ 在報表頁尾右下方順利插入選定的頁碼控制項。

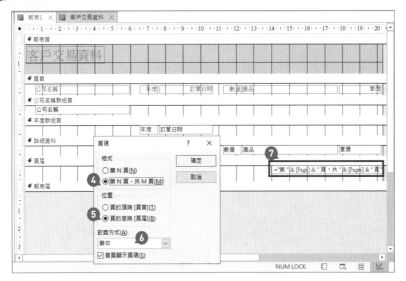

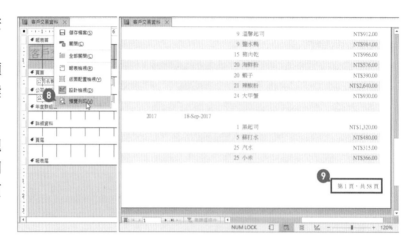

⑧ 以滑鼠右鍵點按報表索引標籤，並從展開的快顯功能表中點選〔預覽列印〕。

⑨ 在預覽列印檢視畫面中即可看到頁尾右下方的頁碼輸出結果。

10-6-3　在報表中添增背景圖像

有兩種操作方式提供使用者在報表中設定背景圖像，一是開啟報表的設計檢視畫面或版面配置檢視畫面後，點按〔報表設計工具〕或〔報表版面配置工具〕底下〔格式〕索引標籤裡的〔背景圖像〕命令按鈕，即可透過〔插入圖片〕對話方塊，選擇所要套用的背景圖片檔案。

① 點按〔格式〕索引標籤裡〔背景〕群組內的〔背景圖像〕命令按鈕。

② 開啟〔插入圖片〕對話方塊，選擇背景圖片檔案，然後，點按〔確定〕按鈕。

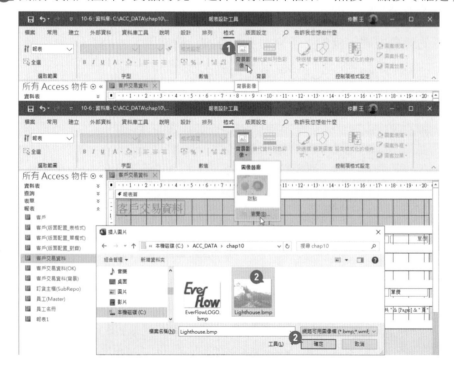

③ 在報表設計檢視畫面上即可看到報表背景圖片的設定成果。

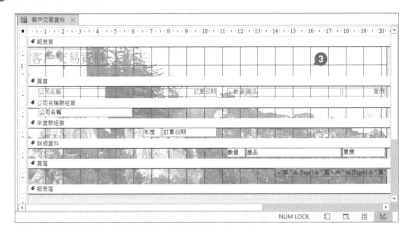

　　另一個操作方式則是在報表設計檢視畫面下選取整個報表後，藉由屬性表裡的〔圖片〕屬性來設定背景圖像的所在。

① 切換到〔設計檢視〕畫面，然後在報表設計檢視畫面下，點按此處表示選取整個報表。

② 點按〔設計〕索引標籤底下〔工具〕群組裡的〔屬性表〕命令按鈕。

③ 開啟屬性表窗格，可在此看到選取類型為〔報表〕。

④ 屬性表裡的〔圖片〕屬性值即可設定背景圖像檔案的位置。

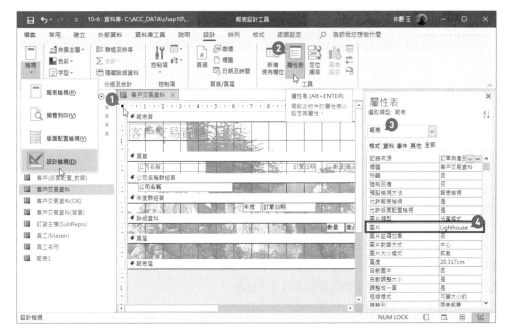

10-6-4　報表欄位與控制項的屬性設定及格式設定

報表裡的每一個控制項都有其屬性表可以設定控制項的格式、資料來源、事件等屬性值，而報表裡的每一個區段，甚至整個報表本身，也都有其專屬的屬性表可以設定其屬性值。

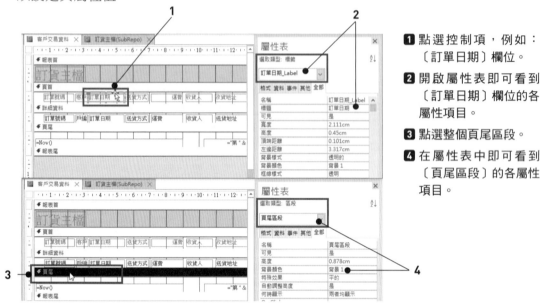

❶ 點選控制項，例如：
〔訂單日期〕欄位。

❷ 開啟屬性表即可看到
〔訂單日期〕欄位的各
屬性項目。

❸ 點選整個頁尾區段。

❹ 在屬性表中即可看到
〔頁尾區段〕的各屬性
項目。

在報表設計檢視畫面或報表版面配置檢視畫面下，所提供的〔格式〕索引標籤裡包含了〔選取範圍〕群組，讓使用者可以一次選取報表裡的所有控制項物件。

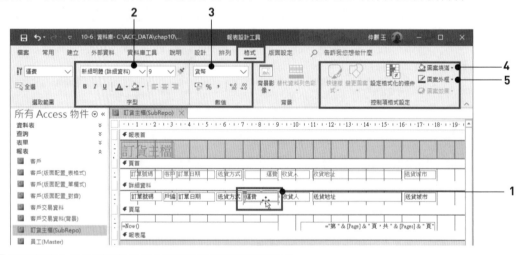

❶ 選取報表上的控制項物件或全選報表的所有控制項物件。

❷ 利用這裡的命令按鈕對選取的控制項設定字型格式。

❸ 利用這裡的命令按鈕對選取的數值性控制項設定數值格式。

❹ 利用這裡的命令按鈕對選取的控制項設定背景填滿色彩。

❺ 利用這裡的命令按鈕對選取的控制項設定框線格式與框線色彩。

10-6-5 條件格式化凸顯報表資料

不同的內容就有不同的格式效果，這正是智慧型報表的最佳體現。在 Access 的報表中，可以設定格式化條件，訂定不同的準則規範，讓報表裡的資料可以根據內容的不同而有特定的格式效果。以下的範例演練中將設定報表裡的〔送貨方式〕控制項欄位的值，指定該值若等於 2，則以黃底色暨紅色粗體字型來呈現。

1 以滑鼠右鍵點按功能窗格裡的報表物件。

2 從展開的快顯功能表中點選〔版面配置檢視〕可立即切換至該報表物件的報表版面配置檢視畫面。

3 在報表版面配置檢視畫面，點按〔報表版面配置工具〕底下〔格式〕索引標籤。

4 點按〔控制項格式設定〕群組裡的〔設定格式化的條件〕命令按鈕。

5 開啟〔設定格式化的條件規則管理員〕對話方塊，點選〔顯示格式化規則〕的對象為〔送貨方式〕控制項物件。

6 點按〔新增規則〕按鈕。

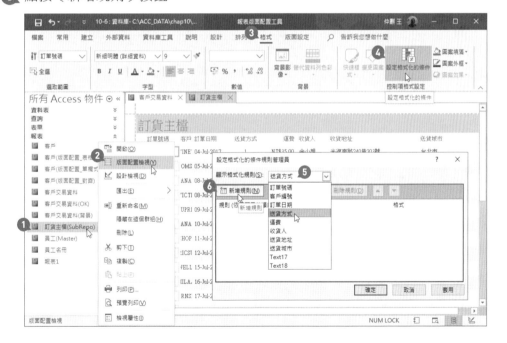

7 開啟〔新增格式化規則〕對話方塊，選取規則類型為〔檢查目前記錄中的值或使用運算式〕。

8 在編輯規則描述裡，設定欄位值為〔等於〕「2」。並點按〔B〕按鈕(設定為粗體字)、選擇填滿黃色、設定紅色字型，最後按〔確定〕鈕。

9 回到〔設定格式化的條件規則管理員〕對話方塊，點按〔確定〕按鈕。

10 在報表中凡是〔送貨方式〕為「2」的資料記錄，此〔送貨方式〕欄位的資料格式均設定為黃底色且紅色粗體字型的效果。

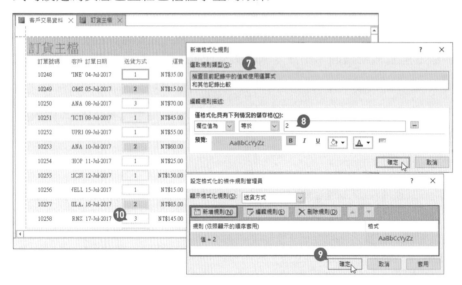

10-6-6　套用報表佈景主題

在報表的佈景主題中，除了可以套用預設的佈景主題樣式，瞬間改變報表外觀樣式外，亦可針對〔色彩〕與〔字型〕進行個別的格式設定。此外，由於佈景主題的套用具備繼承的原則，因此，當使用者在報表中套用某一個佈景主題樣式時，資料庫裡的其他報表物件、表單物件也都會套用相同的佈景主題樣式。

1 開啟報表並切換至報表版面配置檢視畫面，點按〔報表版面配置工具〕底下〔設計〕索引標籤〔佈景主題〕群組裡的〔佈景主題〕命令按鈕。

2 從展開的佈景主題樣式清單中點選所要套用的佈景主題樣式。

3 若需要個別套用色彩與字型的樣式時，可以點按〔佈景主題〕命令按鈕旁的〔色彩〕命令按鈕或〔字型〕命令按鈕，從中點選所要套用的色彩樣式與字型樣式。

　　若僅希望將佈景主題套用於單一物件，則必須在點選並套用佈景主題樣式時，使用〔僅套用佈景主題至此物件〕功能選項。

1　點按〔佈景主題〕，於展開的佈景主題樣式清單中，以滑鼠右鍵點按想要套用的佈景主題樣式。

2　即可從展開的快顯功能表中點選〔僅套用佈景主題至此物件〕，讓此佈景主題樣式僅套用於此物件，而不影響資料庫裡的其他物件。

　　在上述快顯功能表的操作上，除了提供〔僅套用佈景主題至此物件〕的功能選項外，亦可〔將此佈景主題設為資料庫預設值〕或者，〔新增圖庫至快速存取工具列〕上，讓佈景主題樣式的點選按鈕可以新增至 Access 應用程式左上方的快速存取工具列上，加快佈景主題的點選與套用。

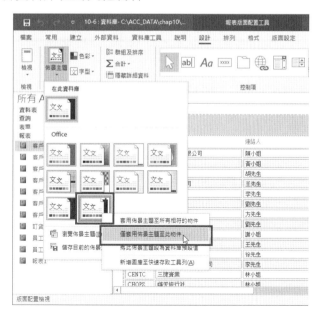

10-7 子報表的運用

　　如同表單的製作中有子表單的功能,在報表的製作上也提供了子報表的製作。通常我們會利用報表精靈或報表設計檢視面、報表版面配置檢視畫面,事先建立一個子報表,然後,在編輯主報表時再利用子報表精靈的操作(子表單/子報表控制項),將子報表插入主報表中,因此,子報表中必須包含一個可以連結至主報表的資料欄位。若事前沒有先製作好子報表,亦可在操作子報表精靈時,選取資料表或查詢,以做為子報表的資料來源,自動建立子報表並插入主報表中。

　　以下的範例將以員工資料為主報表,訂單主檔為子報表,並在輸出每一位員工資料(主報表)的下方立即輸出該員工所負責的交易記錄(子報表)。

❶ 開啟主報表的報表設計檢視畫面,此主報表僅輸出〔員工〕資料表裡的員工編號、姓名、行政區、職稱與雇用日期等五個資料欄位。

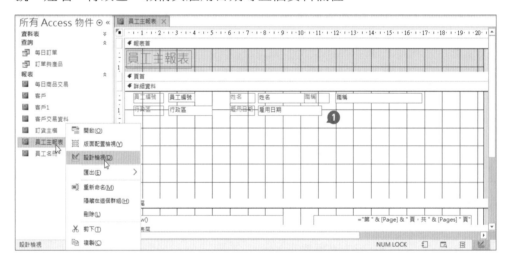

❷ 點按〔報表設計工具〕底下〔設計〕索引標籤裡〔控制項〕群組內的〔控制項〕命令按鈕。

❸ 從展開完整的控制項清單,點選〔使用控制項精靈〕功能選項。

4️⃣ 再次展開完整的控制項清單，點選〔子表單/子報表〕命令按鈕。

5️⃣ 在報表的詳細資料區段裡拖曳一個矩形面積，做為子報表的呈現區域。

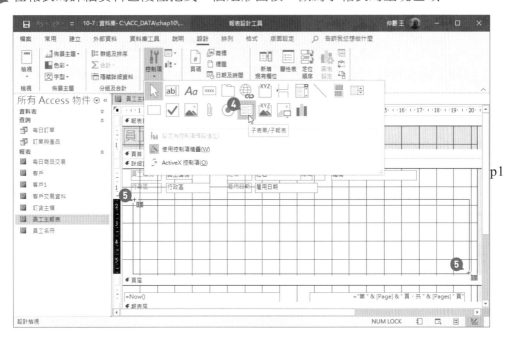

6️⃣ 開啟〔子報表精靈〕對話方塊，點選〔使用現有的報表或表單〕選項。

7️⃣ 點選欲設定為子報表的既有報表，例如：〔訂貨主檔〕報表。再按〔下一步〕按鈕。

8️⃣ 定義哪一個欄位是連結主報表與子報表的資料欄位，例如：〔從清單選擇〕。

9️⃣ 點選〔使用員工編號 顯示 訂貨主檔 中每筆記錄的 員工〕。再按〔下一步〕按鈕。

🔟 輸入自訂的子報表名稱。再按〔完成〕鈕。

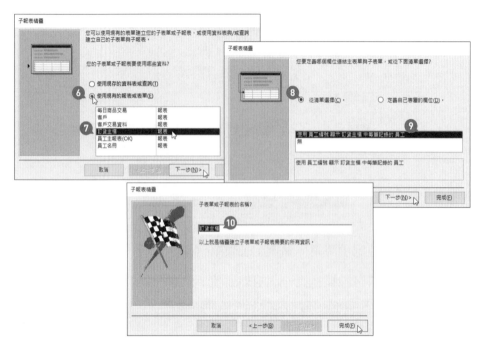

⑪ 回到主報表的報表設計檢視畫面，在報表的詳細資料區段底下即可看到建立成功的子報表控制項。

⑫ 點按〔常用〕索引標籤底下的〔檢視〕命令按鈕。

⑬ 從展開的功能選單中點選〔報表檢視〕功能，切換畫面到報表檢視畫面。

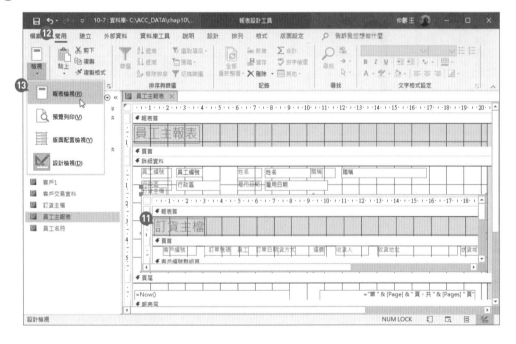

即可在主報表中看到某一筆員工資料下方顯示子報表的逐筆資料記錄輸出(該員工所負責的每一筆交易記錄)。

14 拖曳右側的垂直捲軸，可以檢視到下一位的員工的資料，並在下方看到另一份子報表，顯示該員工所負責的每一筆交易記錄。

10-8　報表的列印輸出與傳遞

　　在 Access 的列印功能選項中，提供了〔快速列印〕、〔列印〕與〔預覽列印〕等三種選擇。其中，〔快速列印〕可以將報表(或是資料工作表、表單或巨集等資料庫物件)傳送至預設的印表機，而不需要變更任何列印設定；〔列印〕則可以指定印表機、規範所要列印的份數、頁面方向，以及其他列印選項；〔預覽列印〕命令即可協助使用者對版面配置進行變更或強化後，再進行物件的列印。

1 開啟欲列印的報表後，點按〔檔案〕索引標籤。

2 進入後台管理頁面，點按〔列印〕功能選項。

3 進入〔列印〕頁面，點按〔列印〕。

4 開啟〔列印〕對話方塊，在此可選擇印表機、設定列印頁數、份數等資訊。

此外，若是使用〔預覽列印〕命令，可以在實際列印之前，先行查看資料在列印頁面上的外觀與變化，例如：變更邊界、選擇僅列印資料，或變更欄設定，經過最完美的設定與調整後再進行列印。而報表的輸出並非只有紙本的列印，也可以在功能區裡從〔資料〕群組內選擇檔案格式的處理方式，例如：可以藉由各種電子檔案型態輸出，再配合 Microsoft Outlook 電子郵件系統，進行傳遞電子檔案的工作。

以下的實作演練，即是將選定的 Access 報表物件，以 PDF 為附件檔案格式，透過 Outlook 電子郵件的撰寫進行傳遞與分享。

❶ 開啟〔客戶交易資料〕報表物件。

❷ 以滑鼠右鍵點按〔客戶交易資料〕報表物件的索引標籤，並從展開的功能選單中點選〔預覽列印〕，進入預覽列印環境。

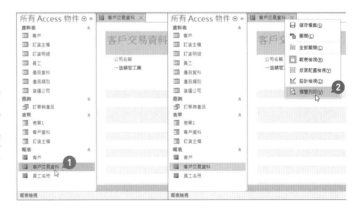

❸ 點按〔預覽列印〕索引標籤〔資料〕群組裡的〔電子郵件〕命令按鈕。

❹ 開啟〔傳送物件為〕對話方塊，點選〔PDF 格式(*.pdf)〕選項。

❺ 點按〔確定〕按鈕。

❻ 啟動 Outlook 並建立新郵件，自動插入附件檔案〔客戶交易資料.pdf〕。

❼ 輸入主旨、收件者以及信件內容後即可傳送。

11

與其他軟體的整合應用

　　資料庫的內容經常是其他文件檔案的資料來源，例如：信件、信封的資料來源，或者，統計分析的原始資料存放處，這也都是資料庫內容提供給其他應用程式運用的最佳案例。此外，在雲端存取與資訊共用分享的趨勢下，藉由連線SharePoint 建立 Web 資料庫，讓員工透過瀏覽器連線進行資料庫的編輯與協作，也正是 Access 資料庫雲端應用的最佳實例。

11-1 　與 Word 文件合併列印

　　若是透過 Microsoft Word 進行郵件合併操作時，Access 的資料庫檔案可以視為資料來源，與現成的 Word 文件進行合併列印的操作。

在 Access 資料庫的各種物件中，可以與 Word 合併列印功能進行整合，就屬 Access 資料表或查詢，可以做為合併列印的資料來源。以下的實作介紹將以 Access 資料庫裡的〔供應商〕資料表內容為合併列印的資料來源，與 Word 文件〔喬遷通知.docx〕進行合併列印。

1 開啟資料庫後，以滑鼠右鍵點按〔供應商〕資料表。

2 從展開的快顯功能表中點選〔匯出〕功能選項。

3 再從展開的副選單中點選〔Word 合併〕選項。

4 隨即進入〔Microsoft Word 合併列印精靈〕對話操作，點選〔連結您的資料至現存的 Microsoft Word 文件〕選項。再按〔確定〕鈕。

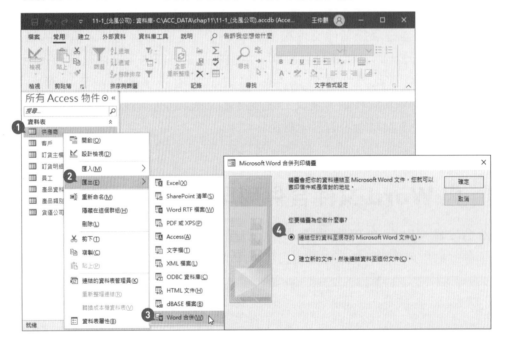

5 開啟〔選擇 Microsoft Word 文件〕對話方塊，決定要合併列印的文件，例如：範例信件檔案-喬遷通知.docx。再按〔開啟〕鈕。

6 立即啟動 Word 並開啟〔喬遷通知.docx〕，亦進入〔合併列印〕操作窗格。

7️⃣ 點按〔編輯收件者清單〕。

8️⃣ 開啟〔合併列印收件者〕對話方塊，在此可進行篩選或排序的操作。完成後再按〔確定〕。

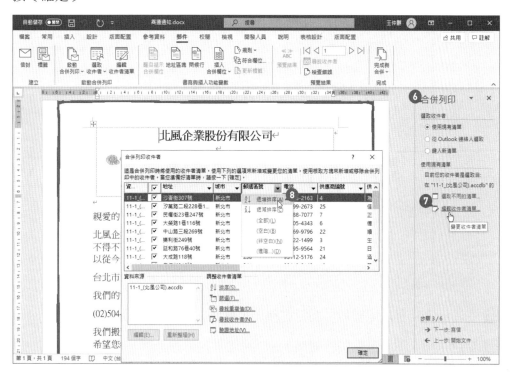

9️⃣ 點按〔下一步：寫信〕。

🔟 文字插入游標停在此處。

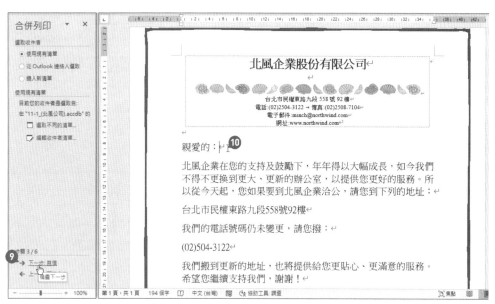

⑪ 點按〔其他項目〕。

⑫ 開啟〔插入合併功能變數〕對話方塊,點選〔連絡人〕。再按〔插入〕。

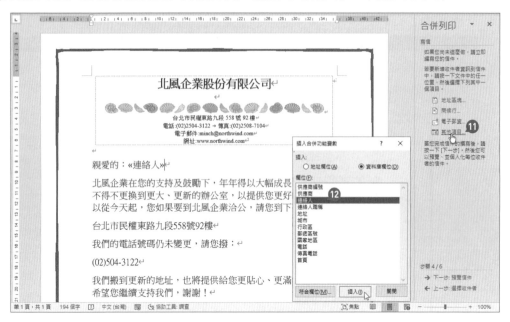

⑬ 在〔插入合併功能變數〕對話方塊,再點選〔連絡人職稱〕。

⑭ 點選〔插入〕,再點按〔關閉〕。

⑮ 在文件中加入兩個來自資料庫中的資料欄位。

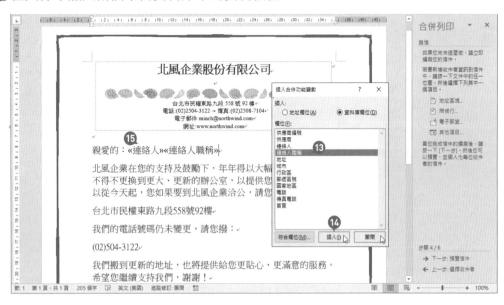

16 點按〔郵件〕索引標籤。

17 點按〔預覽結果〕群組裡的〔預覽結果〕命令按鈕。顯示第一筆合併列印的結果。

18 點按〔預覽結果〕群組裡的〔下一筆記錄〕命令按鈕。顯示第二筆合併列印的結果。

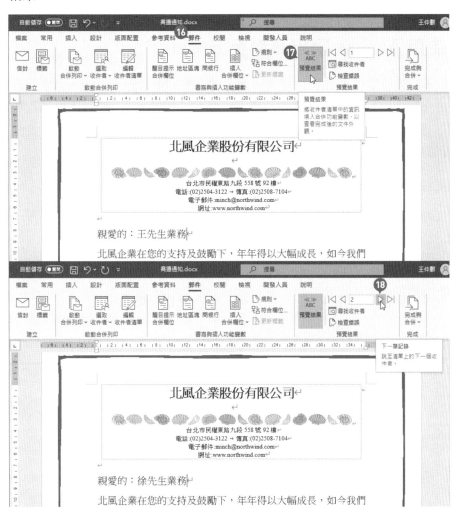

11-2 | 與 Excel 的整合 – 使用 Excel 分析資料

從 Access 2013 開始已經移除了建立樞紐分析圖和樞紐分析表的功能選項，因為 Access 已經不再支援 Office Web 元件。不過，在 Access 中仍然可以使用 MSGraph 元件的圖表，以及由〔圖表精靈〕元件所建立的圖表。此外，Access 更是 Excel 環境下最好的樞紐分析來源。

11-2-1　使用 Access 匯出資料至 Excel

在 Access 資料庫的各種物件裡，就屬資料表(Table)與查詢(Query)最適合匯出至 Excel 工作表上進行資料的處理與分析了，因此，在 Access 資料庫中執行相關的匯出操作，既簡單又迅速。以下的範例實作將匯出〔訂貨主檔〕資料表並儲存為 Excel 活頁簿的檔案格式。

1 以滑鼠右鍵點按〔訂貨主檔〕資料表。

2 從展開的快顯功能表中點選〔匯出〕功能選項。

3 再從展開的副選單中點選〔Excel〕。

4 開啟〔匯出-Excel 試算表〕對話方塊，可使用預設的存檔路徑與活頁簿檔案名稱，也可以點按〔瀏覽〕按鈕或自行輸入檔案路徑與檔案名稱。

5 勾選〔匯出具有格式與版面配置的資料〕核取方塊。

6 點按〔確定〕按鈕。

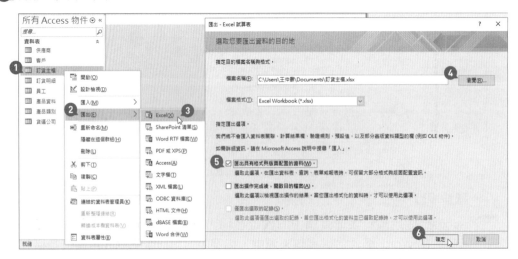

7 點按〔關閉〕按鈕，結束〔匯出 - Excel 試算表〕對話。

8 啟動 Excel 應用程式並開啟匯出成功的活頁簿檔案，來自 Access 資料庫的〔訂貨主檔〕資料表就在其中。

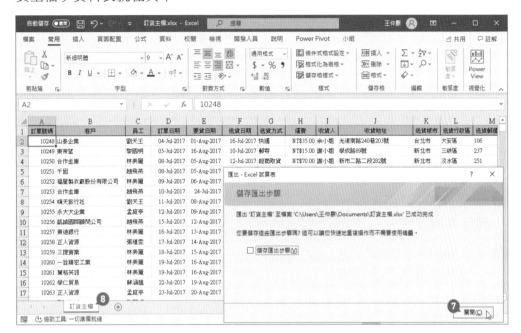

除了資料庫裡的資料表可以匯出至 Excel 活頁簿外，Access 的查詢結果猶如虛擬的資料表，也可以直接匯出至 Excel 活頁簿裡，操作的過程如上述的資料表匯出一般。以下的操作範例是〔銷售記錄〕查詢，目前共有 2153 筆資料記錄。

1 以滑鼠右鍵點按〔銷售記錄〕查詢。

2 從展開的快顯功能表中點選〔匯出〕功能選項。

3 再從展開的副選單中點選〔Excel〕。

4 開啟〔匯出-Excel 試算表〕對話，可使用預設的存檔路徑與活頁簿檔案名稱，也可以點按〔瀏覽〕按鈕或自行輸入檔案路徑與檔案名稱。

5 勾選〔匯出具有格式與版面配置的資料〕核取方塊。

6 點按〔確定〕按鈕。

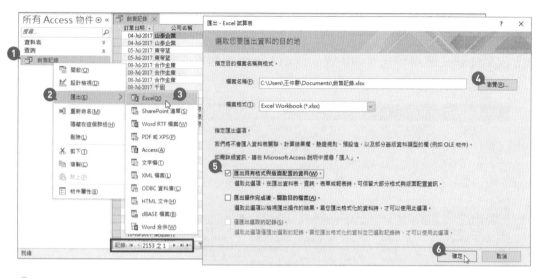

7. 勾選〔儲存匯出步驟〕核取方塊。

8. 輸入匯出步驟的儲存名稱。例如：使用預設的〔匯出-銷售記錄〕

9. 點按〔儲存匯出〕按鈕。

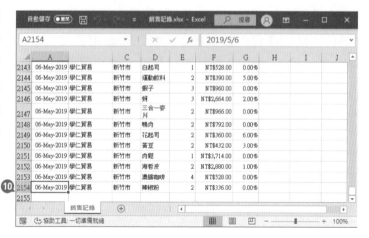

10. 啟動 Excel 應用程式並開啟匯出成功的活頁簿檔案，來自 Access 資料庫的〔銷售記錄〕查詢總共有 2153 筆資料記錄。

假設 Access 資料庫裡的〔銷售記錄〕查詢已經有所異動，查詢結果已是 2165 筆資料記錄。此時只要執行先前已經儲存的查詢步驟，便可以自動再度匯出至原活頁簿檔案，使用者並不需要再去操作〔匯出〕功能選項與〔匯出-Excel 試算表〕的對話。

1 開啟 Access 資料庫後並不需要開啟任何資料表或查詢，直接點按〔外部資料〕索引標籤。

2 點按〔匯入與連結〕群組裡的〔儲存的匯入〕命令按鈕。

3 開啟〔管理資料工作〕對話，點按〔儲存的匯出〕索引標籤。

4 點選先前已經儲存的查詢步驟〔匯出-銷售記錄〕。

5 點按〔執行〕按鈕。

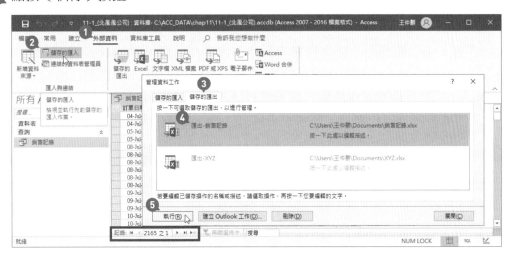

6 是否要更新現有檔案的對話，點按〔是〕按鈕。

7 是否要取代原本活頁簿檔案的對話，點按〔是〕按鈕。

8 完成更新後，點按〔確定〕按鈕。

9　啟動 Excel 應用程式並開啟匯出成功的活頁簿檔案，來自 Access 資料庫的〔銷售記錄〕查詢結果已達 2165 筆資料記錄。

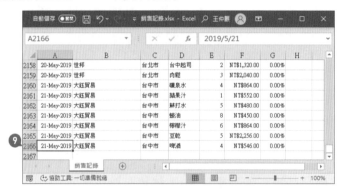

11-2-2　使用 Excel 匯入 Access 資料庫分析資料

透過 Excel 的樞紐分析表精靈的對話方塊操作，可以對 Access 的資料表或查詢，進行樞紐分析表的統計運算。例如：以 Excel 2013/2016(或更早以前的 Excel 版本)為例，在操作編輯工作表時，透過資料匯入的操作，可以將 Access 資料庫裡的資料表或查詢匯入工作表內，或者連結至工作表，進行所要處理的統計與分析。

1　啟動 Excel 後，點按〔資料〕索引標籤下的〔從 Access〕命令按鈕。

2　開啟〔選取資料來源〕對話方塊，點選想要連結的 Access 資料庫檔案點按〔開啟〕鈕。

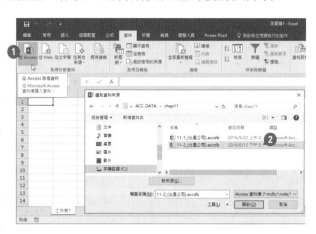

3　開啟〔選取表格〕對話方塊，勾選〔啟用選取多個表格〕核取方塊，可以勾選資料庫裡的多張資料表與查詢。

4　勾選〔客戶〕、〔訂貨主檔〕、〔訂貨明細〕與〔產品資料〕四張資料表。再按〔確定〕鈕。

5 開啟〔匯入資料〕對話方塊，點選〔樞紐分析表〕選項。

6 選〔目前工作表的儲存格〕選項，並設定儲存格位置，例如：A1。再按〔確定〕鈕。

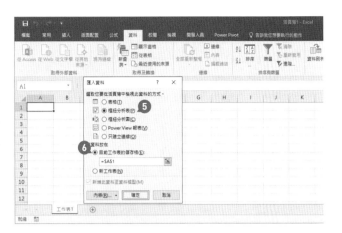

7 立即完成樞紐分析表架構，右側的〔樞紐分析表欄位〕窗格裡即可看到四張資料表的名稱，並可展開每一個資料表裡的欄位名稱。

8 透過欄位名稱的勾選或拖曳至窗格右下方的〔篩選〕、〔欄〕、〔列〕與〔Σ值〕等四個區域內，建構出所要分析的樞紐分析摘要報表。

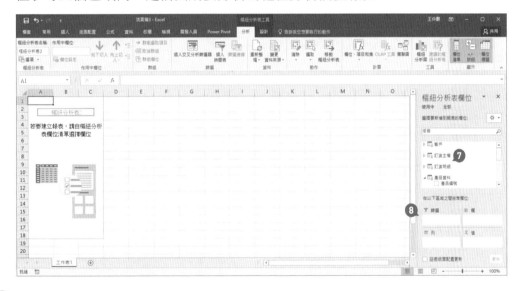

9 拖曳〔產品〕資料表裡的〔產品〕欄位名稱至〔篩選〕區域；拖曳〔客戶〕資料表裡的〔公司名稱〕至〔列〕區域；拖曳〔訂貨主檔〕資料表裡的〔訂單日期〕至〔欄〕區域並設定為〔年〕群組；再拖曳〔訂貨明細〕資料表裡的〔數量〕至〔Σ值〕區域。

10 完成樞紐分析表的製作，並在樞紐分析表上的〔產品〕篩選中點選指定的商品，例如：勾選〔大甲蟹〕商品。

11 立即摘要統計出每一家公司每一年針對〔大甲蟹〕商品的採購量。

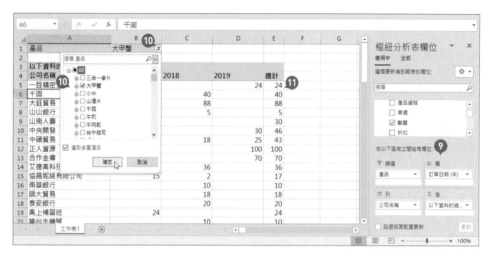

⑫ 再度執行篩選，選擇另一指定商品，例如：勾選〔牛肉乾〕商品。

⑬ 立即摘要統計出每一家公司每一年針對〔牛肉乾〕商品的採購量。

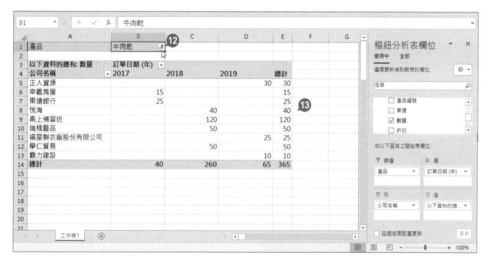

在完成 Access 的外部資料連線後，也成為這部電腦上的連線檔案，如此，在此活頁簿或其他活頁簿裡要使用相同的外部資料來源時就方便多了！此時，可以點按〔資料〕索引標籤，點按〔取得外部資料〕群組裡的〔現有連線〕命令按鈕，開啟〔現有連線〕對話方塊，即可看到這部電腦上的連線檔案。

在 Excel 匯入外部資料庫的功能上，從 Excel 2013 開始有了重大的變革，在大數據的時代，愈來愈重視海量資料的處理能力，BI 形式的工具便如雨後春筍般的蓬勃發展。在 Excel 2016 則將 Power Query 提升為內建功能，與原本傳統的匯入外部資料功能同時並存在功能區的操作介面上。而在最新版本的 Excel 2019、Excell 2021 與 Excel 365 環境中，Power Query 完整融入於 Excel 操作介面裡，預設狀態下，原本舊版傳統的匯入外部資料功能反而就害羞地隱藏起來了。

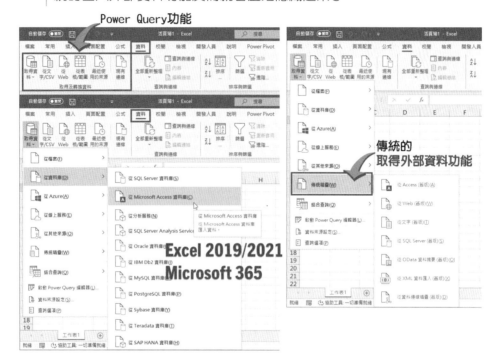

11-2-3　使用 Excel 匯入 Access 資料庫多項物件

如果您需要將 Access 資料庫裡的多張工作表與查詢，一起匯出至 Excel 活頁簿，以利於在 Excel 裡進行資料分析、樞紐分析，那麼 Excel 的 Power Query 查詢工具會是不錯的選擇。

❶ 點按〔資料〕索引標籤。

❷ 點按〔取得及轉換資料〕群組裡的〔取得資料〕命令按鈕。

❸ 從展開的下拉式選單中點選〔從資料庫〕功能選項。

❹ 再從展開的副功能選單中點選〔從 Microsoft Access 資料庫〕。

5 開啟〔匯入資料〕對話方塊，點選想要匯入的資料庫檔案。

6 點按〔匯入〕按鈕。

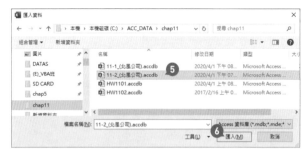

7 開啟〔導覽器〕對話，勾選〔選取多重項目〕核取方塊。

8 勾選除了〔供應商〕與〔運貨公司〕以外的各個資料表及查詢的核取方塊。

9 點按〔載入〕右側的倒三角形按鈕。

10 從展開的下拉式選單中點選〔載入至…〕功能選項。

⑪ 開啟〔匯入資料〕對話方塊，點選〔表格〕選項。

⑫ 點選〔新工作表〕選項，然後點按〔確定〕按鈕。

⑬ 順利匯入並連結 Access 資料庫裡的資料表，在活頁簿裡顯示在每一張工作表裡。

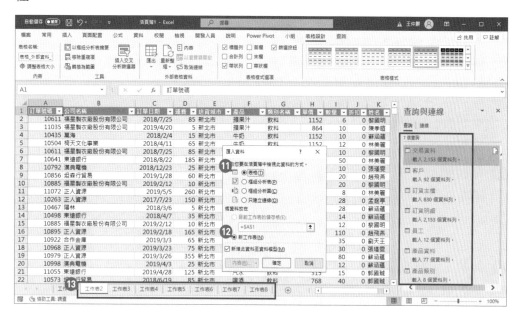

11-3 來自 Access 資料庫的資料模型

　　Access 是關聯式資料庫，若需要在 Excel 操作環境下匯入多張資料表與查詢，並且仍要維持既有的資料關聯，以進行有效的資料處理與分析，乃至樞紐分析，那就得在 Excel 環境裡建立資料模型方能處理，這也正是 Excel 的 PowerPivot 大展身手的時候了。

① 點按〔Power Pivot〕索引標籤。

② 點選〔資料模型〕群組裡的〔管理〕命令按鈕。

③ 進入資料模型管理員後，點按〔主資料夾〕索引標籤。

④ 點按〔取得外部資料〕群組裡的〔從資料庫〕命令按鈕。

⑤ 從展開的下拉式選單中點選〔從 Access〕選項。

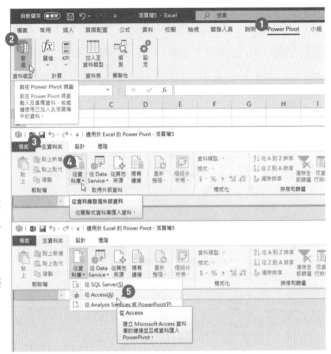

⑥ 開啟〔資料表匯入精靈〕對話，點按〔瀏覽〕按鈕。

⑦ 在〔開啟〕對話方塊後點選所要匯入的 Access 資料庫檔案，然後點選〔開啟〕按鈕。

⑧ 回到〔資料表匯入精靈〕對話，點按〔下一步〕按鈕。

⑨ 點選〔從資料表和檢視表清單來選取要匯入的資料〕選項，然後，點按〔下一步〕按鈕。

⑩ 勾選此核取方塊即可同時選取所有的資料表與查詢，然後，點按〔完成〕按鈕。

⑪ 成功匯入資料後，點按〔關閉〕按鈕。

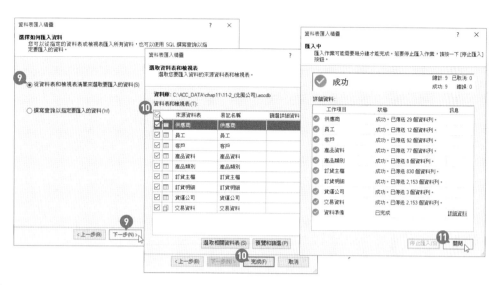

⑫ 返回資料模型管理員，點按〔主資料夾〕索引標籤。

⑬ 點按〔樞紐分析表〕命令按鈕。

⑭ 從展開的下拉式選單中點選〔樞紐分析表〕選項。

⑮ 開啟〔建立樞紐分析表〕對話方塊，點選〔新工作表〕並點按〔確定〕按鈕。

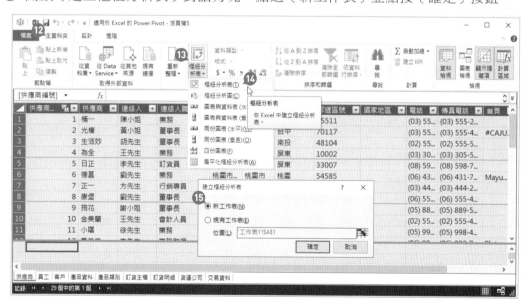

　　立即完成樞紐分析表架構，右側的〔樞紐分析表欄位〕窗格裡即可看到來自資料模型，也就是連結自 Access 資料庫的關聯式資料表，並可展開每一個資料表裡的欄位名稱。透過欄位名稱的勾選或拖曳至窗格右下方的〔篩選〕、〔欄〕、〔列〕與〔Σ值〕等四個區域內，建構出所要分析的樞紐分析摘要報表。

　　例如：拖曳〔產品資料〕資料表裡的〔產品〕欄位名稱至〔列〕區域；拖曳〔訂貨主檔〕資料表裡的〔城市〕至〔欄〕區域；再拖曳〔訂貨明細〕資料表裡的〔數量〕至〔Σ值〕區域。立即摘要統計出每一種商品在每個縣市的銷售量。

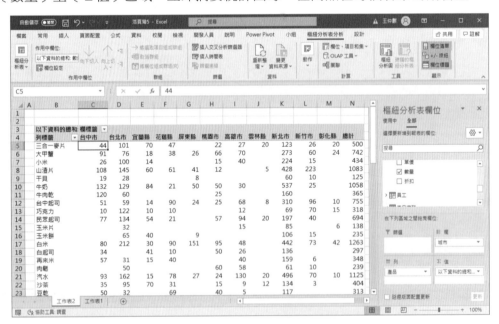

12

資料庫開發實務範例設計

資料庫開發是一門專業的學問,通常也涉及到群組協同合作的分際與各司其職的專業技能,因此,常常與系統分析、軟體工程、專案管理、設計模式等議題有關。本書是以實作為主、理論為輔,不會著墨於系統分析與資料庫設計的艱深理論,而是以摘要說明的方式與淺顯易懂的實務範例,引領讀者學習建立一套簡單易懂又輕鬆維護的資料庫系統。

12-1 系統分析與資料庫設計

要將原本人工作業的紙本資料處理模式,全部導入電腦化資訊系統,並非一蹴可幾,總是需要經過縝密的思維與實作,多人協作規劃設計才能逐一步入軌道。例如:在資料庫系統的設計上,必須先進行需求分析,以瞭解使用者的實際需求,並針對這些需求的應用與呈現,情境模擬所要執行的事務,然後再進行系統分析與設計,如此才能開始建構系統。至於在需求分析的方式,可進行:

1. 工作訪談
2. 既有的資料進行分析
3. 作業流程分析
4. 稽核流程分析
5. 現況資料蒐集
6. 各種表格單據蒐集彙整
7. 表單研討
8. 需求與問題研究
9. 作業需求與關聯設計
10. 審核與確認

此章節所要介紹的資料庫實務範例是以一家糖果禮盒公司為例,專司糖果禮盒銷售,而每一種糖果禮盒的內容物則是來自各種糖果的組合。在資料庫系統的需求

上，與一般進銷系統並沒有太大差異，不外乎是客戶、員工、訂單、產品、供應商、...等資料的存取管理，以及相關的表單、報表設計。

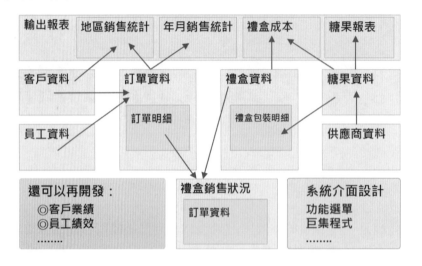

12-2 | 實務範例 - 糖果禮盒訂購系統

12-2-1　資料與關聯

幸福糖果有限公司是一家糖果禮盒販售商，採購國內外糖果，然後再分裝成糖果禮盒銷售。這家公司目前共有 45 種口味糖果：

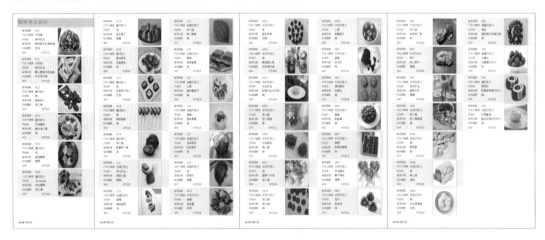

這 45 種口味的糖果是由 29 家供應商所提供，並交錯組合成 18 種糖果禮盒。在建置資料庫系統上，也為供應商、糖果、禮盒等三種資料來源，建立資料表來存放，分別名為〔供應商〕資料表、〔糖果資料〕資料表與〔禮盒資料〕資料表。

〔供應商〕資料表

供應商編號	供應商	連絡人	連絡人職	地址	城市	行政區	郵遞區號	國家地區	電話	傳真電話
1	桶一	陳小姐	業務	裕民路34巷11號	台南市	新營區	730		97551-9115	(06)6724-5083
2	光櫂	黃小姐	董事長	河南路四段13號	台中市	南屯區	408		92189-2618	(04)7954-1061
3	生活妙	胡先生	董事長	樂利街249號	新北市	土城區	236		94622-1499	(02)7331-4884
4	為全	王先生	業務	沙崙街307號	新北市	板橋區	220		93693-2163	(02)9255-4179
5	日正	李先生	訂貨員	中山路29巷266號	新北市	林口區	244		97239-8312	(02)9685-7972
6	德昌	劉先生	業務	大榮路1巷116號	新北市	新店區	231		96805-4343	(02)7157-6201
7	正一	方先生	行銷專員	民權街23巷247號	新北市	瑞芳區	224		93288-7077	(02)7250-5076
8	康堡	劉先生	董事長	進化路43號	台中市	北區	404		91240-1438	(04)6920-8026
9	掬花	謝小姐	董事長	育德路61號	台中市	太平區	411		99014-2720	(04)5427-1386
10	金美蘭	王先生	會計人員	興村街297號	嘉義市	嘉義市	600		98102-7510	(05)7214-9527
11	小嗜	徐先生	業務	金華路一段484巷194號	台中市	南區	702		99147-3929	(07)7639-7725
12	義美美	李先生	業務助理	集仁街246號	新北市	三重區	241		99419-8140	(02)7603-9044
13	東蜜海	林小姐	研發人員	大同南路146巷298號	新北市	三重區	241		97554-3430	(02)6815-4571
14	小陽室	林小姐	董事長	中正路256巷173號	台南市	永康區	710		95579-3536	(06)6767-8308
15	德級	鐘小姐	船務	松竹路二段145號	台中市	北屯區	406		96552-1834	(04)4837-8739
16	力錦	劉先生	業務	四川路87巷77號	台中市	西屯區	407		92375-4026	(04)6791-7573
17	小坊	方先生	董事長	四平街21號	彰化縣	員林鎮	510		92508-9513	(04)7971-1592
18	記成	劉先生	董事長	南平路248號	台中市	南屯	402		92180-2475	(04)6755-3059
19	普三	李先生	會計人員	彰商路三段297號	南投縣	南投市	540		93765-4855	(049)611-6728
20	一心	劉先生	業務	洲子路700巷27弄304號	新北市	北屯區	406		98812-6487	(04)9392-3068
21	日日通	方先生	業務助理	延和路76巷40號	新北市	土城區	236		98995-9564	(02)9031-6750
22	順成	劉先生	研發人員	中山路三段269號	新北市	中和區	235		91069-9796	(02)7271-6656
23	利利	謝小姐	董事長	民權路278號	新北市	淡水區	251		98066-9337	(02)7242-8327
24	涵合	王先生	船務	大成路118號	台中市	樹林區	238		93112-5176	(02)7794-1489
25	佳佳	徐先生	業務	汐萬路二段228巷18弄169號	新北市	汐止區	221		98999-2673	(02)9104-7539
26	宏仁	李先生	業務	神林南路41號	台中市	大雅區	428		99077-6552	(04)9366-3256
27	大鈺	林小姐	董事長	臺溪大道三段7號	台中市	西屯區	407		93370-7883	(04)7049-1884
28	玉成	林小姐	業務	金興村立德街86號	嘉義縣	民雄鄉	621		93308-3679	(05)8409-1104
29	百達	鐘小姐	業務助理	安中路一段250號	台南市	安南區	709		98282-9412	(06)7607-9970

記錄：29 之 1

〔供應商〕資料表存放著 29 筆資料記錄，記載每一家供應商的基本資料。

〔糖果資料〕資料表

糖果編號	糖果名稱	巧克力種類	核桃種類	添加物	成本	圖片	供應商
FC1	胡桃摩卡乳脂軟糖	牛奶糖	核桃	摩卡奶油	NT$12	Bitmap Image	15
FC2	開心果摩卡乳脂軟糖	牛奶糖	阿月渾子果	摩卡奶油	NT$18	Bitmap Image	25
HC1	極品杏仁	重巧克力	杏仁果	無	NT$24	Bitmap Image	7
HC2	糖衣情人糖	重巧克力	無	奶油榛糖	NT$28	Bitmap Image	17
HC3	極品腰果	重巧克力	腰果	無	NT$28	Bitmap Image	7
HC4	神仙腰果	重巧克力	杏仁果	Amaretto	NT$36	Bitmap Image	7
HC5	極品榛子	重巧克力	榛實	無	NT$18	Bitmap Image	25
HC6	百樂爆桃	重巧克力	無	櫻桃果粒	NT$88	Bitmap Image	22
HC7	百香果巧克力	重巧克力	巴西	無	NT$18	Bitmap Image	4
HC8	漂亮美圈	重巧克力	無	無	NT$16	Bitmap Image	29
HC9	歡喜杏仁糖	重巧克力	無	杏仁糖	NT$28	Bitmap Image	12
LC1	黃昏之喜	低糖巧克力	腰果	摩卡奶油	NT$22	Bitmap Image	14
LC2	雙味藍莓	低糖巧克力	無	藍莓	NT$18	Bitmap Image	14
LC3	杏仁樂莫	低糖巧克力	無	杏仁糖	NT$30	Bitmap Image	24
LC4	微甜草莓	低糖巧克力	無	草莓	NT$18	Bitmap Image	3
LC5	雙味覆盆子	低糖巧克力	無	山莓	NT$18	Bitmap Image	5
LC6	雙味果醬	低糖巧克力	無	果醬	NT$18	Bitmap Image	5
LC7	微甜櫻桃	低糖巧克力	無	櫻桃果粒	NT$22	Bitmap Image	19
LC8	苦榛子	低糖巧克力	榛實	無	NT$16	Bitmap Image	24
MC1	甜草莓	牛奶巧克力	碎果	草莓	NT$28	Bitmap Image	29
MC2	極致甜果	牛奶巧克力	碎果	無	NT$30	Bitmap Image	7
MC3	極品開心果	牛奶巧克力	阿月渾子果	無	NT$24	Bitmap Image	17
MC4	歡喜花生牛奶糖	牛奶巧克力	無	花生奶油	NT$18	Bitmap Image	14

記錄：45 之 1

〔糖果資料〕資料表存放著 45 筆資料記錄，記載每一種糖果的編號、名稱、內容添加物、成本、圖片等基本資料。

〔禮盒資料〕資料表

禮盒編號	禮盒名稱	禮盒說明	重量	單價	現有存量	贈品
T001	四季風情	藍莓,覆盆子,草莓	380	NT$560	700	No
T002	阿爾卑斯典藏	頂級巧克力添加	480	NT$830	400	No
T003	秋楓典藏	可供全家享用的	600	NT$1,720	200	No
T004	健康微甜	既甜又苦的藍莓,	600	NT$1,110	200	No
T005	櫻桃經典	整顆的櫻桃為內	380	NT$650	500	No
T006	夢幻摩卡	摩卡內餡的奶油	480	NT$720	400	No
T007	迷情榛子	最佳的榛果系列	380	NT$630	300	No
T008	萬國風情	各國風味的組合,	600	NT$1,360	500	No
T009	島國風情	風味絕佳方便攜	600	NT$1,400	400	No
T010	愛的情愫	心愛心型塑型的	380	NT$700	300	No
T011	驚喜杏仁	紐波特最佳典藏	480	NT$1,290	500	No
T012	北風之光	獨特風味的重口	600	NT$1,330	700	No
T013	太平洋風華	最豐富的內容,	380	NT$840	500	No
T014	歡喜奶油花生	外層包覆鬆軟花	480	NT$760	900	No
T015	浪漫經典	蜂蜜為主軸的蜂	600	NT$1,370	700	No
T016	超級優質	堅果與極品榛果	380	NT$730	400	No
T017	甜蜜寶	適合大眾的清甜	480	NT$920	200	No
T018	極端之至	最佳的關心組合,	600	NT$1,110	300	No
			0	NT$0		

記錄：18 之 1

〔禮盒資料〕資料表存放著 18 筆資料記錄，記載每一種禮盒的名稱、單價、庫存量等資訊。

此外，也建立了一名為〔禮盒包裝明細〕的
資料表，記載了每一種禮盒裡含括了哪些口味的
糖果與數量。例如：T0001 這種禮盒，裡面包含
了 FC2、HC2、HC3、MC1、MC9、MW3 等六種
口味的糖果各 2 個。T0003 這種禮盒，裡面包含
了 HC1、MC5、MC8、WA1 等四種口味的糖果
各 6 個。

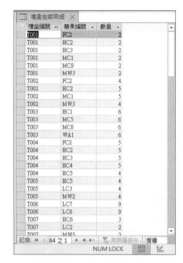

〔禮盒包裝明細〕資料表記載每一種
禮盒的包裝內容。此資料表僅需儲存
禮盒編號、糖果編號與數量等三個資
料欄位即可。

　　而根據上述四張資料表，可以建立出一對多的關聯圖：

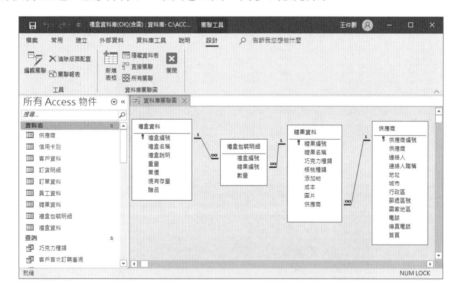

幸福糖果有限公司目前有 15 位員工：

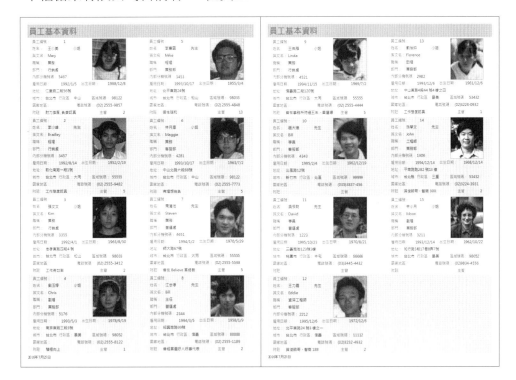

員工資料存放在名為〔員工資料〕的資料表內：

此外，也建立了一張名為〔客戶資料〕的資料表，儲存著有交易往來與尚未有交易的潛在客戶之基本資料。總共記載了 92 筆客戶資料記錄。

而截至目前為止，幸福糖果有限公司共有 1924 筆訂單交易記錄，存放在名為〔訂單資料〕的資料表內，每一筆訂單交易記載著「訂單編號」、「客戶編號」、「經手人」、「訂單日期」、「要貨日期」、「送貨日期」、「送貨方式」、「運費」、「贈品」、「送貨地址」、「送貨城市」、…等資料欄位。

至於每一筆訂單交易記錄購買了哪些禮盒？多少訂購量，儲存在〔訂貨明細〕資料表內，目前總計有 5112 筆資料記錄，記載了「訂單編號」、「產品編號」、「數量」等三項資料欄位。例如： 10248 這張訂單，裡面包含了兩筆記錄，也就是該張訂單採購了產品編號為 T002 的禮盒 1 盒、T014 的禮盒 2 盒；訂單編號為 10249 的訂單亦包含了兩筆資料記錄，即此張訂單採購了產品編號為 T005 的禮盒 2 盒、產品編號為 T010 的禮盒 2 盒；而 10250 這張訂單，裡面則包含了三筆記錄，也就是該張訂單採購了產品編號為 T003 的禮盒 1 盒、T004 的禮盒 2 盒以及 T012 的禮盒 1 盒….。

上述的〔員工資料〕資料表、〔客戶資料〕資料表、〔訂單資料〕資料表、〔訂貨明細〕資料表，彼此之間也有著一對多的關係。例如：

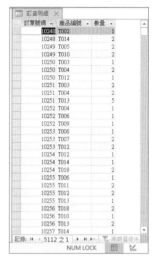

- 每一家客戶可能會有多筆訂單交易，因此，〔客戶資料〕資料表與〔訂單資料〕資料表是一對多的關係。

- 每一位員工可以經手多張訂單交易，因此，〔員工資料〕資料表與〔訂單資料〕也是一對多的關係；

- 每一張訂單會有多筆交易明細，因此，〔訂單資料〕資料表與〔訂貨明細〕資料表彼此之間仍存在著一對多的關係。

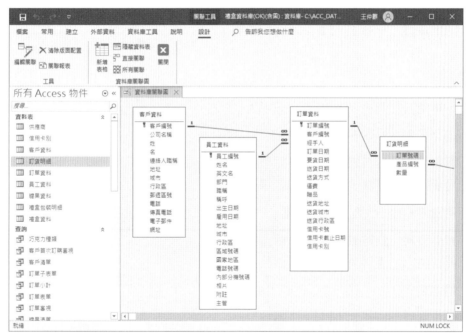

在〔訂貨明細〕資料表中描述了每一張訂單所訂購的禮盒之訂購量，因此，記錄了「產品編號」，也就是「禮盒編號」，而此資料欄位與〔禮盒資料〕資料表裡的「禮盒編號」當然也存在著關聯，綜合先前的〔供應商〕資料表、〔糖果資料〕資料表、〔禮盒資料〕資料表與〔禮盒包裝明細〕資料表所建立的完整關聯圖與一對多設定資訊如下：

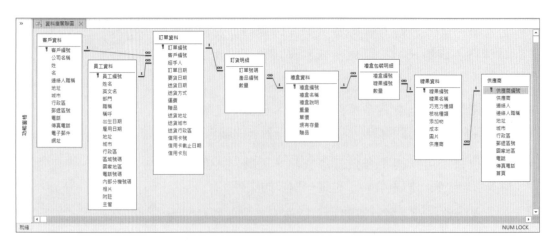

- 〔客戶資料〕1=>多〔訂單資料〕

  〔客戶資料〕資料表，PK：「客戶編號」
  〔訂單資料〕資料表，FK：「客戶編號」

- 〔員工資料〕1=>多〔訂單資料〕

  〔員工資料〕資料表，PK：「員工編號」
  〔訂單資料〕資料表，FK：「經手人」

- 〔訂單資料〕1=>多〔訂貨明細〕

  〔訂單資料〕資料表，PK：「訂單編號」
  〔訂貨明細〕資料表，FK：「訂單編號」

- 〔禮盒資料〕1=>多〔訂貨明細〕

  〔禮盒資料〕資料表，PK：「禮盒編號」
  〔訂貨明細〕資料表，FK：「產品編號」

- 〔禮盒資料〕1=>多〔禮盒包裝明細〕

  〔禮盒資料〕資料表，PK：「禮盒編號」
  〔禮盒包裝明細〕資料表，FK：「禮盒編號」

- 〔糖果資料〕1=>多〔禮盒包裝明細〕

  〔糖果資料〕資料表。PK：「糖果編號」
  〔禮盒包裝明細〕資料表，FK：「糖果編號」

- 〔供應商〕1=>多〔糖果資料〕

  〔供應商〕資料表，PK：「供應商編號」
  〔糖果資料〕資料表，FK：「供應商」

12-2-2 功能設計

在資料庫系統的設計上，所要管理的資料計有：訂單資料、客戶資料、員工資料、供應商資料、糖果資料、禮盒資料等等。每一種資料的管理皆建立相對應的表單，甚至子表單。報表的輸出，則建立禮盒明細成本、禮盒銷售、禮盒地區銷售統計，以及禮盒地區日銷售查詢等報表。

此資料庫系統的功能說明整理如下：

表單功能

功能名稱	訂單登錄管理
形式	子母表單
表單名稱	主表單：〔訂單主表單〕 表單資料來源：〔訂單表單〕查詢 子表單：〔訂單子表單〕 表單資料來源：〔訂單子表單〕查詢
功能	進行訂單資料記錄的新增、刪除與編輯，其中，在進行〔訂單資料〕的編輯時，亦能同步進行該筆訂單資料的明細編輯（〔訂貨明細〕資料表的編輯）。
畫面	

訂單主表單

| 新增訂單 | 刪除訂單 | ⊮ ◀ 🔍 ▶ ⊯ |

| 訂單編號 | 10375 | 客戶編號 | ANATR | 訂單日期 | 2017/10/3 |

要貨日期	2017/10/17	送貨日期	2017/10/18	送貨方式	2
姓名	許　婉睿				
地址	大真街31巷168號	送貨地址	泰昌三街151180號
城市	台中市	送貨城市	桃園市
行政區	神岡區	送貨行政區	桃園區
郵遞區號	429	運費	NT$40.00

信用卡
◉ Visa　　○ Master　　○ JBC

信用卡號　**********63
信用卡截止日期　2025/3/27

→ 主表單：訂單主表單
每一張訂單的詳細資料

訂單明細

產品編號	禮盒名稱	重量	單價	數量	合計
T006	夢幻摩卡	480	NT$720	2	NT$1,440
T008	高圓圓風情	600	NT$1,360	1	NT$1,360

贈品 □
合計　NT$2,840

| 新增訂購禮盒項目 | 刪除訂購禮盒項目 |

→ 子表單：訂單子表單
每一張訂單的交易明細

功能名稱	客戶資料管理
形式	表單
表單名稱	〔客戶資料導覽與編輯〕表單 資料來源：〔客戶資料〕資料表
功能	進行客戶資料的建檔，新增、刪除與編輯客戶基本資料記錄。
畫面	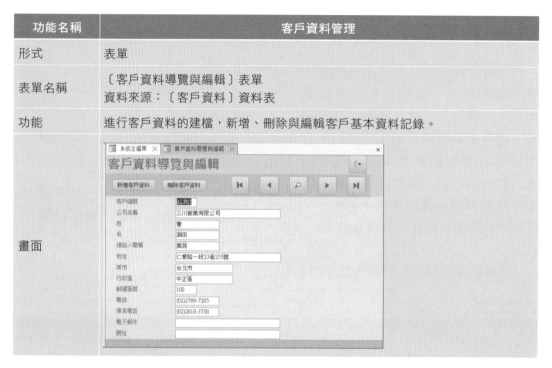

功能名稱	員工資料管理
形式	表單
表單名稱	〔員工資料〕表單 資料來源：〔員工資料〕資料表
功能	進行員工資料的建檔，新增、刪除與編輯員工基本資料記錄。
畫面	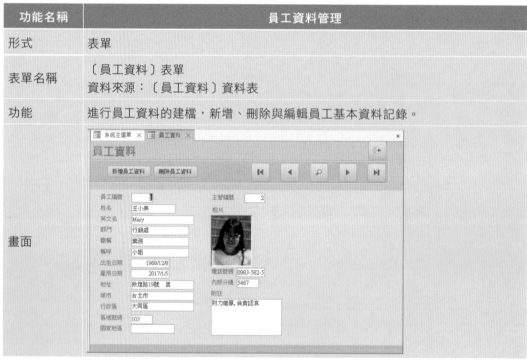

功能名稱	供應商資料
形式	表單
表單名稱	〔供應商〕表單 資料來源：〔供應商〕資料表
功能	進行供應商資料的建檔，新增、刪除與編輯供應商基本資料記錄。
畫面	

功能名稱	禮盒資料管理
形式	子母表單
表單名稱	主表單：〔禮盒資料〕表單 表單資料來源：〔禮盒資料〕資料表 子表單：〔禮盒內容子表單〕表單 表單資料來源：〔禮盒內容子表單〕查詢
功能	進行糖果禮盒資料的導覽、新增、編輯、刪除以及禮盒包裝內容的變更與編輯（〔禮盒包裝明細〕資料表的編輯）。 在表單首另提供命令按鈕〔禮盒銷售狀況〕，可開啟〔禮盒銷售狀況〕表單，檢視該禮盒的每日銷售數量。
畫面	

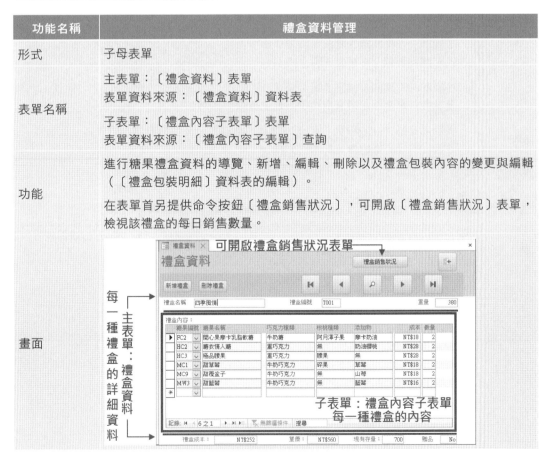

功能名稱	糖果資料管理
形式	表單
表單名稱	〔糖果資料〕表單 資料來源：〔糖果資料〕資料表
功能	進行糖果資料的建檔，新增、刪除與編輯糖果基本資料記錄。
畫面	

功能名稱	禮盒銷售狀況
形式	子母表單
表單名稱	主表單：〔禮盒銷售狀況〕表單 表單資料來源：〔禮盒資料〕資料表
	子表單：〔禮盒銷售子表單〕表單 表單資料來源：〔禮盒銷售子表單〕查詢
功能	顯示每一種禮盒的編號、名稱，以及該禮盒每一天的銷售量、單價與合計金額，並總計禮盒的總銷售量與總銷售額。
畫面	

報表功能

功能名稱	禮盒明細成本
形式	報表
報表名稱	〔禮盒內容糖果〕報表 資料來源：〔禮盒內容糖果〕查詢 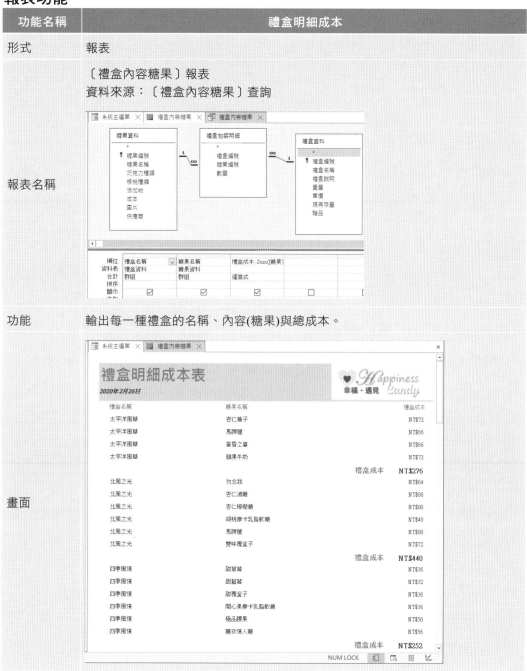
功能	輸出每一種禮盒的名稱、內容(糖果)與總成本。
畫面	

功能名稱	禮盒銷售(年月)
形式	報表
報表名稱	〔禮盒銷售(查詢年月)〕報表 資料來源：〔禮盒銷售(查詢年月)〕查詢 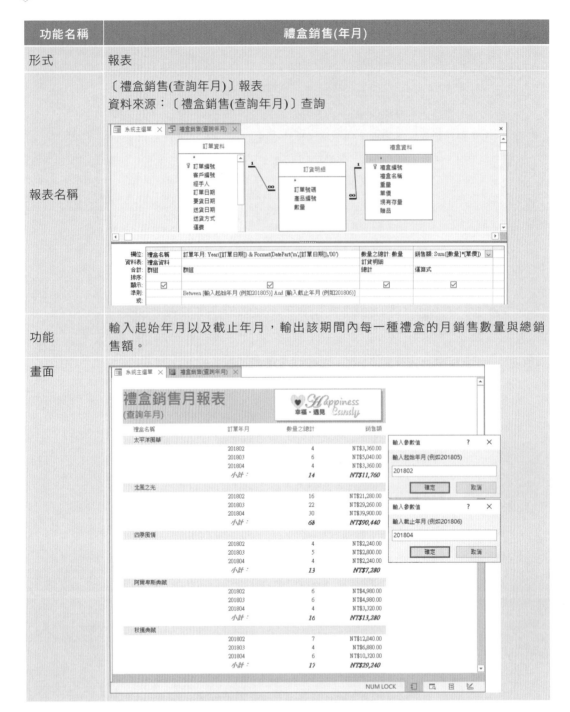
功能	輸入起始年月以及截止年月，輸出該期間內每一種禮盒的月銷售數量與總銷售額。
畫面	

功能名稱	禮盒地區銷售
形式	報表
報表名稱	〔禮盒地區客戶銷售〕報表 資料來源：〔禮盒地區銷售(查詢年月)〕查詢 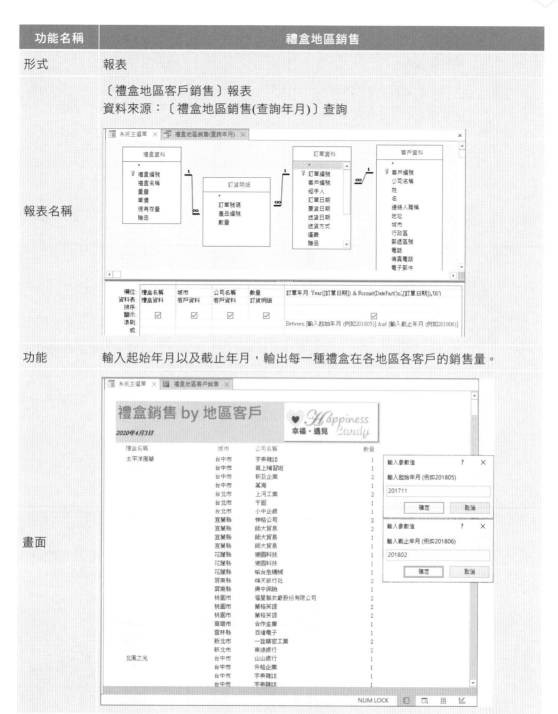
功能	輸入起始年月以及截止年月，輸出每一種禮盒在各地區各客戶的銷售量。
畫面	

功能名稱	禮盒地區日銷售
形式	表單與報表
表單名稱	〔禮盒日銷售查詢〕表單
報表名稱	〔禮盒日銷售資料報表〕報表 資料來源：〔禮盒日銷售查詢〕查詢 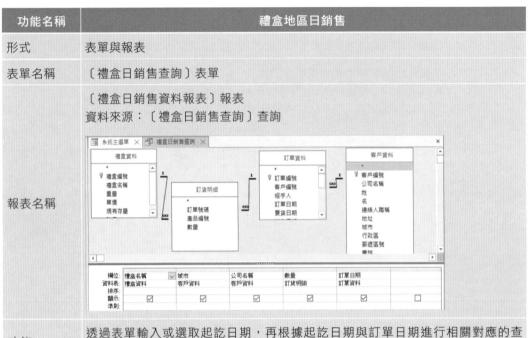
功能	透過表單輸入或選取起訖日期，再根據起訖日期與訂單日期進行相關對應的查詢，輸出每一種禮盒各縣市各公司的銷售量與訂單日期。
畫面	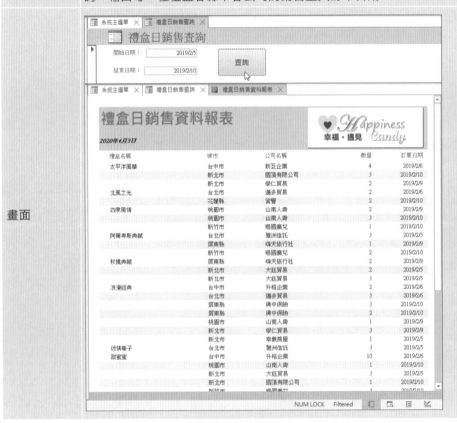

表單的頂端大都提供有第一筆記錄、前一筆記錄、尋找記錄、下一筆記錄、最後一筆記錄等導覽記錄的命令按鈕；新增和刪除資料記錄的命令按鈕；以及關閉表單的命令按鈕。

12-2-3 訂單管理功能的製作

【訂單管理系統】主要功能是處理訂單資料，針對訂單進行新增、刪除、編輯。因此，在資料規劃上，資料的存取會涉獵到〔訂單資料〕資料表與〔訂貨明細〕資料表。因此，在設計應用上，建立主表單並內嵌子表單，也是不錯的方案。

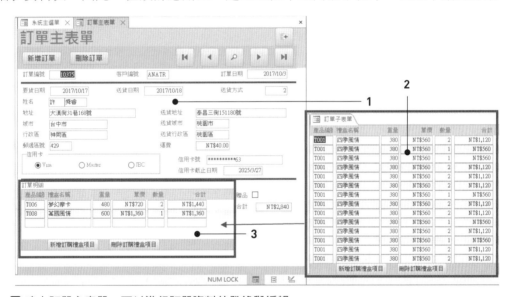

1 建立訂單主表單，可以進行訂單資料的登錄與編輯。

2 建立訂單子表單，專司每一筆訂單交易的明細資料之登錄與編輯。

3 將子表單內嵌到主表單中，具備一對多且具備參考完整性的關係。

在此資料庫系統中，建立了一個名為〔訂單表單〕的查詢，在此納入了〔訂單資料〕資料表裡所有的欄位，以及少部分來自〔客戶資料〕資料表裡的欄位，以作為〔訂單主表單〕表單的資料來源。此外，此表單裡也內嵌了一個子表單物件，設計成新增訂單資料記錄時，輸入該筆訂單的交易明細，亦即該訂單記錄買了哪些禮盒？買了幾盒？而這些資料便存入〔訂貨明細〕資料表內。因此，內嵌的子表單資料來源將與〔訂貨明細〕資料表有關。在此資料庫系統上，建立了一個名為〔訂單子表單〕的查詢，納入了〔訂貨明細〕資料表裡所有的資料欄位，以及少部分來自〔禮盒資料〕裡的資料，作為〔訂單子表單〕表單的資料來源。

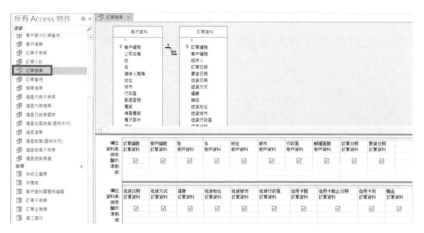

這是作為〔訂單主表單〕之資料來源的〔訂單表單〕查詢。

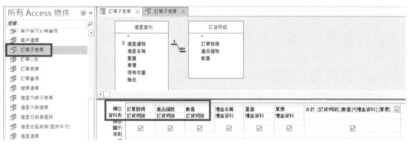

這是作為〔訂單子表單〕之資料來源的〔訂單子表單〕查詢。

　　在主表單的設計上，利用控制項精靈的啟用與控制項命令按鈕的點選，透過〔命令按鈕精靈〕的對話，產生各種記錄導覽、記錄操作（新增記錄、刪除記錄）與表單操作等現成的按鈕。

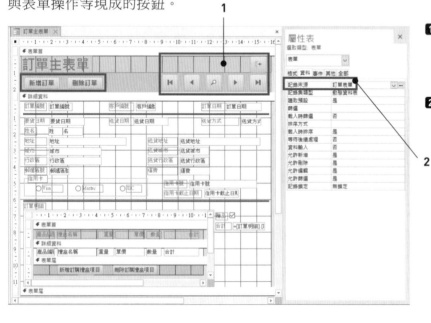

1 使用現成的命令按鈕建立所需的功能操作選項按鈕。

2 設定主表單的資料來源。

12-2-4　禮盒銷售狀況功能的製作

以此資料庫系統的【禮盒銷售狀況】功能為例，先建立〔禮盒銷售子表單〕子表單，再建立可包含此子表單物件的主表單。過程如下：

1. 建立一個名為〔禮盒銷售子表單〕的子表單。

   資料來源：〔禮盒銷售子表單〕查詢，此查詢包含了〔訂單資料〕、〔訂貨明細〕、〔禮盒資料〕等三張資料表。並進行合計查詢的設計。輸出欄位有：「產品編號」、「訂單日期」、「合計數量」：數量、「單價」、「合計」：([數量]*[單價])，其中，針對「產品編號」、「訂單日期」設定為群組，設計結構如下：

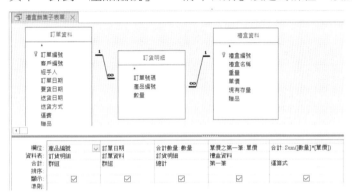

2. 可透過表單精靈使用前述查詢為表單資料來源，建立表格式表單，再透過表單設計檢視畫面進行表單的客製化。其中，在表單尾增加兩個控制項，利用 SUM 函數可計算禮盒的銷售總數量與總銷售金額。

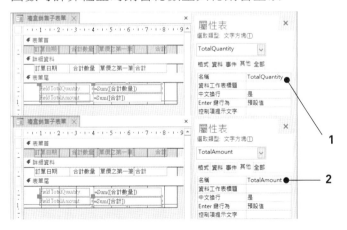

❶ 計算禮盒銷售總數量的控制項，命名為 TotalQuantity。

❷ 計算禮盒總銷售金額的控制項，命名為 TotalAmount。

此外，由於此表單的設計用途是僅供檢視禮盒銷售狀況，並沒有要修改禮盒與訂單資料的內容，因此，應該透過屬性的設定，將表單的輸出欄位保護起來。所以，針對表單詳細資料區段裡的各項欄位，諸如：「訂單日期」、「合計數量」、「單價」、

「合計」金額等，其〔啟用〕屬性應設定為「否」；〔鎖定〕屬性應設定為「是」，便可以在導覽此表單時，無法點選與變更這些欄位的內容。

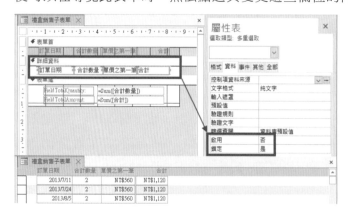

最後，再設定子表單的表單尾隱藏，不顯示。

p14-39

3. 建立一個名為〔禮盒銷售狀況〕的主表單。

資料來源：〔禮盒資料〕資料表，並僅使用到「禮盒編號」與「禮盒名稱」兩資料欄位。然後，添增子表單控制項，並進行主表單某些重要的屬性設定：

- 記錄集類型：動態資料表

- 讀取預設：是

- 篩選：[禮盒編號]=Forms![禮盒銷售狀況].[禮盒編號]

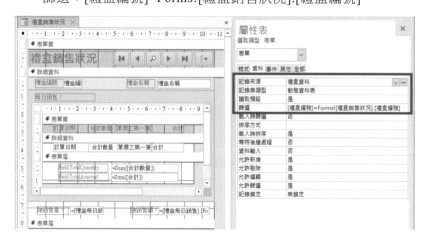

4. 至於在主表單裡的子表單物件，亦須進行相關的子表單屬性設定：

- 來源物件：〔禮盒銷售子表單〕子表單
- 連結主欄位：禮盒編號
- 連結子欄位：產品編號
- 啟用：是
- 鎖定：否

在主表單裡子表單物件下方，可以添增兩個文字控制項，分別建立公式以取得子表單裡的加總運算結果。例如：

```
=[禮盒每日銷售].[Form]![TotalQuantity]
```

以及

```
=[禮盒每日銷售].[Form]![TotalAmount]
```

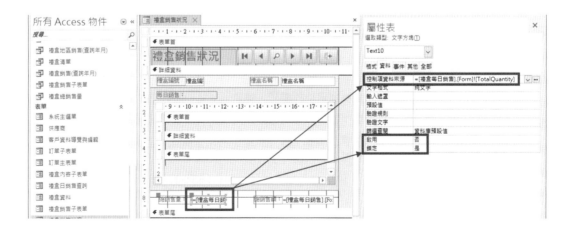

12-2-5　禮盒資料管理功能的製作

此案例資料庫系統中的【禮盒資料管理】功能,是禮盒資料的新增、刪除、導覽與編輯,以及禮盒內容明細的新增、刪除和編輯。所以,此功能也涉獵到兩張資料表的同時異動。一為〔禮盒資料〕資料表,一為〔禮盒包裝明細〕資料表,兩者也是一對多強迫參考完整性的關係。

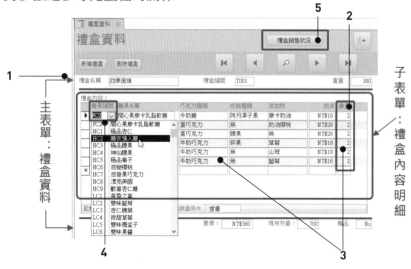

❶ 禮盒資料主表單可進行禮盒基本資料的編輯、導覽。

❷ 禮盒內容子表單可用來新增、刪除、編輯禮盒的內容物:糖果資料。

❸ 子表單的設計上僅需輸入「糖果編號」與「數量」兩資料欄位,以描述禮盒包裝內容物,其他與糖果相關的資訊是提供選擇「糖果編號」時的參照資訊。

❹ 此例,特別將「糖果編號」設計成下拉式選單,並從展開的選單中同時顯示「糖果編號」與「糖果名稱」。

❺ 在表單首設計一個命令按鈕,透過巨集的執行可以開啟與該禮盒相關的銷售狀況表單。

〔禮盒資料〕主表單的資料來源是〔禮盒資料〕資料表。

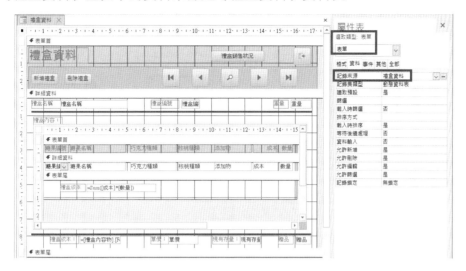

〔禮盒內容子表單〕子表單的資料來源是〔禮盒內容子表單〕查詢，連結主欄位是來自主表單資料來源的「禮盒編號」資料欄位；連結子欄位則是來自子表單資料來源的「禮盒編號」資料欄位。

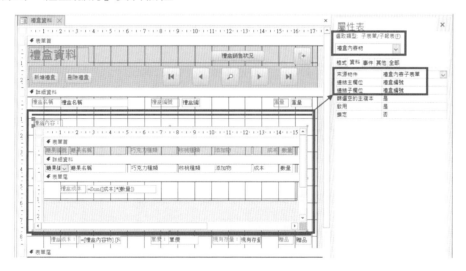

為了創造出子表單的「糖果編號」資料欄位為下拉式選單控制項，事先建立一個名為〔糖果清單〕的查詢，此查詢的資料來源為〔糖果資料〕資料表，並僅需「糖果編號」與「糖果名稱」兩個欄位輸出。接著，在子表單的「糖果編號」資料欄位，改為下拉式方塊控制項，並透過屬性表設定此控制項的資料來源來自〔糖果清單〕查詢的「糖果編號」欄位。最後，為了能讓下拉式方塊可以同時顯示兩項資訊，再到屬性表設定其屬性格式，其中，欄數設定為「2」、欄寬為「1cm;4cm」、清單寬度為「5cm」。

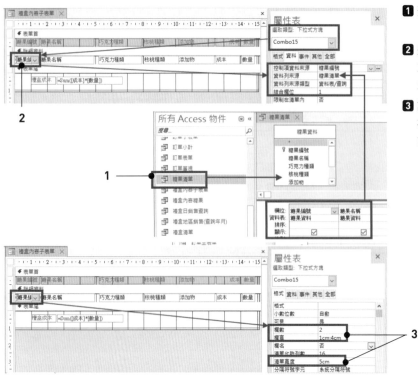

1. 建立兩欄位輸出的〔糖果清單〕查詢。

2. 將「糖果編號」變更為下拉式方塊控制項並設定其資料來源。

3. 設定「糖果編號」下拉式方塊控制項的格式屬性。

　　至於表單上的命令按鈕〔禮盒銷售狀況〕，目的是要開啟前一小節所述的〔禮盒銷售狀況〕表單，因此，先建立一個開啟該表單的巨集：

```
巨集名稱：〔顯示禮盒銷售狀況〕
巨集 OpenForm
表單名稱：禮盒銷售狀況
Where 條件為： [禮盒編號]=Forms![禮盒資料].[禮盒編號]
```

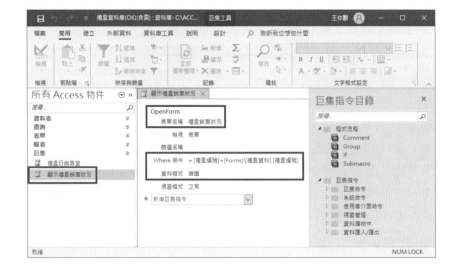

接著，便可在表單的設計檢視畫面上，設定表單首裡的〔禮盒銷售狀況〕命令按鈕，設定其 On Click 屬性為〔顯示禮盒銷售狀況〕巨集。

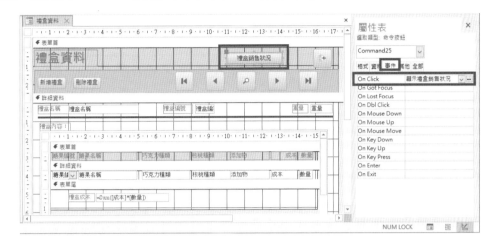

12-2-6　禮盒明細成本報表的製作

報表的製作大同小異，在此以此資料庫系統的【禮盒明細成本】報表功能為例，以〔禮盒內容糖果〕查詢為報表的資料來源，此查詢參照了〔禮盒資料〕、〔禮盒包裝明細〕與〔糖果資料〕等三張資料表，輸出「禮盒名稱」、「糖果名稱」兩個資料欄位，以及計算出糖果成本的「禮盒成本」虛擬欄位，公式為：

禮盒成本: Sum([糖果資料].[成本]*[禮盒包裝明細].[數量])

接著，設定此查詢為加總查詢，將「禮盒名稱」、「糖果名稱」兩個資料欄位設定為〔群組〕、「禮盒成本」虛擬欄位為〔運算式〕。

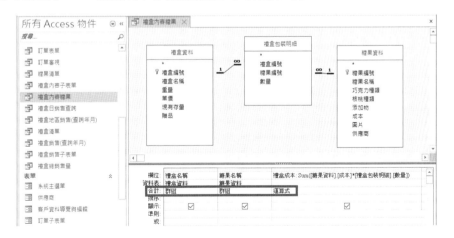

透過報表精靈使用〔禮盒內容糖果〕查詢為報表的資料來源，以「禮盒名稱」資料欄位為群組，並在「禮盒名稱」群組尾加上文字方塊控制項，建立公式：

$$=Sum([禮盒成本])$$

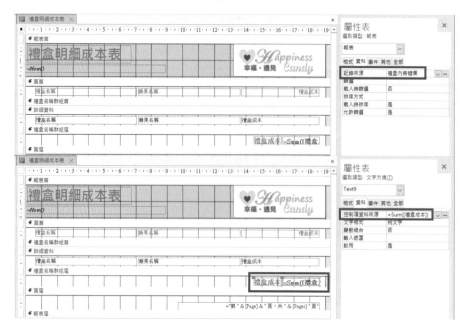

報表輸出畫面如下，可顯示每一種禮盒到底包含了哪些口味的糖果，以及糖果成本，和以禮盒為群組加總的禮盒成本。

Access 資料庫系統概論與實務(適用 Microsoft 365、ACCESS 2021/2019)

作　　者：王仲麒
企劃編輯：江佳慧
文字編輯：王雅雯
設計裝幀：張寶莉
發 行 人：廖文良

發 行 所：碁峰資訊股份有限公司
地　　址：台北市南港區三重路 66 號 7 樓之 6
電　　話：(02)2788-2408
傳　　真：(02)8192-4433
網　　站：www.gotop.com.tw
書　　號：AED004500
版　　次：2023 年 02 月初版
　　　　　2023 年 09 月初版二刷
建議售價：NT$580

國家圖書館出版品預行編目資料

Access 資料庫系統概論與實務(適用 Microsoft 365、ACCESS
　2021/2019) / 王仲麒著. -- 初版. -- 臺北市：碁峰資訊, 2023.02
　　面；　　公分
　　ISBN 978-626-324-394-1(平裝)
　　1.CST：ACCESS(電腦程式)　2.CST：資料庫管理系統
312.49A42　　　　　　　　　　　　　　　　　　111021039

讀者服務

● 感謝您購買碁峰圖書，如果您對
　本書的內容或表達上有不清楚
　的地方或其他建議，請至碁峰網
　站：「聯絡我們」\「圖書問題」
　留下您所購買之書籍及問題。
　（請註明購買書籍之書號及書
　名，以及問題頁數，以便能儘快
　為您處理）
　http://www.gotop.com.tw

● 售後服務僅限書籍本身內容，若
　是軟、硬體問題，請您直接與軟、
　硬體廠商聯絡。

● 若於購買書籍後發現有破損、缺
　頁、裝訂錯誤之問題，請直接將
　書寄回更換，並註明您的姓名、
　連絡電話及地址，將有專人與您
　連絡補寄商品。